中国名花鉴赏

陈裕　罗小飞　梁育勤　编著

中国建筑工业出版社

图书在版编目（CIP）数据

中国名花鉴赏 / 陈裕，罗小飞，梁育勤编著．—北京：中国建筑工业出版社，2009

ISBN 978-7-112-10575-5

Ⅰ．中… Ⅱ．①陈…②罗… ③梁… Ⅲ．花卉－鉴赏－中国－图集 Ⅳ．S68-64

中国版本图书馆CIP数据核字（2008）第210671号

中国名花富丽多彩，资源丰富，品种繁多，闻名于世。本书选编其中国内外瞩目的50种观赏名花：有十大传统名花、古都名城市花、世界闻名的名品、历代先贤赞赏及群众喜爱，广泛栽培但未入选的名花等。分别就其来源、特征特性、应用、掌故逸闻及诗词佳句作了介绍，并且精当品评和欣赏了作为名花的优美特点、文化内涵，以及它们所寄托的人类情感。每种配以彩色照片多帧。全书图文并茂，生动直观，雅俗共赏。本书适合广大读者阅读，亦可供园林科技工作者参考。

责任编辑：吴宇江　许顺法
责任设计：郑秋菊
责任校对：王金珠　关　健

中国名花鉴赏
陈裕　罗小飞　梁育勤　编著
*
中国建筑工业出版社出版、发行（北京西郊百万庄）
各地新华书店、建筑书店经销
北京图文天地制版印刷有限公司制版
北京顺诚彩色印刷有限公司印刷
*
开本：787×1092毫米　1/16　印张：19¼　字数：650千字
2010年2月第一版　2010年2月第一次印刷
定价：118.00元
ISBN 978-7-112-10575-5
(17500)

前言

名花是大自然中美的精华，是幸福美好的象征，也是美丽的使者。古人曾有诗曰："朵朵娇妍朵朵红，浓香俏秀傲园中。清风玉立迎蝴蝶，明月轻舒弄影朦。"名花，如此让人爱恋和沉醉，让人产生蓬勃生机和活力，给人以美的享受、美的熏陶、美的启迪。

中华民族是一个爱花的民族。我们的祖先养花、赏花和用花，已有3000多年的历史。中国古称"华夏"。在古代"华"与"花"相同。中华民族的发生、存在和发展，都与花木有着十分密切的关系，在"华夏"这一民族的图腾柱，凝聚着先人对花木的倾心爱戴和无比尊崇。在2000多年前产生的中国最早诗歌总集——《诗经》中就出现了许多关于花的描述，历朝历代均有经典著作，如明代的《群芳谱》、清代的《花镜》和《广群芳谱》及近代陈俊愉院士等的《中国花经》，都是华夏传统名花栽培、发展的历史见证。历代先贤用最美好的方式，最优美的艺术赞美它，用他们的聪明才智创造了众多文采华美、意境清幽、脍炙人口的佳句、有趣的传说、神奇的故事、美丽的画卷、动人的歌曲及工艺奇葩等等，赋予了传统名花深刻的文化内涵，从而形成了独特的颇富东方情调的中国花文化，成为中华民族灿烂文化中的一朵耀眼的奇葩。这些是先人遗留给我们的极其重要的精神财富之一，也是神州大地不可多得的珍品，不论是传统十大名花，还是古都名城的市花，或者是尚未入选的名花，无不体现出中华儿女的精神面貌和勤劳智慧。也显示了中国的繁荣，标志着中华民族文化的灿烂昌盛，璀璨夺目，博大深远。观赏色、香、姿、韵俱佳的传统名花，可激发爱国、爱家的热情，又令人赏心悦目，心旷神怡，既可调节情志，培养情操，又能增添生活雅趣，改善环境，有益身心健康。科学地认识、评价、培育、欣赏和利用名花，对于发展花卉事业、丰富花卉文化，美化生活环境，提高生活质量，推动物质文明和精神文明建设，具有重大意义。

华夏大地，名花之多，为世界之冠，不愧是名花佳卉的故乡。许多流行全球的切花和园林花木都来自于中国，它们作为和平与友谊的使者，由中国传播到世界各地，成为了各国园林中不可缺少的名花。因此，中国有"世界园林之母"的美誉。与此同时，中国人从异国他乡引进的不少名品，经过园丁们的辛勤养护，已在神州大地扎根落户，繁衍子孙，成为万紫千红的中国名花的一个组成部分，其中一些还被我国的一些城市选为市花，如本书中的原产于非洲的君子兰，印度的茉莉花、鸡冠花，墨西哥的仙人掌、鸡蛋花、大丽花，阿拉伯等国的石榴、凤凰木，地中海等国的郁金香、康乃馨等。可见，中国传统名花及“舶来宾客”珍品，早已走进中西方人们的心中，光彩照人、高雅圣洁，显示了中西文化交流、海纳百川的特色。这朵朵没有国界区分没有地域差异的世界名花，将盛开得更加灿烂芬芳。

近年来，国内外有关奇花异卉的图书、画册琳琅满目，为了在书海中增加一本具有特色的科普新书，就数十年来我们致力于园艺引种、栽培、观赏和撰写科普知识小品和广泛调查搜集总结的基础上，选编了部分传统名花的精华进行介绍。本书系《中国名树》的姊妹篇。希望通过本书宣扬中国宝贵而丰富的名花资源及其丰厚的文化内涵，引起人们对欣赏名花的兴趣，进而更好地利用和开发这些名花，让“世界园林之母”更加名副其实，更加焕发青春。对我们自己来说，也算是为社会做了一件实事。

在本书的编著过程中，我们参考近年在花卉领域的研究成果，引用了许多园林专家、学者有关养花、赏花的专著与图片，在此对他们的辛勤劳动表示衷心感谢。同时，还得到了厦门市园林植物园创始人、中国园艺协会资深会员、高级工程师陈榕生主任，福建省亚热带植物研究所南方果树专家庄伊美教授，原任陕西省汉中市药材总公司经理兼汉中中药研究所所长李世全主任中药师，厦门市园林植物园花木中心主任陈松河副研究员等人的悉心指导，并提供了照片，在此一并表示感谢。

我们在编撰过程中，虽已尽心竭力，但由于成书时间仓促，所涉及内容之广，水平有限，不当之处在所难免，恳请广大读者和同行予以批评指正，以便日后再版时修改补充。

编　者

2008年6月

目 录

综　述

中国名花有着悠久的历史和丰厚的文化内涵，这些名花以其特有的迷人姿色闻名于世。许多流行全球的切花，不少发达国家优良园林植物的花木，其原始种多源自华夏大地，中国不愧其享有“世界园林之母”的称誉。一些国家流行着“没有中国的花木，就称不上一个花园”的说法。

一、灿烂的光辉

五千年悠久的华夏文化，光辉灿烂。在华夏文化的历史长河中，花卉文化同样闪烁着耀眼的光芒。历史上许许多多的花卉种类，经过历代人民的培育和文人雅士的吟咏，早已成为普及民间、受人称道的著名观赏植物，从而使中国成为一个名花荟萃的国度。众多名花的存在深刻地反映了中国花卉文化特色和中华民族历史传统。

古往今来，人们爱它、赏它、养它、赞它、画它、雕它……给名花赋予了人的品格，表现了独特的生命感悟方式，留下了许多关于名花的文化产品，比如有趣的传说、神奇故事、脍炙人口的诗词、美丽的画卷、动人歌曲及工艺奇葩等等，给名花罩上精美奇妙的文化光环，为中华文明增添了一抹极为亮丽的色彩。

比如对于国之瑰宝、花之灵魂的梅花来说，梅诗、梅词、梅画和梅文，在中华民族的文化艺术宝库中，绚丽多彩，熠熠夺目。梅花是诗人、画家寄托情感的载体。其中以宋代林逋最负盛名，他一生不娶妻，不做官，在杭州孤山植梅放鹤，称为“梅妻鹤子”。他的咏梅名句：“疏影横斜水清浅，暗香浮动月黄昏。”意境优美，使人迷醉。古人认为梅花“禀天质之至美，凌岁寒而独开”是人格的最高理想境界。

在草木萧条、百花凋零的严冬，寒梅傲雪凌霜，灿然怒放，“万花敢问雪中出，一树独先天下春。”而在春回大地之际，它却悄然隐退，正如毛泽东同志的《卜算子·咏梅》词中所云：“已是悬崖百丈冰，犹有花枝俏……待到山花烂漫时，她在丛中笑。”表现了梅花在冰冻百丈环境中俏丽开放的斗争精神和报春而不争春的高尚品格。因此，人们自古就将它与松、竹并称为“岁寒三友”，与兰、竹、菊视为“花中四君子”。

梅花冰肌玉骨，独步早春，凌寒留香，素来被喻作高雅、纯洁、刚正的象征，更多地象征中华民族的精神文明，深受国人喜爱。若将它作为双国花之一，它将更加有力地鼓舞中国人民奋勇前进。

又比如似花非花的竹。中国栽竹有几千年悠久历史，有着深厚的关于竹的物质文化和精神文化内涵。竹自古以来是美好的象征。竹，通“足”，为富足、满足、充足、知足常乐之代称，使人见到竹就心满意足。

竹子竿直、空心、清雅有节、不畏逆境、不惧艰辛、坚贞不屈、宁折不弯的豪气和中通外直、节外无枝、虚心自持、坦诚无私的度量及高风亮节、朝气蓬勃、无私奉献的精神，“依依君子德，无处不相宜”的性格自古以来成为中华民族坚忍不拔、不怕困难、不畏强暴的民族精神的象征。也是“玉可碎，不可改其白；竹可焚，不能毁其节”的中华文化精神和民族美德的化身，被西方誉为“竹子文化的国度”。竹文化成为了解中华民族文化的一个独特窗口。

在中国历史传承下，竹的特殊贡献尽显了竹文化的风采。竹雕、竹编工艺传颂了华夏大地上的精美绝伦，是工艺美术中一朵奇葩；竹刻、竹画艺术表达了人与自然和谐与默契，展现了中华民族风格的古朴素雅之美。以竹造园，竹因园而茂，园因竹而彰；以竹造景，竹因景而活，景因竹而显。竹子乐器，在神州大地源远流长。如竹笛，音质清亮，有穿云裂石之声；竹箫，音圆润轻柔，幽静典雅；竹笙是古老乐器，3000年前已开始流行了。

竹王国的竹缕情结，造就了令人陶醉的东方文化艺术情调。从古到今，众多名人雅士、诗人、画家赏竹、爱竹、吟竹、画竹，无不与竹结下不解之缘，从《诗经》开始，咏竹诗、文、画，代代皆有佳作，在中华文明一脉相传。宋代苏东坡一生热爱竹，写下了名句“宁可食无肉，不可居无竹，无肉令人瘦，无竹令人俗”的座右铭，将竹视为高雅之物。杜甫对竹的感情甚深，在成都种竹，并写诗曰：“平生憩息地，必种数竿竹。”清初扬州八怪之一郑板桥爱竹甚至到了“无竹不入居”的地步，他一生画竹，引竹自况，竹子成了他人品的化身。唐代诗人白居易在《题窗竹》留下佳句：“千花百草凋零尽，留向纷纷雪里看。”英烈方志敏《抒怀篇》：“雪压竹头低，低头如沾泥；一轮红日起，依旧与天齐。”竹长青不衰，“竹报平安”、“节节高升”充满了吉祥、长寿、幸福寓意。“山不可无水，古木不可无藤萝，心中不可无丝竹。”竹子从中华文明伊始，与我们的方方面面息息相关。它不仅走入了我们的生活，还入诗、入园、入画、入乐，渗透了中华民族的精神情韵。1993年6月，邮电部发行“竹子”邮票一套4枚，小型张“毛竹”1枚。难怪著名的英国学者李约瑟认为东亚文明乃“竹子文明”。

再如白玉兰。在木兰科家族中，以英姿雅质赢得人们的厚爱，是富有中国园林民族传统特色，应用最普及的早春花木，有春天的“寒暑表”之称。它丽质动人，不畏强暴，矢志不渝，年年都在冬春之际同风雪的搏斗中盛开，乐观无畏、高尚坚贞，是春天与纯洁、刚毅的象征，它代表着吉祥与宝贵。民间最熟悉的要数玉兰宝贵图，至于通俗文化方面，可能要数人名了。从古至今，以玉兰为名的人，不可胜数。尤其在农村，生个女儿，取名玉兰，叫来顺口，听之亲切。玉兰的形象也常见于装饰品，如木雕、玉雕、窗花、剪纸、刺绣和陶瓷器等。玉兰花蕾形的路灯，除首都天安门前外，很多城市都可见到。而玉兰的商标、招贴画、宣传画及各种展览场馆的会标，在上海更是屡见不鲜，司空见惯。从文化艺术角度来宣传白玉兰，从中领略中华花卉文化的意境，宣扬中国文化的博大精深、源远流长。2005年4月28日，中国国民党主席连战率领“和平之旅”应中国共产党总书记胡锦涛邀请来北京访问，下榻已有100多年历史的北京饭店。北京市委书记刘淇在18楼会见厅会见了连战一行，大厅布置非常精美，体现了浓厚的文化古韵。会客厅正面墙上悬挂着一幅怒放的玉兰图，洁白饱满的玉兰花与雀跃枝头的小鸟，令满室生辉。客人显然被春意盎然的图画所感染，当宾主在玉兰图下合影时，连战多次回头端详，对刘淇赞道：“真漂亮！”玉兰也是上海市的市花，象征上海人民有着白玉兰一样的美好品质，有白玉兰一样的一尘不染、挺立向上、开拓进取、朝气蓬勃的精神风貌及顽强奋发向上的精神。

众多名花，都同梅、竹、白玉兰一样，是中国古老文化的标志。人们借以明志树德，作为吉祥美好的象征。中国人民世世代代爱名花，赏名花，种名花，就是因为名花中蕴含着深厚的文化，凝聚着伟大高尚的中华民族的品德和气节。

二、美丽的迷人姿容

名花是大自然中美的精华。它在绚丽多彩的百花中，是最美丽的，也是人民大众最为喜欢的。中国名花除了具有四季开花性、早花性、高抗逆性和强适应性以外，还普遍具有“色、香、姿、韵”俱全的特点，具有独特迷人的美。

（一）花色艳美

中国名花美艳诱人，丰富多彩，富于变化。它给予人的美感最直接，最强烈，最难忘。在姹紫嫣红的名花中，花朵的色彩是大自然中最为丰富的色彩来源之一，如鲜红玫瑰、黄色菊花、血红杜鹃、洁白玉兰、金黄色茶花、火红石榴、娇如红靥桃花、灿若明霞紫薇、万紫千红月季、娇艳美丽康乃馨……这些不同的鲜明亮丽的色彩，组成了一幅幅璀璨夺目的大自然图画，给人以不同的感受，有的让人兴奋激动，有的使人平静松弛，有的能给人欢快和舒畅，有的却使人感觉素雅致远。真可谓花色各异，情感种种。像四季开放的花中皇后——月季，色彩秀丽，花色齐全，几乎色谱上所有的颜色都可在月季花中找到。被誉为国粹的菊花，几乎各色俱全，跃居百花之首。有黄、白、粉、红、绿、茶、复色等八大色系。黄如蜜，黑如墨，白似璧，绿如翡翠，令人赏心悦目。空俗佳人——兰花，它包含了绿色世界的全部层次，花色冰洁素丽，清淡含娇，雅而不俗，丽而不妖。而醉芙蓉一日三变脸，清晨为白色，午间转桃红，晚间变深红，花朵越开越艳丽妩媚，真是个色多变，乐无穷。又如“天下风流是此花”的玫瑰，红的娇艳如画，烈焰似火，寓意热爱；白的皑皑胜雪，象征纯洁、忠贞、尊贵与崇高的爱；粉红与紫红的，水灵灵，鲜亮夺目，沉稳厚重，雅致脱俗，是爱的伊始，爱的高雅；紫蓝的魅力与众不同，寓意特殊的爱，珍贵的爱。再如温馨的母爱之花——康乃馨，它代表母亲与儿女难舍的情缘，其不同颜色代表着不同情感：红色代表健康长寿，黄色代表感激之情，粉色代表年轻美丽，白色饱含对母亲的崇敬。母亲节时，给母亲敬上康乃馨，以表示爱戴和不忘养育之恩。而山茶花花色丰富多彩，粉红者“别有轻红晕脸霞”，大红者“猩红点点雪中葩”，白色者“秀色未绕三谷雪”。中国名花以千奇百异的色彩，赢得了千千万万人们对它的厚爱。正是这些万紫千红的缤纷色彩，才将神州大地装扮得如此美丽，如此充满生机和活力。

人们在欣赏花的颜色时，有的喜欢浓妆，要求色彩强烈；有的喜欢淡妆，要求色调素净。“淡妆浓抹总相宜”，由于秉性不同，喜爱也就各异。就像国人与西方人赏兰，趣味各不同。西方人重色艳和花形，喜欢热闹浓艳妖冶、奔放热烈的兰花，如蝴蝶兰、卡特兰等，在赏花中寻求眼目刺激，且一般只赏不种，花谢即丢弃。国人赏兰，喜欢含蓄端庄，高洁素雅，重在赏花、叶的灵气，而且种、赏并重。现在中西文化交流频繁，国人赏国兰与洋人赏洋兰，也处于文化交流中，正在互相影响，互相渗透。

“好花还须绿叶扶”、“一年好景君须记，正是橙黄橘绿时”（苏东坡）。不少名花枝、叶、果的色彩颇有观赏效果。像“贫贱骄人”的秋海棠，有的嫩绿叶色像天鹅地毯，有的色彩缤纷，不同绿、红相间，镶着银、灰白、深紫褐等色斑、环带，构成一幅天然的图画，美丽之极，在中国百花园中独树一帜。又如名花新秀——君子兰，那宽大、短圆、挺正、排列有序、左右对称的叶色，像两只飞鸟有力的翅膀，刚柔相济，侧看一条线，正看似扇面，让人一看就赏心悦目。而那碧珠般的浆果，犹如翡翠，由绿变黄，又由黄转红，色彩鲜艳，经寒冬、越春夏，依然晶莹不褪色，不脱落，人们赞美它是“丹凤朝阳”。正如花谚所云：“一季赏花，三季看果，四季观叶”。

（二）花形俊美

中国名花的形状具有神奇特征和无穷的魅力。它形雅状妙，呈祥兆瑞，虽鬼斧神工亦不及。就凌波仙子——水仙花而言，六枚桃形花被规矩成圆，六枚雄蕊围绕柱头，匀称排列，给人一种平安、端庄、祥和与稳定的美感。而“梅开五福”，本意是指万花敢向雪中出的梅花开放后，五枚花瓣以花蕊为中心的团聚景象，但人们却以此来象征“快乐、幸福、长寿、顺利和太平”之“五福”。在辛亥革命时期，“梅开五福”还象征汉、满、蒙、回、藏五大民族的大团结。又如刺桐，花大如手掌，花序颀长，近视如把把火炬，远望酷似一串串熟透的红辣椒，其形其色，令人叹为观止。再如高风亮节的菊花，其花容融入了人间最美的所有形态。有的细若发丝，有的丰满奔放，有的浑厚壮观，有的雍容端庄，有的幽静清丽，有的飘逸含情，有的龙飞凤舞，有的垂首含羞，有的刚劲沉稳，有的娇小玲珑，柔美光洁。这些多姿多彩的花朵，互相搭配，妙不可言，也使得人们的生活更加五彩缤纷。被称之为“吉祥之花”的君子兰，它的花不是孤单一朵绽放于枝头，也不是许多小花瑟缩挤成一堆，而是由数十朵橙红色或绯红色喇叭形的花朵，均匀地擎在一枝刚劲的花葶顶端上，宛如吹鼓手高举号角，奏起团结战斗、奋勇前进的乐章。抽箭含苞如蜻蜓出水，绽蕾怒放赛金盘托玉，挺拔舒展，端庄素雅，风流潇洒，富丽堂皇。而山茶花花形艳丽，雍容华贵如牡丹。有的花瓣多轮整齐，排列呈球形或盘形；有的呈皇冠状或波浪状，自然伸展，潇洒飘逸。雄蕊有的发达，瓣化成小花瓣，聚集花心，非常别致；有的银白色的花丝上点缀着金黄色的花药，非常美丽。有的一树同开外白内红、半红半白、全红全白、白瓣洒红点、粉红间深红条斑等各色花朵，引人入胜。琼花的花序由两种花组成，中间为两性小花，周围是八朵大型的白色不孕花，盛花之际，微风轻拂，似群蝶戏珠，仙姿绰约。

“舶来宾客”——凤凰木，艳丽五瓣花朵宛如瑞祥梅开五福，瓣中有一瓣白色具红边，瓣上有斑点，宛如天上云锦，美丽之极，俏丽可爱。满枝梢繁花似锦，富丽堂皇，娇艳如火，热情豪放在蓝天之下，犹如“火齐满枝烧夜月”。盛夏，艳丽如火如荼的花朵在浓绿光泽规则排列的羽叶衬托下，组成了非常和谐相映成趣的情调，形成了一道赏心悦目的美景，展示出一派南国风光。再看一看那枝枝朵朵的荷花，红若涂珠，白如凝脂，好似水中仙子，美女出浴，袅袅婀娜，亭亭玉立，绽放的嫩蕊摇黄，露出青的、黄的小小的莲蓬，如初生的婴儿；含苞欲放，似含情脉脉的娇羞少女。古诗誉为“红妆美女立舞盘”，真可谓极尽风姿，惟妙惟肖。而四时常开的扶桑花，虽朝华而暮落，“槿花一日自为荣”，花期却跨占四季，芬芳美好。它那长长的金色花蕊，高高地翘展在花瓣之外，看上去像赤球喷吐的火舌，又似挂于大红宫灯下的金丝流苏，十分典雅别致。这些多形多态的花朵，让人领略到了自然界的神奇与美妙。

（三）**花姿优美**

名花姿态自然，生动活泼，或曲或直，或柔或刚，娇丽风韵，挺拔神致。轻抚枝干全树动的紫薇花，树干光洁如雕琢过的玉石一般，俗称“无皮树”、“猿滑树”，在植物中实属罕见。令人忍俊不禁的是，它好像怕痒一样，被人一搔就颤抖，故又称“痒痒树”和“怕痒花”。它从夏季到秋天，花期近140天，就是在众花开始凋谢的8月天，它仍然繁花满枝，故有“百日红”、“千日红”的美称。难怪宋人杨万里赋诗称赞它：“似痴如醉弱还佳，露压风欺分外斜。谁道花红无百日，紫薇长放半年花。”盆景紫薇，枝干蟠曲，花容妩媚，苍劲中兼含秀丽。作为中国十大名花之一的空谷佳人——兰花，其植株雅态迷人，说雄伟，它有高昂的挺秀；论柔美，它有弧曲的妩媚；讲秀丽，它有鲜明的层次；道典雅，它有旋扭逶迤的身姿。又如出淤泥而不染的荷花，其支撑着青翠欲滴荷叶的叶柄，顶着粉红花瓣的花葶，挺立碧波之上，不折不弯，在酷暑骄阳之下恬静自若，颇有“莲花池畔暑风凉”之感。荷叶上晶莹的水珠，宛如翠玉盘中的闪光珍珠，明亮柔润，似滚非滚，折射出太阳光的七彩颜色，令人惊喜，让人陶醉。被誉为沙漠英雄花的仙人掌，其种类繁多，形态千变万化，奇特古怪：有圆的，如球如柑，如小鼓、大鼓；有扁的，如掌如笏；有长的，如鞭如杖；有的像灌木丛般丛生一起，有的孤峰突起，有的峰峦重叠，有的是“寿星”，高达500岁以上，称为“仙人掌爷爷”；有的身材高大，在墨西哥的下加利福尼亚州有棵巨柱仙人掌，竟高达21米，有7～8层楼房高，重达10多吨，贮水以吨计，如把它锯断弄倒，要两辆大卡车才能把它运走；有的个子“矮小”，只有1～2厘米高，貌不惊人，只有儿童们玩的弹子大小，却具有非常艳丽的鲜红色花瓣；有的“身姿”滚圆，直径长达2～3米，重达几千克的仙人巨球，旅行者饥渴时，可劈开一部分挖出柔软多汁的茎肉，解饥渴，所以，仙人掌又被誉为“沙漠中的甘泉”。被西方尊称为“天都神花”的牡丹，容貌多姿多异。有的直伸天际，高大株丛挺拔似竹，有玉树临风之态；有的向四周空间伸展，疏散枝条弯曲，洋洋洒洒，风姿绰约。有“花中宰相”之誉的芍药花，繁花似锦，优雅高洁，潇洒华丽的花姿，有的如冠，有的如碗，有的如盘，有的如绣球，有的如马鞍。有的多轮花瓣层层里外排列，似莲座；有的花中心雄起耸立的花瓣状如楼阁；有的指状如发鬓的花瓣耸立一簇，艳丽绝顶，正如苏东坡诗赞曰：“多谢花工怜寂寞，尚留芍药殿春风”。被称为“贞洁之花”的百合，隐藏于地下的无皮鳞茎，数十片相累，状如白莲花，似娇羞少女抱着晶莹的白绣球。那窈窕俊美花姿，既简单又大方，更是气质不凡。“素质盈盈美无度，体态都归海神赋。”这是对百合真实巧妙的写照。它花茎挺拔，硕大喇叭状花朵像神号手吹响迎宾典，在迎接赏花的宾客。盛开时繁花似锦，远观如霞如烟，近看冉冉红茸，艳丽无比，微风吹拂飘来丝丝香味，令人心旷神怡，被人们形象地称为“云裳仙子”。而古代文人墨客把它和水仙、栀子、梅花、菊花、桂花及茉莉合称为“七香图”。被《中国花经》列为中华重点名花之一的丁香花，那翠绿欲滴的姿容，高大挺拔的姿势，迎风雪屹立的英雄气概，“傍檐结密人难折”，令人见了感到可歌可敬；那田园上一片片、一丛丛的婆娑玉树，远远望去，好似碧波万顷的草原上，镶嵌着一块块晶莹的绿宝石。它柔枝纵横交错，“一树百枝千百结”，犹如一层软厚的棕垫，又如一张镶满珍珠的网络。当千万朵紫色的、洁白的花瓣一齐怒放时，像美丽的朝霞铺布枝头，在绿叶衬托下，玲珑剔透，十分可爱。丁香花被称为朴素内秀的花中君子。

不少中国名花经人工剪扎形成的植物盆景，或通过艺术构图而产生的插花作品，更是巧夺天工，花姿艺术之味更浓，观赏装饰之美更佳。如紫薇花枝条柔软，可任意蟠曲，所蟠扎编制的花瓶、花篮和牌坊等各种装饰物，为庭园药圃大增美观；经整形修剪，制成桩头盆景，其树干鼓突如肱，刚劲有力，古色古香，妙趣横生，实为上等艺术佳品。苏灵在《盆景偶录》中，把紫薇列为“十八学士”之一。又如长寿树种蜡梅，寿命可达500～600年，且越老越怪，越老越奇，将老根古干制成桩景，可形成苍劲、虬曲、古雅的造型，配以陶制盆盎，使之发叶展花，可获得巧夺天工的意境，亦为怡情遣兴之佳品。1982年《国内动态》记述，上海龙华园艺场有一株古桩蜡梅，日商愿以14辆丰田小汽车作交换。蜡梅花开耐久，花蕾次第开放可长达30～50天之久，尤宜作瓶插，若斗室里插入古色古香的瓷器高脚花瓶一两枝，则室外虽寒风袭人，而室内却春意盎然，满室增辉，香郁盈盈，幽香彻骨，令人心旷神怡，赏心而快慰。祥瑞之花的瑞香，枝干婆娑，条柔叶厚，易于盘扎，是制作盆景赏玩的上品。在国内与君子兰、茶梅、苏铁列为盆景之首，共称为四大盆景名花，被张翊著《花经》列为“一品九命最佳者”之一。若春节在室内置放数盆，则瑞气盈门，吉祥喜庆。瑞香为农历正月插瓶主要花卉，与山茶搭配，瑞香芬烈，山茶鲜妍，能相得益彰；与梅花、迎春等共插，也很适宜。

（四）花香馥美

中国名花基本上都是香花。它的花香，包括“香”与“味”两个方面。这种花的香美，人们往往难于言表，却给人带来一种无形的然而是实在的如梦如醉的美的愉悦与兴奋。中国人赏花是很重视香的。前人品香，还提出浓、清、远、久四项标准。最典型的是独占三秋压群芳的桂花，它以气香而闻名。那小小的花朵盛开之际，金粟万点，飘香溢芳，独具清浓两兼的特点。清可涤尘，浓能透远，芬芳四漫，逾月不绝，堪称“秋天的花王”。正如宋代李清照所咏：“何须浅碧深红色，自是花中第一流”，“情疏迹远只留香。梅定妒，菊应羞，画栏开处冠中秋。”这是诗人对桂花美好品质的评价。每当农历八月桂花香飘万里，最能勾起人们的思乡之情，无论你在天涯海角，只要闻到桂花芳香，你的眼前就会浮现出故乡的山山水水。又如人间第一香——茉莉花，以其芳香著称于世。它乖小洁白的花朵，香气别具一格，为仲夏之夜送上阵阵清香，沁人心脾，妙不可言。“一卉能熏一室香，炎天犹觉玉肌凉。”确是“虽无艳态惊群目，却有清香压九州”。那“雕玉香浓团瑞香”的一簇簇花蕾，吐出沁人心脾的缕缕馨香，既有玫瑰的甜郁，又有梅花的清芬，更有兰花的幽远。所以，茉莉花香雅俗共赏，平易近人，故宋诗人江奎说：“他年我若修花史，列为人间第一香”。许野雪也说：“自是天上冰雪种，占尽人间富贵香。”再如空谷佳人兰花，那幽香清雅醇正，袭远持久，“不为无人而不芳，不因清寒而委琐”，使人为之倾心，被古人推崇备至，号称“香祖”、“王者之香”、“天下第一香”等美誉。“谷深不见生长处，追逐微风偶得之”，兰花香的特点是：浓郁而不刺鼻，香气悠长而穿透力强；香味如缕如丝，源源不断，徐徐溢出，四处飘逸，不浓烈却长久，不是阵香而是清远，“一盆在室，满屋清香”，“雅室何须大，花香不在多”。有一香压千红之誉。众多的花香可合成，惟独兰香难于仿效，且吐香溢芳，一不定时，二不定量，三不定向，“幽灵”一样飘忽不定。“坐久不知香在室，推窗时有蝶飞来”。这正是兰香这一特色的生动写照。岁寒独香的蜡梅，气味芳香浓郁，“一花香十里，更值满枝开。承恩不在貌，谁敢斗香来。”（清代陈与义）“醉中觉度千山，夜闻梅香失醉眠。”（宋代苏东坡）可见它的香气别具一格，远闻时淡雅幽静，怡情娱性；近嗅时，则冷香袭人，令人陶醉，给人依恋、慈爱、爱恋的感觉，这也是蜡梅花语的含义。象征富贵吉祥繁荣昌盛的瑞香花，盛开于元旦和春节之间，在厅堂上放置一盆，便可使满室生香。因此，它赢得了诸多芳名，如“瑞兰”、“夺香花”、“千里香”等，“幽香结浅紫，来自孤云岑。骨香不自知，色浅意殊深。”（宋代苏东坡）“真是花中瑞，本朝名始闻；江南一梦后，天下仰清芳。”诗人赞颂了瑞香的香美。

以上所列，这些花香清、远、久、长各有不同，带来的美感也不一，梅花暗香浮动，兰花幽香清谷，茉莉清香阵阵，桂花飘香醒人。因此，选择花卉时，需要选择花开有香味的花朵，并按喜好选浓淡程度不同的花卉。

（五）花韵雅美

名花不仅具有色、形、姿、香的自然美，还具有神韵美和灵魂美。神韵美，是自然美的凝聚、结晶和升华。它体现了名花特有的风格、神态和气质，比自然美具有更深刻的含义，更崇高的境界。梅花，枝干苍劲挺秀，宁折不弯，在冰中孕蕾，在雪里怒放。不畏严寒，傲雪凌霜。自古以来就是高雅、纯洁、刚正的象征，也是中华民族坚忍不拔、不怕困难、不畏强暴的民族精神的象征，因而它这种精神，被尊为“国魂”。荷花，人们不仅欣赏它皎洁清丽的自然美丽形态，更崇尚它“出淤泥而不染，濯清涟而不妖”的高尚品格，要求自己在恶劣环境中敢于斗争，坚持真理，洁身自爱，绝不同流合污。是真、善、美的象征，也是和平、和谐、合作、合力、团结、联合的象征。菊花的宝贵神韵，在独立凌霜，孤傲不惧，不畏威武，不趋炎凉，顽强坚贞，蓬勃向上，与世无争，默默奉献，逸士之操、君子之节。它象征中华民族不屈不挠的品格，寓意正气凛然、高风亮节的德操。牡丹，世人不单喜爱它的娇艳美丽，更仰慕它不畏强权的傲骨精神，刚直不阿的品格，虽雍容华贵，却富而不骄的情操，以及它身处逆境，仍积极向上的顽强精神，置之死地而后生的顽强生命力。在中国，它象征富贵吉祥及傲然挺立的人格。它也是中华民族兴旺发达、繁荣昌盛、和平幸福的象征。兰花生于山野幽谷，洁身自爱，与世无争。不随波逐流，不趋炎附势，坚忍不拔，顽强不屈。“不以无人而不芳”，“不因穷困而改节”，高尚的兰德、兰操、兰风、兰节，给了世人极为深刻的启迪和激励。兰花为人间美好事物的象征，成为华夏子孙的理想、人格及中华民族精神和坚贞美好、高洁、典雅的象征。蜡梅，它神韵高洁、秀而不娇，凌寒怒放，冻蕊含香，风味殊佳。它不畏环境恶劣和酷暑，顽强不屈，铁骨铮铮；也不为明媚春光所惑，我行我素，孤芳独妍，在万艳俱怠的冬季里独树一帜，以超凡脱俗的品格彰显无尽的魅力。山茶花，人们赞它不畏严寒，傲霜斗雪，红装素裹，有娇而不骄、美而不媚、艳而不妖、高雅不俗风格。在大雪纷飞、地冻三尺的隆冬季节，依旧傲然绽放，是健康与刚毅的象征；同时，在中国传统文化中，它被用来表示春光、春意和耐久，是烂漫春光和健康长寿的象征，因而被中国20多个城市选为市花。迎春花，它先得春，却不占春，它不畏寒冷，敢于斗雪，在寒风凛冽中依然奋发向上，带来了春的信息，迎来了大好春光，为春光明媚润色增辉，为神州大地添锦加绣，被人们颂为“春天的信使”，象征着一年四季的吉祥。墨西哥素有“仙人掌之国”的称誉，在这里的高原上，生长着千姿百态的仙人掌，无论环境多么恶劣，土壤多么贫瘠，天气多么干旱，它总是生机勃勃，凌空直上，展现出顽强的生命力，在翡翠的掌上、茎上开出鲜艳、美丽的花朵，这正是坚强、勇敢、不屈、无畏的墨西哥人民的象征。樱花和日本富士山一样，成为日本国的象征。日本人民欣赏樱花盛开时的热烈、缤纷艳丽、瑰丽壮观，还赞美它锦簇的花团都是一起开，开得准时，一起落得也快。日本人民认为樱花象征武士道精神，象征勤劳、勇敢、智慧和生命的美丽，这正符合他们的民族气质。另外，单个的樱花美轮美奂，群体的樱花气势磅礴，这也正切合日本人民的审美心理。被誉为“世界花后”的郁金香，它花大，色彩丰润艳丽，姿态端庄，花茎刚劲挺拔，花形奇特，为荷兰、阿富汗、伊朗、土耳其等国的国花。一花为多国人民选为国花，这在世界花卉中是独一无二的，可见它的知名度极高，不愧是世界名花。郁金香被欧美一些国家视为美好、庄严、华贵和成功的象征；或是胜利和凯旋的象征。在中国象征吉祥美好。电影《冰山上的来客》中的歌词“花儿为什么这样红”及电影《天山上的红花》中红花，就是指郁金香。

在万紫千红、千姿百态的众多名花上，历来被赋予了多种多样的精神意义，使花韵之美更具有丰富而深邃的内涵，如近代著名科普作家高士其所说：“花代表了人类许多感情：真挚的友谊，纯洁的爱情，崇高的敬仰；花体现了人类的许多精神：坚忍不拔，傲然不屈，神圣贞洁；花象征了人类的许多愿望：幸福和平，自然独立，健康快乐。”正是因为如此，不同名花的不同风采，撩起了人们缕缕情思，从而使景物进入了诗情画意的境界。因此，各种名花已不再是没有意念的自然之物，而是隐喻人品、精神、情感、愿望的大自然最美丽的有生命之花，是花与人、物与心的和谐的有机体。

（六）效用佳美

名花是珍贵的重要植物资源，既可观赏，又广具其他用途。

多种名花具有抗大气污染，净化空气，绿化、美化环境的功能，是厂矿、街道、庭院优良的花木。如月季，能吸收硫化氢、氟化氢、苯、苯酚和乙醚等有毒气体，对二氧化氮、二氧化硫有较强的抵抗能力。对氯气也很敏感，可以对氯气泄漏起到警示作用。栀子花抗污染能力强，对大气中的二氧化硫、氟气、氯化氢和铅蒸气等有较好的抗性，每克干叶可吸收0.0345微克的铅蒸气。杜鹃花能抗二氧化硫和臭氧等气体的污染。它对氨气很敏感，可作为监测氨气的指示植物。山茶花对硫化氢和铬酸烟雾等有毒气体有一定的抗性，在含有二甲苯酚、甲醛、氮氧化物等污染物的工业烟尘、废气的地方，依然可正常生长发育。它是保护环境、净化空气的优良花木。菊花能抵御和吸收家用电器、塑料制品散发在空气中的乙烯、汞、铅等有害气体，而且对二氧化硫、氯化氢、氟化氢都有很强的抗性。含笑花对氯气有很强的抵抗作用，它开花时放出的香味、挥发物，能杀死空气中的肺结核菌及肺炎球菌，是净化空气、保护人体健康的良好花卉。仙人掌肉质基上的气孔在白天关闭，夜间打开，所以它在夜间会吸收二氧化碳，释放氧气，有增加新鲜空气和负离子的功能，还具有减少电磁辐射带来的伤害的功效，对空气中细菌也有良好的抑制作用。芍药对空气的氟化氢极其敏感，牡丹对二氧化硫等十分敏感，一受到侵害，叶片上就出现色泽不一的斑点，是监测污染程度的指示性植物。鸡冠花能吸收大量放射性铀元素，还对氟化氢、二氧化硫、氯气等有一定的抗性，对保护环境、净化空气有促进作用，是抗污染环境的理想的大众花卉。蜡梅可清除空气中的汞蒸气，另外对二氧化硫等有害物质也有净化作用，还能清除家电、塑料制品散发在空气中的有害气体。此外，梅花、大丽花、紫藤、石榴、红花紫荆、三角梅、紫薇、水仙花、海棠、木芙蓉、蜀葵及兰花等也都是优化环境、抗污染的花木。

许多名花具有保健与治病的功能。有的名花本身就是珍贵的中药材。如菊花可以治感冒，茉莉花可以治头痛头晕，牡丹、石榴、水仙、含笑、桃花可用于调经，茶花可以治痔疮等多种出血症，栀子花可用于治鼻出血，荷花花瓣揉碎后贴在红肿处可消肿退毒。兰花的花朵，有调和气血、舒肝明目的疗效；兰花的蜜露具有明目、解郁和益智的作用；兰花的种子具有清热、凉血和理气利湿的效能；兰花的果实能治疗目翳；兰花的根，具有治疗百日咳的奇效。瑞香花、紫藤治风湿性关节炎、筋骨腰腿痛；君子兰可疗肝炎、肝硬腹水和小儿麻痹等症；桂花的花、籽、根可散淤、破结、化痰镇咳、止牙痛、消口臭；迎春花清热利湿，主治尿路感染、疮毒等症；白玉兰花蕾入药，称“辛夷”，能消炎，益肺和气，主治感冒、高血压等症；扶桑花有清肺、化痰、凉血、解毒，主治咳嗽、痢疾、痈肿、毒疮等症。杏仁有降气、平喘、止咳、润肠、通便功效，是中医中最常用的止咳化痰药；鸡冠花的花、叶、茎、种子均可入药，具有凉血、止血、止带、止痢之功效。药理试验证明，鸡冠花煎剂对阴道毛滴虫有良好治疗作用，且其花还能增加心肌对缺氧的耐受力，可使心室率减慢，血压降低。

有些名花鲜花的气味对神经系统、血液循环系统、消化系统以及免疫系统，产生良性刺激，起到治病的作用。玫瑰花的香味能使产妇缓解紧张与亢奋的情绪。茉莉花、紫薇花的香味可抑制痢疾杆菌的繁殖。玉兰花、茉莉花的香气，可以减轻呼吸系统疾病患者的痛苦。丁香花的香气中含有丁香酚等化学物质，杀菌能力比石炭酸强5倍以上，可净化空气，促进伤口愈合。水仙花与荷花的香气，使人感到宁静、温馨和清新。医生用这些花卉辅助神经系统疾病患者的康复。玫瑰花所提炼的玫瑰油，价值超过黄金一倍以上，被誉为“液体黄金”，是高级香水等化妆品、护肤品的原料。玫瑰花芳香怡人，具有极好抗衰老和止痒作用。

有的名花含有丰富的蛋白质、维生素、氨基酸及有益的微量元素，而且有香有色，可供食用，或制作美食。如用鲜茉莉花、菊花窨制的茉莉花茶和菊花茶，驰名中外，其中的茉莉花茶畅销全世界五大洲的50多个国家和地区。以桂花为原料，所制作的桂花酒，博得人们的喜爱，享有很高的声誉。用花作原料制作蜜饯、糕点馅及其他加工品，如莲子、藕粉等在国内外享有盛名，具有很高的营养价值。又如老北京的玫瑰饼、江南的桂花糖和桂花酱等，也都令人食后感到口齿生香，回味无穷。有的名花及其产品，还可用于煮粥和做菜，如菊花锅子，朱槿炒蛋，云南大白花（杜鹃花）菜，湘菜和苏菜的荷叶粉蒸肉，川菜中的荷叶蒸肉，徽菜中的荷叶包鸡，鲁菜中的荷叶鸭子，都是当地的名菜佳肴，为美食者所称道。用白玉兰花瓣蘸面浆，油炸成“玉兰片”食用，味极香。用菊花等多种名花制成的饮料、甜食和菜肴等美味食品，营养丰富，风味独具一格。芳香质嫩的兰花，也是上乘的美味佳肴。鸡冠花的花朵肉质肥厚，味道鲜美，含有蛋白质和人体所需的微量元素，是人们餐桌上的一道美味，如南京名肴“花玉鸡”就为鸡冠花瓣与母鸡共炖而成，营养丰富，色、香、味俱佳。据测定，鸡冠花籽含蛋白质高达73%，远远高于大豆、小麦、牛奶和玉米的蛋白质含量。意大利著名学者冯斯洛坦针对儿童缺乏氨基酸而致盲的现状，非常有把握地说：“只要每天食用100克鸡冠花瓣，就足以阻止这一灾难的降临。”这个信息使许多营养学家深感意外，纷纷设立科研课题，对鸡冠花籽进行药理研究，以研发治疗眼疾的新药，制造对抗衰老的健康食品。又如紫藤花可食用，其食用价值很高，且有着悠久的历史。其花含有多种花粉素和营养元素，常吃能润肤增白。传说当年杨贵妃为了保持身体娇美，悬赏征求奇异食品，御厨们就给她选择了紫藤花和桂花。

用名花制作的花药、花茶和花食，都是花文化的内容和表现形式，凝聚着历代华夏儿女辛勤劳动、智慧创造的结晶。

（七）人气旺美

名花，具有广泛深厚的群众基础，旺盛的人气，是真正的市民之花，群众之花，人民之花。所以名花的美，还包含着人气的旺美。

名花植根于中华大地的沃土，生长于人民喜爱的环境。人民的推选和决定，是它能得到名花桂冠的先决条件。“名花”这一名称本身的含义，就说明了它的广泛的群众性。

对于名花，无论是本地的还是外地的，人们都情有独钟。云南德昂族和傣族群众，在每年丁香花开之际，都要举行传统的“采花节”。到时候，青年男女身着节日盛装，争相上山采摘丁香花，赠送给自己的恋人，表示以丁香为“结”，对爱情坚贞不渝。一些地方将丁香作为定情之物，还有的地方将丁香作为催办婚事的信物。对于白胜雪、香满园的茉莉花，人们也是厚爱有加。南方的妇女，喜欢摘取茉莉花簪于头发上或挂于耳际，或用花做成花环，戴在胸前，寓意幸福和吉祥。“好一朵美丽的茉莉花，芬芳美丽满枝桠，又香又白人人夸。”这首悠扬而亲切优美的江南民歌，半个世纪以来，不仅唱遍了全中国，而且不分地域，不分肤色，不分国界地传遍了全世界。它曾经在香港、澳门回归祖国的庆典仪式上奏响，曾经在世界著名的维也纳音乐大厅中回荡，也曾经在奥运会发源地雅典2004年奥运会闭幕仪式上博得满堂喝彩，受到全世界人民的喜爱。

樱花热烈、纯洁、高尚，严冬过后是它先把春天的气息带给日本人民。人们与樱花有着一种剪不断的情结。日本政府把每年3月15日到4月15日定为“樱花节”。在节日里，欢天喜地的日本人装扮一新，全家出动，外出赏樱，女人们穿上端庄文雅的和服，小孩子花枝招展，连宠物也穿红着绿，与亲朋好友一起携酒带肴，在樱花下摆出樱花宴席，晚上在花下搭起帐篷，边赏樱花边咏诗高歌，开怀畅饮，一连几天不归。有诗人说：“京城官庶九千九，九千九百入樱流”。

似锦如霞的蔷薇花，被世界一些著名文明古国作为高尚的品格以及真、善、美的象征。古罗马时期，贵族每逢举行盛大宴会，主人要为来宾戴上蔷薇花冠，用蔷薇招待客人洗手，并请客人品尝“蔷薇花布丁”、“蔷薇花美酒”等佳肴，后来甚至演化到如痴如醉“挥花如土”的奢侈程度。

每年5月15日荷兰举国欢庆“郁金香节”。每当春季郁金香盛开之时，世界各地成千上万的旅游者，便络绎不绝前来参观，称荷兰为世界上“最美的花园”，荷兰的春天被誉为“世界上最美丽的春天”。罗马尼亚皮特什蒂市，每年一度的“郁金香交响乐”花展，使该城被称为“郁金香之城”。每年5月25日，皮特什蒂市人民都把一盆盆以郁金香为主体的花卉，堆砌拼摆，组成各种造型奇特形似雕塑的美妙图案，犹如仙境，其美无比。英国的希波耳顿是个不足2万人的小城镇，到处种植郁金香，每年要举行郁金香花会。节日期间，全城淹没在鲜花、歌舞和欢乐中，几十万游客前来观赏，不仅欣赏到最好的郁金香品种，还可看到身着艳妆的美貌少女中选出的“郁金香皇后”乘坐在郁金香花扎成的大型彩车上，向成千上万游客抛撒大把大把鲜艳的郁金香花，场面异常壮观。

北京中南海的西花厅，每当入春之际，海棠花盛开，如火如荼，艳丽照人，似乎是在怀念钟爱海棠花的周恩来总理。周总理日理万机，在繁忙之余总喜欢在海棠花前停留，即使在夜晚。有一年，周总理去日内瓦参加会议，正值西花厅海棠满树鲜花，似乎都在翘首企盼总理来赏花。邓颖超特意剪了一枝娇美海棠花压在书本里，托人带去日内瓦，总理看到那熟悉的海棠花，祖国北京就如巍巍长城在他的身旁。江苏淮安有关部门在周总理故居引种了几十株海棠，以表示对人民的好总理永久怀念之情。

微花孤秀的萱草花，远在3000年前在华夏大地已知名了。它是中国的慈母之花，在古代是集“母亲花”、“宜男草”及“忘忧草”于一体的文化缩影，既代表了当时社会历史文化的积累与沉淀，又体现了华夏民族中真挚含蓄的母子情感，给人们生命以温情的呵护，令人无形中倍感生为炎黄子孙的自豪与骄傲。

中国自1982年开始，通过全国性名花评选活动后，群众爱花、赏花、养花、种花、买花、送花、唱花和吟花之风尤为盛行，而对其中的名花，更是厚爱有加。一年一度的春节、元宵节，花市已经成了不可或缺的重要组成部分。南国的广东迎春花展，一年比一年盛大；北国的沈阳封闭花卉大展厅，一年比一年火暴。其中都有名花在演奏着春天的主旋律。武汉市的市花是梅花，该市每年在春节前后都要举办一次梅花节，成千上万的市民，扶老携幼，涌入磨山梅园欣赏梅花，让心花与梅花一起开放。

人民需要名花，名花服务人民，人民与名花融成了一体。人民在栽培养护名花欣赏利用名花的过程中，不断把物质文明、精神文明的建设，推向更高的新阶段。

1. 国之瑰宝——梅花

梅花雅名众多，诸如红梅、春梅、干枝梅、白梅、红绿梅、酸梅，古称清客、清友、花御史、喜神和一枝梅。为蔷薇科李属落叶小乔木。居传统十大名花之首，享有“花魁”的美称，自古就与国人的生产、生活和文化结缘。先人利用梅距今已达7200年以上，欣赏并栽培也有3000多年历史，是全球最早为人类所利用的世界两大古树之一。“万花敢向雪中出，一树独先天下春”，“铁骨冰心，香傲或苦寒”，充分展示了梅花香幽、色雅、韵胜、格高的风格。国人爱梅、寻梅、赏梅、读梅、咏梅的高雅风尚，世代绵延。

梅花原产于中国西南及长江中下游地区，分布非常广泛，西自西藏，东至台湾，南至广西，北至湖北，约15个省、自治区都有保存完好的、处于自然状态的梅树群落。西藏、云南、四川交界的横断山区为梅的自然分布中心与变异中心，该区域有较多的大片野梅林，且变异类型较多。神州大地众多山野自生的梅花，恰是古老文明的中华民族精神的写照。

《诗经》云：“山有嘉卉，侯栗侯梅。”《西京杂记》载：“汉初修上林苑，远方各献名果异树，有‘朱梅’、‘胭脂梅’。”西汉末扬雄（公元前53～18年）在《蜀都赋》中写道：“被以樱、梅，树以木兰”。说明在2000多年前先人对梅的栽培已有较高的园艺水平，并已作为园林树种用于城市绿化、美化。梅花现在是江苏南京、无锡、苏州、泰州，湖北武汉、丹江口、鄂州，安徽淮北，广东梅州和台湾南投等十市的市花。辛亥革命后中国曾选梅花为国花。

中国梅花分果梅和花梅两大类。陈俊愉院士主编的《中国梅花品种图志》、《中国梅花》收录品种323个，分3系5类16型。梅花是中国寿命最长的花卉之一，有些古梅树竟达800年以上。约在公元1474年，梅花由中国传到朝鲜，后又东渡日本，1878年传入欧洲，1908年由日本传至美国。

梅花喜温暖湿润、阳光充足、排水良好、通风的环境，耐寒冷和干旱，怕涝，对土壤适应幅度较广，较耐瘠薄，能在多种土壤中生长。对有毒气体敏感，最畏二氧化硫。

古人爱梅、赏梅，或喜其清香，或赞其“香中别有韵”，或爱其“冰肌玉骨”、“仙姿洒落净无尘”，有如“世外佳人”，或好其风采，喻为“雪满山中高士卧，月明林下美人来”。

梅花是中国珍贵的传统名卉嘉果，被誉为“花魁”、“天下尤物”和“东风第一枝”，是少数神、态、色、香俱为上乘的花木之一。它从霜雪里练就的秀美刚劲的树姿，傲然挺立，冰肌玉肤，铁骨铮铮，疏影横斜，给人们展示出春光明媚、妍丽动人的景象。它或者树干苍古，盘曲露根，那种枝瘦花疏的特异风姿令人赞叹不绝，不愧为中国盆景艺术作品中独具特色的珍品；或者虬枝自然扭曲，古朴苍劲，有饱经沧桑而又威武不屈的阳刚之美；或者垂枝飘逸别致，轻盈洒脱，给人清新愉快的感觉，“最爱新枝长且直，不知屈曲向春风”。它那在风雨中成就的繁茂翠绿叶片，在绚丽清芬的花朵衬托下，形成一道赏心悦目的美景。

梅花花态文雅，花稍小而疏瘦明洁，婀娜多姿，高雅清秀；花色典雅华丽，色冷艳而“天赐胭脂一抹腮”。白梅如雪，红梅似霞，绿梅赛翠。花香清逸幽雅，别有神韵，素有“暗香”、“清香”、“馨香”、“幽香”和“远香”之称，正所谓“暗香疏影，孤压群芳顶”，“暗吐幽香穿别院”。它高风亮节及不畏世俗所伤的可贵品格，古往今来被视为楷模。人们自古就将它与松、竹并称“岁寒三友”，与兰、竹、菊合称“四君子”，与迎春、水仙、山茶合称“雪中四友”，与竹、松、水仙、月季合称“五清”，而且将梅花的五瓣作为欢乐、幸福、长寿、顺利与和平的象征。

古人赏梅讲究“四贵”，即贵稀不贵繁，贵老不贵嫩，贵瘦不贵肥，贵含不贵开。《梅谱》谓：“以斜、横、疏、瘦与老枝怪、奇者为贵。”就是说枝条稀疏才自然洒脱，趣饶画意；老干虬龙，才苍劲古朴，健美有神；含苞待放，才生机勃勃，无限春意。在当今，这“四贵”仍为大多数人赏梅的标准。而且，今人还认为梅花瓶插时要有“三美”：以曲为美，直则无姿；以欹为美，正则无景；以疏为美，密则无韵。世界上第一部梅花专著宋代范成大的《梅谱》云：“梅以韵胜，以格高。”仅仅七字，就高度概括出梅的风姿。而所谓“疏影横斜”、“暗香浮动”、“雪后园林才半树”，恰是梅花风姿的绝妙写真。

赏梅以老见胜。俗语说“老梅花，少牡丹”。陆游《古梅》一诗对它给予高度评价：“梅花吐幽香，百卉皆可展。一朝见古梅，梅亦堕凡境。”现今，我国还保存着许多古梅，其中最有名的首推楚梅、晋梅、隋梅、唐梅、宋梅和元梅，号称中国“六大古梅”。

湖北省沙市章黄寺内的楚梅，相传为楚灵王时所植，迄今已有2500多年历史，也是中国保存至今最早的古梅。据湖北《黄梅县志》记载，晋梅生长在黄梅蔡山，是一株珍贵的白梅。相传是东晋和尚支遁从九华山带来并亲手栽种的。浙江天台国清寺的隋梅，据说是智能大师亲手栽植的，距今已有1380多年的历史。唐梅现存两株，一株在云南昆明黑龙潭公园内，植于唐朝开元年间，另一株在浙江超山大明堂院内，被誉为“超山之宝”。杭州超山的宋梅，植于超山之麓的板兹寺前，是六瓣名种（一般梅花是五瓣），距今已有800多年。云南省昆明安宁县溪寺院中的元梅，距今700多年。

神州大地梅花似锦，赏梅佳景较多，其中著名的有：无锡梅园是江南五大赏梅胜地之一，苏州邓尉山，武汉东湖的磨山梅园，杭州植物园内的孤山灵峰，南京市钟山南的梅山，上海市的淀山梅花，广州市东郊罗岗山的罗岗梅花，台湾的雾社、梅峰也都是著名的赏梅胜地。

梅花在适生地区可成片栽植营造专业园、梅林、梅岭，犹如香雪海，景色壮观。无论是丛植、列植、孤植于宅园、庭院、“四旁”，还是作梅桩盆景、盆栽陈设几上，都如诗如画，赏心悦目。梅花瓶插也千姿百态，插在素净的长瓶中，装饰居室，则古朴端庄，气味清芳；与大花大叶的山茶配伍瓶插，则富丽堂皇；与水仙配伍则素雅；与松枝、竹叶配伍也相得益彰。

梅花对氟化氢、二氧化硫等有害气体反应敏感，可作环保监测树木。梅木坚韧而富有弹性，是理想的手杖和雕刻等细木工用材。果可鲜食，经加工可制成各式蜜饯，如话梅、青梅、脆梅、渍梅、梅干、梅膏、陈皮梅等，还可酿酒、制醋、入果馔，有美容保健效果。梅树的花蕾、果实、种子仁、叶、根均可入药。梅花药名“白梅花”，有舒肝散郁，活血解毒，和胃化痰之功。药用主要是白梅和绿萼梅。梅花还可提取芳香油。梅果药用有乌梅、白梅之分。采未成熟的梅果经熏制而成的为乌梅，经盐渍而成的为白梅。乌梅具有敛肺涩肠，除烦热，生津止渴，止血，杀蛔虫之功。梅叶可治痢疾等症。梅根主治风痹、瘰疬等症。梅核仁能清暑、明目、除烦。现代医学研究表明，梅含有多种人体所需营养成分和有益物质，如蛋白质、脂肪、碳水化合物、多种无机盐以及柠檬酸、苹果酸、琥珀酸等成分，因此食鲜梅对健康大有裨益。

梅花不畏严寒、傲雪凌霜、力斡春回、凛然开放的崇高品格和坚贞操守，自古以来就是高雅、纯洁、刚正的象征，也是中华民族坚忍不拔、不怕困难、不畏强暴、坚贞不屈的伟大精神的象征，一直鼓舞着人们积极向上、自强不息。人们习惯用五瓣梅花形状作为花卉的标志。五瓣梅花几乎是家喻户晓的吉祥之物，应用十分广泛。它代表着喜庆、热烈、美满、和谐、繁荣和幸福等祥瑞之意。“梅开五福”，即梅花五瓣象征五福——“快乐、幸福、长寿、顺利、太平”。在辛亥革命时期，五福又象征了汉、满、蒙、回、藏五大民族的大团结。旧时，梅花被认为具有四德：“初生为元，开花为享，结子为利，成熟为贞”。一枝有十朵花的梅花插于瓶中，桌上放置10枚古铜钱，寓意十全十美。

《宋史·隐逸传》中记载，诗人林逋爱梅成癖，隐居于杭州西湖的孤山，种植大量的梅花，并饲养了两只仙鹤。每当他在湖中荡船作乐的时候，逢有客人到来，书童就把仙鹤放出，见到飞鹤，他就划桨返回。因为他未成婚，也无子女，因此便有“梅妻鹤子”的雅号。后人于放鹤处建一座“放鹤亭”纪念他。他在《山园小梅》诗中，称赞梅花：“众芳摇落独喧妍，占尽风情向小园。疏影横斜水清浅，暗香浮动月黄昏。霜禽欲下先偷眼，粉蝶如知合断魂。幸有微吟可相狎，不须檀板共金樽。”此诗被誉为咏梅之绝唱，诗人将自然美和高尚品格融为一体，惟妙惟肖，令人向往陶醉。爱国诗人陆游一生喜爱高洁的梅花，写过百余首诗词赞颂梅花。他在《卜算子·咏梅》中，通过赞美梅花“无意苦争春，一任群芳妒。零落成泥碾作尘，只有香如故”的高尚情操，表达了诗人历经千灾百难依然操守高洁，意志坚强。毛泽东的《卜算子·咏梅》，更是高度赞扬了梅花报春不争春的高风亮节，具有独特的新意。梅花研究专家陈俊愉院士的“山阻石拦，大江毕竟东流去；雪辱霜欺，梅花依旧笑春风。”这一副对联颂扬了梅花傲雪凌霜，坚贞不畏，大度豁达及充满乐观的精神风貌，也是他毕生崇高品格的真实写照。陈毅元帅写诗赞美梅花：“隆冬到来时，百花迹已绝。梅花不屈服，树树立风雪。”写出老一辈革命家坚贞不屈的高贵品德。

由于梅花具有高洁坚贞，顽强雄健，傲霜凌雪，不俗浮沉的高尚品格，诗家咏梅，画家画梅，园艺家种梅相沿成习，成为中国的传统风尚。人们还用各种乐器、歌曲来演奏乐曲赞颂梅花。中国十大古曲之一的《梅花三弄》，分引子、暗香浮动、笑傲霜雪、凌寒盛开和尾声五部，曲调古朴高雅，反复演奏三次，咏叹梅花凌霜傲寒、高洁不屈的节操与敢于斗争的气质。电影《海外赤子》中的插曲《我爱你中国》中有一句歌词 “……我爱你红梅品格……”及歌曲《一剪梅》“……一剪寒梅傲立雪中，只为伊人飘香”，形象地比喻中国人民具有红梅般的品格及铮铮铁骨的高尚精神。歌剧《江姐》中的插曲《红梅赞》表达了革命志士如红梅一样的意志和宁死不屈的英雄气概，歌中唱道：

“红岩上红梅开，千里冰霜脚下踩，

三九严寒何所惧，一片丹心向阳开。

红梅花儿开，朵朵放光彩，

昂首怒放花万朵，香飘云天外，

唤醒百花齐开放，高歌欢庆新春来。”

据《文汇报》2005年7月21日、《北京晨报》7月26日报道，由中国工程院资深院士、北京林业大学教授陈俊愉呼吁，袁隆平、沈国舫、吴良镛等61位院士响应，发出由62名中国科学院、工程院院士联合签名的《关于尽早确定梅花、牡丹为我国国花的倡议书》，呼吁尽快确定我国的国花，并提出将梅花、牡丹确定为“双国花”的建议。梅花冰肌玉骨，独步早春，凌寒留香，素来被喻作坚忍不拔的代表，更多地象征我们民族的精神文明，是坚贞不屈、艰苦奋斗的象征，深受国人喜爱。它深深地根植在华夏大地上，根植在56个民族亿万人民的心坎上。若将它作为双国花之一，它将更加有力地鼓舞中国人民奋勇前进，奔向小康社会。

红梅枝头春意闹

无锡梅林红梅俏

凌霜丛中笑

2. 国色天香——牡丹

牡丹为芍药科芍药属多年生落叶小灌木。别名鹿韭、木芍药、花王、洛阳王、天都神花、宝贵花、百两金、鼠姑、谷雨花、唐狮子，西藏称“边也梅朵”（意为吉祥如意）。牡丹花是河南洛阳、山东菏泽、陕西延安、四川彭州和安徽铜陵等五市的市花。

牡丹为暖温带、温带观赏与药用双美的中国传统名花。传说为百鸟之王凤凰所衔的不死仙丹于人间灵地所化生。牡丹最早见于《诗经·郑风·溱洧》，先人最早是利用它来治病的，并载入《神农本草经》造福于华夏子孙。自此与百姓的生活密不可分。1972年在甘肃省武威柏树乡发掘的东汉早期的墓葬中所出土的医简已有以牡丹治疗血瘀病的处方。南北朝时，牡丹就已成为名贵的观赏花卉。唐朝皇室在骊山开辟牡丹园，特别珍视牡丹。明清两代栽植，赏玩牡丹的风气也很盛。欧阳修著《洛阳牡丹记》记录了洛阳24个著名的牡丹品种，并描述了洛阳人赏花、种花、养花的习俗和经验。此后从陆游的《天彭牡丹谱》到当今喻衡的《菏泽牡丹》等中国牡丹专著达20余部，是神州大地花卉史中最丰富的文化财富。公元8世纪牡丹传入日本，18世纪传入英国。

牡丹是中国的特产花卉，在中国有数千年的自然生长和两千多年的人工栽培历史。主要集中并交叉分布于青藏高原东南部，川滇交界的西部和北部以及秦巴山地和黄土高原一带。现在，这些地区仍有野生牡丹种分布。牡丹家族有11个野生种与变种均原产于中国。牡丹按花瓣的层数可分为单瓣与千层，而千层型中又有荷花型、菊花型、蔷薇型、台阁型、绣球型、金杯型、皇冠型、金蕊型、金心型、托桂型，真可谓绚丽多姿、仪态万千。其栽培分布，除华南地区外，几乎遍及大江南北和长城内外。河南洛阳和山东菏泽（曹州），迄今仍是中国牡丹的主要生产基地、良种繁殖基地及游览观赏中心。如今在日本、法国、美国和加拿大等国都有牡丹的足迹，这些牡丹都流淌着中国牡丹的“血液”。

在牡丹大家族中，园艺品种多达500余个，其中药牡丹、矮牡丹、紫斑牡丹列入国家三级保护药用濒危珍稀植物。2003年5月，于陕西省留坝县秦蜀古栈道海拔1800米的紫柏山，发现的紫斑牡丹王，高2.5米，直径为3米，着花200多朵，系国内罕见。

牡丹是中国十大传统名花之一，它万紫千红，冠压群芳；香而不酽，清秀素雅，沁心润脾而被赞为天香，故有“花中之王”及“国色天香”之美誉。西方人尊它为“中国花”、“天都神花”。清末慈禧太后将其定为国花。它容貌多姿多异：有的直伸天际，高大株丛挺拔似竹，有玉树临风之态；有的向四周空间伸展，疏散枝条弯曲，洋洋洒洒，风姿绰约。那竞相展露的新芽，顶余寒而出，色彩艳丽，显现一派生机，状如蟹爪的幼枝嫩叶，十分美丽可爱。它“叶叶鲜明还互照，亭亭丰韵不胜妖”。碧绿宛如翡翠，黄绿好似阳春新柳。有的带深浅不同的紫红晕，巧如画笔泼墨；有的叶上缀有紫色或黄色斑点，俏丽可爱；有的“叶里藏花”像害羞美女，时隐时露芳容。就连碧叶落尽的老干，也极富婆娑多姿、苍劲有力的气质。它花色有红、紫、黄、白、粉、蓝、绿、黑、复色九个色系，号称夺天下彩绘而尽收其下。

它的花或硕大无比，面大盈尺，或小似碗口，玲珑精巧，引人注目；花色犹如锦绣，绚丽多彩，那攒顶的花头，红的可比旭日东升，烈烈似火，粉的如人面桃花，艳艳如霞，白的胜皑皑千年积雪，黄的似新生雏鹅，绿的如一池春水，黑的赛乌金闪耀；花容端庄典雅，雍容华贵，娇柔俊美，在淡淡绿叶的簇拥下，真有烘云托月之妙；花香清幽怡人，“竞夸天下无双艳，独占人间第一香”，可谓形、姿、色、香皆美之名花；它神韵丽质动人，天然富贵，显露一派矜持雅态与花王之魂。世人不单爱它的娇艳美丽，更爱它不畏强权的傲骨精神，刚直不阿的品格。它虽雍容华贵，却富而不骄，身处逆境，仍积极向上的顽强精神，置之死地而后生的极强生命力，得到历代文人和百姓的欣赏与称颂。

我国有许多牡丹名园，可供喜爱者欣赏牡丹。诸如：山东菏泽的赵楼牡丹园、百花园和古今园，是迄今全国牡丹品种最多，栽培面积最大，花农经验最丰富的牡丹生产兼观光胜地，也是国内外牡丹种苗供应中心。河南洛阳市的王城公园牡丹园、牡丹公园和国色牡丹园等。昔日“洛阳牡丹甲天下”，如今，洛阳已成为中外闻名的欣赏牡丹的好地方。北京景山公园牡丹园、中山公园牡丹园、故宫御花园牡丹园、颐和园的国花台，以及卧佛寺的北京植物园牡丹园等。这些园中牡丹园，环境优美，景观怡人，都是中外游客观赏牡丹的好去处。陕西省西安市的兴庆公园牡丹园和临潼华清池牡丹园，历史上就是极负盛名的观赏牡丹之园。唐玄宗和杨贵妃就曾在这里游赏过牡丹。如今，这里已成为广大群众观赏牡丹之地。此外，还有上海植物园的牡丹园、甘肃兰州市文化宫牡丹园和四川彭州市丹景山牡丹园等，都是闻名遐迩的牡丹名园。

牡丹具有多种实用价值。在园林美化中，无论孤植、丛植、片植都很适宜。成片栽植，构成牡丹园、牡丹圃，配以其他花木，围成矮栏，也颇为优美。或在院墙前，庭院一角，散植几株，配以假山、湖石，亦富有画意。也可盆栽或切花，摆放于室内观赏。

牡丹根皮制成的“丹皮”，是中国传统的名贵药材，是味凉血妙品，化瘀神药。根皮含牡丹酚、原甙等成分，水解后有解热、镇痛、抑菌、降压的功效。近年研究开发证明，花瓣含有丰富的天然香料，已研制牡丹系列化妆品、牡丹酒，还发现花粉中含有10种人体必需的氨基酸和多种微量元素，其种仁内含有45%的亚油酸，对人类心血管疾病有很好的疗效。

在我国，牡丹花富丽、大方、雍容、端庄，代表富贵吉祥的愿望及傲然挺立的人格，也是中华民族国富民强、繁荣昌盛与和平幸福的象征。

我国有许多关于牡丹的优美传说。其中流传千载、脍炙人口的是牡丹抗拒武则天的蛮横命令，独不开花的故事。据传，在某一年冬雪的夜晚，唐朝女皇武则天设宴饮酒，酒酣之后，突然兴起，要去赏花。可大冬天花园里哪有花呢？她一时淫威大发，强下诏书，要百花盛开，天亮时她要观赏。百花慑于她的淫威，一夜之间全部开放，唯独牡丹不开。武则天发怒，命人用火烧，牡丹仍然不屈，于是放逐出长安，贬至洛阳。被烧焦后的牡丹，来年春天开得更艳丽，“不特芳姿艳质足压群葩，而劲骨刚心尤高出万卉”。牡丹不畏强权，威武不屈的伟大形象，堪称花中一杰，被称为焦骨牡丹，而牡丹也因此被称为洛阳花。清代诗人丘逢甲十分赞赏牡丹，他写道：“何事天香欲吐难？百花齐奉武皇欢。洛阳一贬名尤重，不媚金轮独牡丹。”

有则轶事，颇有趣。据《明史》载：元末农民起义领袖张士诚手下大将卞元亨家中栽有牡丹。因张士诚被朱元璋打败，卞被发配辽东。牡丹因哀其主人的悲惨遭遇，九年枯萎不开，直到第十年，牡丹才重放异彩，原来是卞元亨赦免归来。卞便题诗：“牡丹本是手亲栽，十度春风九不开。多少繁华零落尽，一枝犹待主人来。”不久，有个姓杨的官吏，仗势横行，见牡丹色艳香浓，强行夺走。杨栽种数年，不见开花，一怒之下把牡丹枯根抛于荒郊。当地老百姓悄悄拣回，栽于原地，复又花开满园。

历代文人歌颂牡丹的诗词歌赋和字画，不胜枚举，人们以牡丹形象为图案用于传统的纺织品、工艺品、陶瓷品以及商标、广告、邮票、信用卡、建筑装饰等。牡丹充满诗坛、画廊、戏剧、小说、散文。人们寄寓各种积极的美满的盛情与期望，将自身美好的情感托之于牡丹的形象，唐代刘禹锡的《赏牡丹》诗：“庭前芍药妖无格，池上芙蕖净少情。

惟有牡丹真国色，花开时节动京城。”唐代诗仙李白在《清平调词三首》诗词中，称赞牡丹，其中第三首：“名花倾国两相欢，常得君王带笑看。解释春风无限恨，沉香亭北倚阑干。”诗中的“名花”是指牡丹，“倾国”则指杨贵妃，以牡丹之美喻贵妃之貌，可谓别出心裁。唐代诗人白居易的《牡丹》诗：“绝代只西子，众芳惟牡丹。”另一首著名的《买花》：“……家家习为俗，人人迷不悟。有一田舍翁，偶来买花处。低头独长叹，此叹无人谕。一丛深色花，十产中人赋。”诗人有力地讽刺了当时统治者的奢侈豪华，对劳动者寄予深切同情。清代孔尚任的《看天坛牡丹》诗：“稔色浓香独倚风，花王品格自难同。一枝开在云霄上，又压群芳几万重。”唐代皮日休《牡丹》：“落尽残红始吐芳，佳名唤作百花王。竟夸天下无双绝，独占人间第一香。”诗人徐凝赞牡丹：“谁人不爱牡丹花，占断城中好物华，疑是洛川神女作，千娇万态破朝霞。”唐人舒元舆赞美牡丹千姿百态：“向者如迎，背者如诀。忻者如语，含者如咽。仰者如悦，袅者如舞。侧者如跌，亚者如醉……或灼灼腾秀，或亭亭露奇……或迎日拥砌，或照影临池，或山鸡已驯，或威凤将飞，其态万万……”著名词作家乔羽先生所写的“牡丹之歌”，其中很动情的有两句：“有人说你富贵，哪知你曾历尽贫寒。”生动描绘了它的习性特点，不畏艰难困苦，历经磨难的坚毅品质。如今，它已成为华夏儿女心中永开不败之花。几年前，开展全国性的国花评选，结果31个省区市中有18个选择牡丹花。由此可见，牡丹在中国民族文化历史中蕴含着深厚的传统情感。

1964年8月5日，邮电部发行一套“牡丹”特种邮票，共15枚及1枚小型张，勾画了“胜丹炉”、“昆山夜光”、“葛巾紫”、“赵粉”、“姚黄”、“二乔”、“冰罩红石”、“墨撒金”、“朱砂礨”、“蓝田玉”、“御衣黄”、“胡红”、“豆绿”、“魏紫”、“醉仙桃”、“状元红”和“大金粉”17个名贵牡丹品种的华丽风姿。1980年，这套邮票被评为建国30年最佳邮票。1984年发行“花卉”邮票，第一枚为剪纸图案牡丹花。1988年中日两国联合发行《中日和平友好条约》缔结10周年邮票一套2枚，日本的图案是国花樱花，中国的对应图案是牡丹花。1998年3月，发行中华人民共和国第九届全国人民代表大会纪念邮票1枚，图案为10朵牡丹花拱饰国徽。

2005年7月，中国科学院、工程院的62名院士，联合签名，发出倡议，呼吁尽快确定我国的国花，并提出将梅花、牡丹确定为“双国花”的建议。

含苞待放（ 牡丹）

白色紫斑牡丹（国家三级保护植物）

花王之魂 （红牡丹）

清秀素雅 （洋白色红斑牡丹）

3. 铁骨霜姿——菊花

菊花为芍药科芍药属多年生宿根草本花卉。其雅名颇多，原始的菊花为黄色，因而有金华、金英、金蕊、黄花、帝女花别称；因其药用价值高，又得了延年、寿客、生长、制颓龄、佳友别名；因神韵高洁，还有贞芳、节华、秋香、霜杰、晚节花等别名。菊花是北京市、山西太原、江苏南通及张家港、安徽芜湖、河南开封、河北保定、湖南湘潭、广东中山、山东德州和台湾彰化等市的市花。

菊花原产于华夏母亲河黄河流域，在陕西秦岭和河南的伏牛山区，迄今还有大量的野菊。菊花已有3000多年栽培历史，在光辉灿烂的中华民族文化历史上，它被誉为国粹，很早就和国人生产、生活、文化结下了不解之缘。在2500年前的古籍中就有关于菊花的记载。《周礼》有“鸿雁来宾，鞠有黄华”。《礼记·月令》中有“季秋之月，鞠有黄华”（黄华即黄花）的记载。战国时，爱国诗人屈原的《楚辞·离骚》中有“朝饮木兰之坠露兮，夕餐秋菊之落英”佳句。至汉代，菊花已发展到作为药用植物。《本草经》中有“菊花久服利血气、轻身、耐老延年”的论述。第一部有关菊花的专著是诞生于12世纪的由刘蒙泉著的《菊谱》，记录了菊花35个品种，另附闻而未见的4个品种及2个野生种。该书对后人影响很深。此后，相继出现了不少菊谱、菊志、菊名篇等艺菊专著，至今仍有六七部宋代菊谱存世。如今，全世界近20000个品种，中国多达3000个品种以上，分为夏菊、秋菊和寒菊，几乎各色俱全，有黄、白、粉、红、绿、茶、杂等七大色系，遍布于大江南北。东晋时，观赏菊花开始外传。它首先被传到日本，17世纪末经荷兰传到欧洲，19世纪由英国传入美国。纵观中国菊花发展的历程，环视当今世界菊花的现状，中国菊花悠久栽培历史，丰富的种质资源，高超的栽培技艺和深厚的文化积淀，在全世界独树一帜，遥遥领先。原产于神州大地的菊花，亦成为世界范围内人们所喜爱的奇葩，并成为目前世界上著名的四大切花之一。在故乡中国，它依然保留着古朴的风华和神秘的色彩。

菊花是中国十大传统名花之一，是光辉灿烂的中华民族花卉文化历史上一颗闪烁的明珠，被誉为国粹。它是观赏植物百花园中最富于变化的一种花卉，色、姿、韵、香四美皆备，千姿百态，变化无穷。

菊花经寒冬霜雪孕育，春光雨露沐浴，盛夏烈日的锤炼后，在浓重的严霜和凛冽的秋风之中，在百花凋零之日，独自挺立三秋，冲寒大放异彩，把深秋点缀得“不是春光胜似春光”，给秋天的大地增添了勃勃生机。它每年必经一次“脱胎换骨的洗礼”，枯萎的茎叶逢春又吐绿，依然是匀称的体态，疏密有致的叶片，照样凌空舒展亭亭玉立，显示出顽强的生命力及倔强不屈的个性，给人以极大的激情与积极向上的启迪，“轻肌弱骨散幽葩，更将金蕊泛流霞”。高者丈余，矮不足尺；花大者如玉盘，花小者如纽扣。它的芳容融入了世间所有的色彩，跃居百花之首，几乎占据了色谱上的所有系列，是那样的鲜艳、明朗和清晰，黄如蜜，黑如墨，白似璧，绿如翡翠，令人赏心悦目。

菊花姊妹一大群，有的细若发丝，有的丰满奔放，有的浑厚壮观，有的雍容端庄，有的幽静清丽，有的飘逸含情，有的龙飞凤舞，有的垂首含羞，有的刚劲沉稳，有的娇小玲珑，有的柔美光洁。这些多姿多彩的花朵，互相搭配，妙不可言，共同构成了菊花独有的“韵”，也使得人们的生活更加五彩缤纷。菊花花香清淡宜人，晋代大诗人陶渊明赞美它“芳熏百草，色艳群英”，可见其香不同寻常，可谓闻之心动，食之可口。亦具有“菊服之轻身耐老”的效能，令人心旷神怡。梨香菊和苹香菊，是菊中的逸品，它们色白，并不高贵，可却有一股鸭梨、苹果般的甜香。只要你把手掌伸在开放的菊花上，就会给你带来满手幽香，真叫人心醉神迷。

菊花经园艺家整容，各种造型千变万化，各具风姿，奇妙无穷。那独本菊，一株一朵花，花朵硕大，如鹤立鸡群，高高探出头来，显露出“庐山真面目”。大立菊，一株着花3000余朵，花径胜过大锅盖，世界纪录非它莫属。2007年12月10日，《广州日报》报道，小榄花农一株菊花开出547朵花，分属513个不同品种，这棵嫁接大立菊成为第九届中国菊花展览会的明星，并打破了吉尼斯世界纪录。在世界首届国际菊花研讨会上，各国专家对这棵大立菊给予高度评价，认为新的嫁接技术可运用到全世界。悬崖菊，繁花朵朵，花团锦簇，如高居悬崖，别具雅趣。高接菊，利用青蒿高大健壮体魄，让菊花寄居其上，形成高大的菊塔，蔚为奇观。借用山石、木桩和芳草辅料，塑造成的菊花盆景，古雅清秀，玲珑奇特，别具风韵。尤其是菊艺颇具特色的观菊形式，如扎菊，用满天星制成各种造型，组成菊树、菊塔、菊桥、菊亭、菊门、菊球等，也可扎成狮、虎、象、龙、凤、孔雀开屏等栩栩如生的动物图像，其多样艺术造型，是任何花卉都难与媲美的。将它摆在几架台案供欣赏，或用于厅堂、廊亭、馆榭作陈设，或用于菊展供欣赏，为人们生活增添了无穷情趣，给人以美的享受。近年来，发展起的地被菊，在"菊的家族"中，又增添新生的一员，被称作"开花地被"，更受人们的青睐。

菊花的品种名称均很雅致，具有浓厚的文化韵味，让人无限遐想，如太白遗风、十丈珠帘、何郎敷粉、残雪惊魂、南朝金粉、落霞秋水、液池荷、醉琼芳、卷云红和凤凰衣等。它神韵高洁，天然而成；高雅清丽，飘逸潇洒，独立凌霜，孤傲不惧；不畏威武，不趋炎凉，顽强坚贞，蓬勃向上；与世无争，默默奉献，逸士之操，君子之节，在文人墨客的偏爱下，勃发出独有的灵性和韵味。因此，人们自古就将它与兰、竹、梅合称为"四君子"。

自古以来，人们常以菊花傲霜绽放的劲骨精神，象征中华民族不屈不挠的品格，还以菊花寓意贞节隐逸的高尚品格。人们赞赏它无桃李之妖艳，有松柏之坚心，誉它为"花中君子"。因此，流传着不少关于菊花的美好传说。在古代河南郦县，有一个山谷叫长寿谷，山谷中开满了菊花，菊萼落水，把溪水也染香了。山谷中住了三四十户人家，因喝了溪中的菊花水，寿命都很长，长者达120岁，最短的也有70岁，长寿谷因此而得名。在华夏这块古博的大地上，曾有不少食菊花而长寿的记载。三国魏文帝曹丕曾在重阳赠给钟繇一束菊花，并写道："故屈平悲冉冉之将老，思餐秋菊之落英，辅体延年，莫斯之贵，谨奉一束以助彭祖之术。"可见古时的人们，早已认识到菊花的保健益寿作用。现代药理研究表明，菊花具有抗菌、消炎、防冠心病和心绞痛的作用。而且，用它所制作的精美佳肴与芳茗，是长盛不衰的保健饮品。近年，许多花卉专家研究发现，菊花堪称抗污染的"勇士"，对二氧化硫的抗性和吸收能力较强，对烟尘、氧化氢和氟化氢等有害气体吸收抵抗能力也较强，是理想的环境保护花卉。

每年重阳节，我国许多地方都有登高赏菊、饮菊花酒、带茱萸囊的风俗。晋代诗人陶渊明，因不满当时官僚地主的黑暗统治，而辞官退居田园，过着耕田、读书、饮酒、采菊等恬淡的隐居生活，怡然自乐，并写下了"芳菊开林耀，清松冠岩列，怀此贞多姿，卓为霜下杰"，对菊的品格作了高度评价。他每逢重阳，必在菊花旁饮酒，有时大醉而归。他对菊花的情有独钟为世人所熟知，写过许多赞颂菊花的诗，特别是《饮酒诗》："采菊东篱下，悠然见南山。山气日夕佳，飞鸟相与还。"这首脍炙人口的诗句，流传至今，他也被人们称为"菊仙"，在后世的咏菊诗中，陶渊明也成为菊花的代名词。传说中成了9月菊花的护花神。后人因此将菊花称为“花中隐士”，作为高雅隐逸的象征。

赏菊是我国民间的传统习俗。历代文人雅士大都爱菊、咏菊。古往今来关于菊花的名篇佳句，可谓数不胜数。如屈原的《离骚》中云：“朝饮木兰之坠露兮，夕餐秋菊之落英。”晋朝诗人袁崧对菊花性格刚烈，不惧霜凌寒威这样评价：“灵菊植幽崖，擢颖凌寒飚。春露不染色，秋霜不改条。”唐代诗人白居易的《重阳赋菊》诗：“满园花菊郁金黄，中有孤丛色似霜。还似今朝歌酒席，白头翁入少年场。”抒发他晚年欢乐情怀。唐末农民起义领袖黄巢写的两首菊花诗，更是叱咤风云，立意深远。《题菊花》：“飒飒西风满院栽，蕊寒香冷蝶难来。他年我若为青帝，报与桃花一处开。”另一首《不第后赋菊》：“待到秋来九月八，我花开后百花杀。冲天香阵透长安，满城尽带黄金甲。”宋代郑思肖的《寒菊诗》：“宁可枝头抱香死，何曾吹落北风中。”抒发诗人无限的故国深情。宋朱淑真赞美它不随波逐流，不被恶势力吓倒，坚持真理，正直不阿的高尚品德，在《菊花》中写道：“宁肯抱香枝头老，不随落叶舞秋风。”爱国诗人陆游这样描写：“菊花如端人，独立凌冰霜。纷纷零落中，见此数枝黄。多情守幽贞，大节凛介刚。”毛泽东主席十分喜欢菊花，除1929年写下的《采桑子·重阳》一词中的“战地黄花分外香”的词句外，还将其中南海丰泽园的书房命名为“菊香书屋”。陈毅元帅的《秋菊》诗赞菊：“秋菊能傲霜，风霜重重恶。本性能耐寒，风霜其奈何？”表达了他对菊花那种面对邪恶势力，威武不屈精神的敬仰之情，也表现了他的革命乐观主义，为世人所传诵。

我国人民一直爱菊、赏菊和养菊，尤其在北京更是蔚然成风，早在明、清时期，北京已是菊花栽培中心，华夏大地纷纷将名品奉献给京城，有名的艺菊者如刘契园、谢鸿宾均在自家庭院莳养数百种。每到深秋，菊花盛开，亲朋好友及远近爱好菊花的群众前来观赏，络绎不绝。毛泽东、朱德等同志也曾去观赏。现在，一个崭新与时俱进的菊花栽培中心已在北京成立，举办的历届菊展吸引着成千上万的菊花迷。这不仅因为菊花品种繁多，姿态万千，更因它不畏严寒，临霜不凋仍生机勃勃的风骨和不与繁花争艳，不因环境好坏而改变自己本性的品格。因而在1987年3月12日，它与月季一道，同时被推举为北京市市花。

自由女神

菊花(天女歌曲)

垂首含羞

醉娇娘

美白亮

星汉璀璨

嫩黄新人

金色年华

圣光紫云

4. 花中君子——兰花

兰花别名众多，诸如山兰、幽兰、芸兰、待女兰、燕尾春、兰草、水香、大泽兰、香水兰、孙儿菊、千金草、女兰、香草、醒头草、石瓣和针尾凤。为兰科兰属单子叶多年生草本。是中国传统名贵观赏花卉。它是贵州贵阳、山东曲阜、河北保定、广东汕头、云南保山、福建龙岩、台湾宜兰和浙江绍兴等市的市花。

兰花为兰科植物的统称。野生于人迹罕至的深山幽谷、杂木林的林荫下和稀疏腐叶、野艾莠草旁，或肥沃松土的山坡、石隙及山溪边峭壁上。它种类多，家族庞大，除南极外，广布于世界各地。全世界的兰科植物有近800个属，3.5万种，中国有171个属，1247种。兰花依生态习性分地生兰、附生兰（气生兰）和腐生兰三类；按产地与生长习性分洋兰（主产热带地区，也称热带兰，花型大，色彩艳丽，少有香气）、国兰（主产中国，也统称地生兰，花型较小，优雅高洁，多有幽香）。中国是兰花原产地，兰花在中国历史悠久，已有2000多年栽培历史。公元前300年屈原《离骚》有 “咏兰”记载；《左传》、《礼记》、《史记》对于兰和蕙兰亦有记载。魏晋以后，兰花已用于点缀庭园，美化环境。明代已十分兴旺，到清代则达到全盛时期。南宋绍定癸巳（1233年）赵时庚写了中国第一部《金漳兰谱》，其后各家兰谱相继问世，现今有从宋代至民国初年约16部艺兰专谱存世，对中国兰花的生态、形态、栽培管理技术记述甚详。

目前，中国兰的分布甚广，资源丰富，品种较多，西南和中南一带山区资源尤其丰富。传统栽培的兰花属地生兰，世界称之为中国兰或东亚兰，包括一葶（茎）一花的兰和一葶（茎）多花的蕙。

中国兰于宋代之前传入日本和韩国，形成了东方独特的兰艺，对世界观赏园艺作出了卓著贡献，一直被称为国兰，是我们中华民族的骄傲。

兰花是中国十大传统名花之一，也与梅、竹、菊合称为“花中四君子”，被尊为国粹，为花、香、叶三美俱全的花卉，高踞于被称为“岁寒三友”的松、竹、梅之上。竹有节无花，梅有花而无叶，松有叶而无花，惟独兰并有之。兰花的最大特色是一个“雅”字，它与菊花、水仙、菖蒲并称“花草四雅”，而四雅之中，兰花居首位。兰花欣赏十分讲究色、肩、捧、舌，以淳朴淡雅为优良品种。它体态优雅，气宇轩昂，婀娜多姿。兰株由多数叶片组成，叶片紧束下垂，上成微抛物线形，向四面作蘑菇状自然伸放，临风摇曳，亭亭玉立，生机盎然，显得自然俊美。纵是花谢之后，也碧玉一株，翡翠几丛，楚楚动人，依然呈现清雅、恬静、幽然的美态。它的叶疏密有致，柔滑坚韧，叶质柔中有刚，叶姿青翠葱茏，叶色常年青碧莹润，如翠似玉，微风一吹，一摇三摆，十分可爱。有着“经霜雪而不凋，历千年而不损”的风姿，和“常绿斗严寒，含笑度盛夏”的风骨，素有“观花一月，看叶一年”和“看叶胜花”的说法。阔叶，宛如翠带，落落大方；线叶，似麦门冬、菅茅，秀美纤巧；长叶，酷似长剑指天，刚劲峻拔；短叶，像出鞘的短剑，雄健有力。至于叶态，各具千秋，企叶雄伟，垂叶柔媚，中垂飘逸。

兰花是兰株的精华，它不够高大，只有盈寸大小，却让人如痴如醉，一咏三叹。花开景色别具一格，先从叶簇中独树一箭（又称花葶），玉立之中，刚健挺拔，渐步升高，从芳露含苞，花瓣徐舒，到开出千姿百态伴有沁人香气的花朵，才显现出娇妍之尊容。花色冰洁素丽，清淡含娇，雅而不俗，丽而不妖，花朵清丽脱俗的香味是兰花的精髓，其香更是居群香之首。那悠远高雅的清香，“不为无人而不芳，不因清寒而委琐”，使人为之倾心，被古人推崇备至，给它以“香祖”、“王者之香”、“天下第一香”等美誉。“谷深不见生兰处，追逐微风偶得之”，兰花香的特点是浓郁而不刺鼻，香气悠长而穿透力强，香味如缕如丝，源源不断，徐徐溢出，四处飘逸，不浓烈却长久，不是阵香而是清远，超凡脱俗，“一盆在室，满屋清香”，“雅室何须大，花香不在多”，有一香压千红之誉。休闲之际，静观细品，含蓄端庄，高洁素雅。“虽无颜色如娇女，自有幽香似德人”。借此，消解疲劳，舒畅身心。兰花全草可入药，具有滋阴清肺、化痰止咳、通窍和利关节的功效。药用通常用建兰的根、叶、花。兰花还是名贵佳肴，“花用助茶，膏可代饮”，“花可点汤”。

兰花花香馥郁，叶姿飘逸优美，均非洋兰品种可与媲美，因而博得世界兰坛的重视。中国先人将兰花的观赏价值置于松、竹、梅之上。兰花如作盆栽或制成盆景，点缀于书斋、客厅、卧室、走廊等处，如诗如画；若以瓶插，可置于案头或几架之上；也可露地栽培，如在园林、庭院的假山、亭榭之间的隙地或在石缝中，堆上培养土，种入兰花，覆以青苔之类，使其生长环境接近自然，则别具野趣。

国人与西方人赏兰，趣味各不同。西方人重色艳和花大，喜欢浓艳、奔放的兰花，在赏花中寻求感官刺激，且一般只赏不种，花谢即丢弃。国人赏兰，喜欢含蓄端庄，高洁素雅，重在赏花、叶的灵气，而且种、赏并重。种兰本身也是极为有乐趣的，通过养兰可达到修身养性，陶冶情操的目的。值此中西文化交流频繁的年代，国人赏国兰和洋人赏洋兰，也处于文化交流之中，正在互相影响，互相渗透。

董必武赞兰花有四清，“气清、色清、神清、韵清”。这是对兰花特点的高度概括，也体现了董老是位养兰的“行家里手”。气清是指兰的香气清而不浊。色清是指兰的颜色，国兰色泽淡雅，以嫩绿、黄绿居多，以素心者为贵。神清是指花与叶的姿态，是赏兰的主要标志。花姿端庄挺秀，雍容华贵，富于变化，兰叶刚柔兼备，姿态优美，故有“看叶胜看花”的诗句，以形容兰叶婀娜多姿。至于韵清，是指神韵，是一种内在美。从兰的素雅，叶的优美，味的馥香中去欣赏其“韵”，兰花的艺术魅力给人以无限的遐想。由于它“兰在幽林亦自芳”才被世人赏识，又由于它“不因贫寒而猥琐，不为无人而不芳”的高尚品德，被历代人赞之“兰之香，盖一国”，喻之“花中君子”，以其象征着一种理想，抒发一种情怀。

兰花出自幽谷、丛林之中，与野艾莠草杂居。它“禀天地之纯精”，不为霜雪变色。它很谦和、高洁，给人们许多的启示，使人懂得，做人应该像兰花那样高洁而不炫耀。

孔子曾形象描述兰花：“芝兰生于幽谷，不以无人而不芳。君子修道立德，不因穷困而改节。”自此，兰花就成了人间美好事物的象征，成为华夏子孙的理想人格及民族精神和坚贞、美好、高洁、典雅的象征。

据《琴操·猗兰操》载，孔子周游列国，到处宣传他的政治主张，却四处碰壁。有一次，在卫国又吃闭门羹，只好带着弟子返回鲁国。归途中，在荒僻的山谷，闻到一股香味，细看是兰花。他感叹说，兰花，当为王者香啊！它生在深谷之中，虽长得茂盛，却只能与杂草在一起。于是停车下来，对兰抚琴，自比兰花，伤感自己生不逢时。

在福建龙岩市，人们爱兰养兰之风已久，蔚然成风。当地有句俗语：“宁可出门不提篮，不可家中不栽兰。”还有“家有兰花不炷香”的谚语。龙岩人对兰花的钟爱，由此可见一斑。据《龙岩地方志》载：自民国2年，龙岩设立县公署，凡任县知事一概必须由外地选派，首任知事孙陶曦由安徽怀远选派而来。他爱养兰花，并以高洁的建兰——“素心龙岩素”作为“官清律”。他为官清正廉洁，深受百姓爱戴。当他晋升为省衙要员而临别时，人们请他题诗留念，他挥笔写下两句诗：“此去龙岩别无恋，最使相思是建兰”。后来一位官员对孙知事留下的前诗补了两句："只缘阵阵清香味，浸透缁衣催我还。"为官一任，造福一方，清正廉洁，一尘不染，当是为官从政之本。愿天下的父母官，都能以素心元兰的高洁为自律，做人民的好公仆，这是老百姓所企盼的。

画兰、写兰最著名的应属郑板桥，他自称"七十三岁人"，50年画兰。他画了几十幅的兰画，亦写下了七八十首兰的诗词，成为国家瑰宝。其中一首《破盆兰花》："春风春雨洗妙颜，一辞琼岛到人间。而今究竟无知己，打破乌盘更入山。"诗人以兰花傲骨为喻，表达对上层权贵的鄙弃。另一位画梅成痴的彭玉鹿，也常爱题兰，留下名句："平生只解写梅花，索我题兰兴更赊，独怪孤山三百树，幻形九畹叶芳葩。"

鲁迅也写过："所恨芳林寥落剩，春兰秋菊不同时"，"一枝清采妥湘灵，九畹占风慰独行，无奈终输萧艾密，却成迁客播芳馨"，"椒楚挂折佳人老，独托幽岩展素心。岂惜芳馨遗远者，故乡如醉有荆榛。"在受迫害下，鲁迅以兰自比，以屈原自比，抒发了自己高尚的情操和坚贞的气节。清末名臣左宗棠赞诵兰花："质秀气清，王者之草，翰墨留香，我尝而宝。"爱国将军张学良养兰、赏兰、咏兰，在失去自由的漫长岁月中，以诗遗怀，曾写赞兰诗："芳名誉四海，落户到万家。叶立含正气，花妍不浮华。常绿斗严寒，含笑度盛夏。花中真君子，风姿寄高雅。"另一首"王者之香，是宝贵之极；客苦流芳，是隐逸之最；出淤泥而不染，经岁寒而不凋，乃清介坚劲之美。"

兰花，这一古老高洁、倔强的名花，也深受老一辈革命家的喜爱。朱德元帅亲自栽植兰花，积极倡导开发兰花事业。他在杭州花圃兰馆的横匾上题"国香宝"三字，为南京中山植物园写下"种好兰花"的题词，还谱诗《咏兰》："幽兰吐秀乔林下，仍自盘根众草房。纵使无人见欣赏，依然得地自含芳。""东方解冻发新芽，芳蕊迎春见特华。浅淡梳妆原国色，清芳谁将胜兰花。"陈毅同志写的《咏兰》诗："幽兰在山谷，本自无人识。只为馨香重，求者遍山隅。"

兰花以恬淡幽雅的风姿，清丽高洁的品性，不染尘俗的幽香，给人以美的享受和精神上的愉悦。以其博大高深的思想文化内涵，对社会极为深远的影响，和中国传统文化结下了不解之缘，自古以来，深受国人的钟爱，在神州大地上生生不息。

双星同辉（春兰）

冰洁素丽（建兰）

高洁素雅（墨兰）

含蓄瑞庄（蕙兰）

清淡含娇（寒兰）

楚楚动人（卡特洋兰）

5. 花中皇后——月季花

月季，别名长春花、月月红、斗雪红、瘦客、胜春、四季蔷薇、四季红、月光花、四季春、月贵花、月记、艳雪红、绸春花、铜锥子、勒泡和月月开。为蔷薇科蔷薇属落叶或常绿灌木。月季花是北京市，天津市，河北省石家庄、邯郸、廊坊、沧州、邢台、辛集，河南省郑州、漯河、淮阳、焦作、商丘、驻马店、平顶山、新乡、三门峡、信阳、开封，江西省南昌、鹰潭、吉安、新余，辽宁省大连、锦州、辽阳，湖北省沙市、宜昌、恩施、十堰、随州，江苏省淮阴、宿迁、常州、泰州，安徽省安庆、蚌埠、芜湖、阜阳、淮南、淮北，山东省威海、莱州、济宁、青岛，湖南省衡阳、邵阳，四川省德阳、西昌，山西省长治，陕西省西安和宁夏回族自治区石嘴山等52个市的市花，还是美国、意大利、卢森堡、伊拉克、叙利亚等国的国花。

华夏大地是月季的故乡，早在公元前100多年就有栽培。中国月季宋代已有文献记载，民间已广为栽培，明代更盛，品种更多，亦已成为园林建设的主要花卉之一。李时珍在《本草纲目》记载："月季，处处人家多栽插之。"据报道，中国抚顺地区曾发现距今约6000万年的蔷薇植物叶片化石，与现在的玫瑰的叶片极为相似。在中国广阔国土上，仍生长着野生的蔷薇属植物。月季在我国主要分布于湖北、四川和甘肃等省的山区，尤以上海、南京、常州、天津、郑州和北京等城市最盛，已有2000多年的栽培历史。全世界蔷薇属植物有200多种，中国有82种。中国不仅是世界月季分布中心，而且是四季开花的月季花和香水月季的惟一产地和发源地，其品种与栽培技术，居世界前列。在现代，月季栽培品种多达2万余种，是本属相互杂交选育出来的。

月季是中国传统十大名花之一，也是分布广泛的著名花卉。其品种之多，色彩之繁，花期之长，应用范围之广，是其他众多花卉都无法比拟的。在雨中，它那随风舞动的腰肢，那娇艳盛开或嫣然含苞的花朵和那花瓣、绿叶上凝结的雨露，使得此时赏花更增添韵味。它“花亘四时，月披一秀”，素有“花中皇后”之誉，被古人称为“天下风流月季花”。它与蔷薇和玫瑰并称“三姐妹”、“蔷薇三杰”。它植株健壮挺立，形态秀丽，有的匀称俊美，有的潇洒婀娜，有的巨大挺拔，有的丛茂翠绿，有的葱茏叠翠。它不像蔷薇四散飘逸，不像玫瑰那样满身密布着细刺，而是有根根锋利、坚韧、大而疏布的刺，给花朵以安全和自尊，也让人好识别，更启迪人们去塑造自己，完善做人的形象。更难得的是，它既不畏盛夏酷暑，也敢于披红斗雪。即便是面对冰雪的威胁，也依然亭亭玉立，展露着“谁言造物无偏处，独遣春光住此中”的独特魅力。它叶片形态优雅，色泽苍翠，“蔷薇身姿玫瑰态，夏斗芙蓉冬笑梅。叶里深藏云外碧，枝头常借日边红。”不愧是蔷薇科花卉中的佼佼者。月季花浓艳娇美，色彩秀丽，五颜六色，几乎色谱上所有的颜色都可在月季花上找到。它花型千姿百态，大花小花应有尽有。小似樱桃小西红柿，大如基因型西红柿，可爱之极。它芳香浓，气味有麝香、蜂蜜香、柠檬香、辛香和茶香等类型，沁人心脾，令人心旷神怡。它“曾陪桃李开时雨，仍伴梧桐落叶风”，“天然窈窕”；“不管雪消霜晓，朱颜常好”，“惟有此花开不厌，花落花开不间断”，“一年长占四时春”，“荣华历四时”，则是它高过玫瑰、蔷薇的特异之处。

月季花花落又花开，周而复始，香气断而复续，像与天上盈亏圆缺的月亮争奇斗巧，好似和人们早就定下长约，永远给人们以美的享受，深得中外人们的喜爱。

月季花品种繁多，类型不少，应用范围极为广泛。地栽月季在园林中作为花坛、花境、花丛的主材，可布置面积较大的月季专园，也可在城市中的道路两边、中心隔离带、立交桥等处作为花径，还可按几何图案布置成规则式花坛，或依山傍水布置成风景式庭园。匍匐型月季作为草坪上的铺垫，如地毯一般，能给城市环境起到锦上添花的效果。“树桩月季”像一把花伞挺立，别有情趣。“滕本月季”用于花架、花墙、花篱、花门等，能令人赏心悦目。盆栽“微型月季”玲珑剔透，赏心悦目，备受青睐。选具有挺拔花枝长的、花朵轻盈潇洒的、色彩特异有香味的，作为切花栽培，与菊花、唐菖蒲、香石竹（康乃馨）、非洲菊（扶郎花）并称为世界五大切花，装点居住空间，使之四季有花，从不间断，处处呈现出五彩缤纷、眩人眼目的光彩。成为当今兴起的“插花热”中一名主角，不论是家庭插花，还是礼仪插花中的迎宾、桌饰、几饰、花束都少不了它的参与，作为插花主材与其他叶材、花材相配合，插出带有不同韵味、不同情趣的插花作品。月季又是诸如迎来送往、开业典礼、谈情说爱、情人节甚至丧葬追悼等场所、活动的使者。

月季能较强地吸收空气中的苯、硫化氢、二氧化碳、氟化氢等有害物质，还能吸收乙醚、二氧化氮和氯气，有很好的净化空气的功能，是美化、净化、保护人类生活环境较好的花卉。北京、上海、郑州、深圳等城市相继建成了月季园。

月季花是提取香精的重要原料，与蔷薇果可加工成化妆品、食品和月季干花工艺品等。花瓣可食，花、根、叶均可入药，有活血、调经、解毒、消肿功效。

月季花是吉祥幸福的象征，是传递爱情和友谊的使者，为世界人民所喜爱，它与人类的文明紧密相连，兴衰与共。许多多情男子，常将自己的意中人亲昵地称为“心中的玫瑰”（在国外月季、玫瑰和蔷薇被统称为玫瑰），并认为红色月季象征爱情和勇气，淡粉色表达赞同或赞美，粉色代表优雅和高贵的风度，深粉色表示感谢，白色象征纯洁。

我国人民欣赏、栽培月季花的历史悠久。18世纪末，月季从中国传入欧洲。传入时，英、法正在交战，为了使中国月季优良品种安全由英入法，双方海军竟达成暂时停战协议，由英国派船护送月季花通过海峡进入法国，培育在拿破仑一世妻子约瑟芬皇后所建玛尔梅森的月季花园中。中国月季的到达，创造了和欧洲、中东的蔷薇进行杂交的有利条件。经各国园丁的辛勤劳动，已育成成千上万个月季新品种。特别是法国人培育的著名品种“和平”，1945年美国太平洋月季协会为该品种命名之际，正巧联军攻克柏林，希特勒灭亡。当联合国成立，在旧金山召开第一次会议时，每个代表房间的花瓶里都有一束“和平月季”，字条上写着：我们希望和平。月季能够影响人们的思想，给全世界以持久和平。因其花朵呈优雅的淡黄色，后改名为“黄和平”，以后又培育出花形相似、颜色不同的“粉和平”、“蓝和平”等品种。1973年，美国友好人士欣斯德夫人带着她丈夫生前对中国人民的深情将“和平”月季敬送给了毛泽东主席。这个具有中国“血统”的月季重归故里并保留至今。

邓颖超同志20世纪50年代亲自在院中所栽的几株“黄和平”，一直到现在还盛开着鲜艳的花朵。1978年8月19日，她在接见美国访华团时，送给代表团一朵粉黄的月季花，并说：这种花特点，初开时是淡黄色，到后来就会逐渐加深了。“黄和平”这一用神圣的名字命名的月季名品，不正是中美人民友好交往的象征吗？

中国著名作家冰心爱花，但她似乎只爱月季花，她不但喜欢月季的色、香、味，更喜爱它花枝上尖硬的刺。她曾说过：“我喜欢月季花。它没有媚态，有自己的风骨；月季花枝上有刺，不是随便可以采摘的。我认为花也和人一样，要有它自己的风骨。”这朴素的话语，隐含了深刻的人生哲理。1989年，冰心老人已90岁高龄，还将一盆月季赠给著名作家巴金老人，祝贺他85岁的寿辰。

在西方国家，月季花是每年2月14日情人节的必用花卉，人们常将红色的月季送给自己的恋人。据说，古代波斯有位男青年，为表达对自己恋人的一往情深，用自己的鲜血将白色月季花染红送给心上人，姑娘终于感动。据传，这就是人们常在情人节这天向自己的意中人赠送红月季的来历。

关于月季花，还有一段优美的传说：宋代秉公执法的清官包拯一生廉洁。在他60岁大寿时，皇帝要给他祝寿，被他婉言谢绝。而几个平民老者手捧着月月红（即红月季花）来祝寿，并呈上一首诗："花落花开无间断，春去春来不相关；但愿相爷常健在，勤为百姓除赃官。"包拯高兴地接过月季花，并和诗一首："赵钱孙李张王陈，好花一盆黎民情；一日三餐抚心问，丹心要学月月红。"

月季以高洁坚强的品性，赢得了历代文人雅士的青睐，留下了无数歌颂月季的篇章。宋代苏东坡《月季》："花落花开无间断，春来春去不相关。牡丹最贵惟春晚，芍药虽繁只夏初。唯有此花开不厌，一年长占四时春。"对月季四季常开不败加以赞赏。北宋韩琦《月季花》："牡丹殊艳萎春风，露菊萧疏怨晚丛。何以此花荣艳足，四时常放浅深红。"南宋杨万里《腊前月季》："只道花无十日红，此花无日不春风。一尖已剥胭脂笔，四破犹包翡翠茸。别有香超桃李外。更同梅斗雪霜中。折来喜作新年看，忘却今晨是季冬。"诗中赞颂月季花期长、艳压群芳的习性及斗雪霜的高贵品格。宋代徐积《咏月季》赞道："谁言造物无偏处，独遣春光住此中。叶里深藏去外碧，枝头常借日边红。曾陪桃李开时雨，仍伴梧桐落叶风。费尽主人歌与酒，不教闲却卖花翁。"诗中道出了月季花开花落不间断的迷人风韵。宋代朱淑真《长春花》："一枝才谢一枝妍，自是春工不与闲。纵使牡丹堪绝艳，到头荣悴片时间。"宋代宋祁《月季花赞》："花亘四时，月一披秀。寒暑不改，似固常守。"宋代陈兴义《月季花》："月季花上雨，春归一凭阑。东西南北客，更得几回看。"现代著名将军张爱萍为月季题诗："花开迎春早，临界风月红，帅先千含笑，潇洒傲霜重。"对月季花的进取、坚持、热情与顽强的内涵，作了形象的刻画与概括。

1984年4月20日，中国邮电部发行一套"T·93月季花"邮票，共6枚。这套邮票上图案都是中国园艺工作者和爱好者自育的著名月季新品种，其雅名依次为"上海之春"、"浦江朝霞"、"珍珠"、"黑旋风"、"战地黄花"、"青凤"。其中"上海之春"与"浦江朝霞"于1981年绣成绣品，由上海市月季花协会馈赠给美国洛杉矶月季花协会作为交流的礼物，受到对方高度的称赞。

中国有众多的城市将月季作为市花，可见月季在中国有深厚的群众基础，且在漫长的栽培历史发展中，深深地融合于中国文化的各个方面，成为中国传统文化一个组成部分。华夏大地，因这五彩缤纷、喜气洋洋的花卉，变得更美丽。

月披一秀

满园芬芳

珠宝亮丽

红烛焰盛（插花月季）

6. 花中西施——杜鹃花

杜鹃花，别名映山红、山石榴、山踯躅、红踯躅、满山红、照山花、艳山红、迎山红、山归来、野山红、报春花、清明花、杜宇、子规和布谷等。为杜鹃花科杜鹃花属常绿、半常绿和落叶灌木或小乔木花卉。杜鹃花是湖南省长沙、娄底，台湾省台北、基隆、新竹，江西省井冈山、九江，辽宁省丹东，福建省三明，安徽省巢湖、马鞍山，广东省韶关、珠海、深圳，云南省大理，浙江省嘉兴、余姚，山东省荣成和江苏省苏州、无锡、镇江等21市的市花。尼泊尔奉为国花。

杜鹃花是高等植物中比较大的家族。它的起源可追溯到中生代的白垩纪，距今已有6700万～14400万年，那时遍布于地球上的杜鹃花，因受第三纪干旱气候和第四纪冰川覆盖的影响，其自然分布缩小。杜鹃属植物在中国较早记载在距今约1500年南朝梁代陶弘景的《本草经集注》中，“羊食其叶踯躅而死故名，闹当作恼，恼乱也。”唐代早已栽植，《续仙传》记载：“鹤林寺在润州，有杜鹃花，高丈余，每至春月烂漫僧相传云，贞元中有僧自天台移栽之。”它生命力极强，海拔500～1200米的山地、山坡、丘陵和灌丛中处处可见到它的身影。该属全世界约有1000种，分布于欧洲、亚洲及北美洲，以亚洲为最多，约有850余种，其中中国分布最多，约有600余种，占世界总数的59%，集中在云南、西藏、四川三地的横断山脉一带，是杜鹃花的发祥地和分布、演化中心。中国也是世界野生杜鹃种群最大的国家，云南是杜鹃的大本营，很早就成为欧美各国植物学家竞相追求的宝藏。喜马拉雅山周边的不丹、锡金、尼泊尔、缅甸、印度北部种类也较多。日本、朝鲜、俄罗斯的西伯利亚和高加索地区仅有少数种类。新几内亚、马来西亚是次生分布中心。

常绿杜鹃多分布在冷凉的高海拔地区，半落叶与落叶杜鹃分布在高山或丘陵地带。目前栽培的大多数园艺品种根据来源和特征，分为毛鹃、东洋鹃、西洋鹃和夏鹃四类。其中毛鹃是中国原产，俗称“锦绣杜鹃”或“映山红”，因叶片粗糙多毛而得名；西鹃为四个类型中花形、花色最美的，是经反复杂交培育出的。当今市场走红盆栽杜鹃大多属西鹃。

杜鹃花是中国十大传统名花之一，有“花中西施”之美誉，又是我国三大天然名花（杜鹃花、报春花和龙胆花）之首花，也是现代世界名花，被誉为“世界上最美丽的花卉之一”，被世人尊称为“花中帝皇”、“花中之王”。暮春，我国南疆漫山遍野一片片、一簇簇的映山红，竞相怒放，犹如五线谱上的音符，弹奏着金色的春之歌，给人们以春天的温馨。它一直绽放到盛夏，正是“一声杜宇啼春风，明朝绯挂千山丛”。它密生的叶片，匀整的树形，显示出一派东方的情调，自然而别致。枝细叶小者，似袖珍“花中皇后”月季；叶大者，如“国色天香”牡丹。有的叶面有层冰蓝色的果霜，有的新叶有一层羊绒状的毛，有的新梢上紫色的芽发出棕红色、绛绿色的翡翠般的新叶，叶背银白色，迷人极了，可爱极了。它花冠似阔漏斗形，有单瓣也有重瓣，颜色有白色、乳黄色、米黄色、金黄色、粉色、淡红色、玫红，还有镶边和多种颜色组合的复色，真可谓绚丽多彩，千姿百态，璀璨似锦，赏心悦目。花开时，五光十色，婀娜多姿，花瓣如绸如绢，色彩绚丽。白色的，洁白纯真；堇紫的，淡雅宜人；红色的，艳如朝霞；浓紫的，端庄凝重。斑斓的色彩，配以飘逸的花姿，好似群蝶翩翩起舞。当它绽放时，繁花似锦，娇艳如火，胜似一面面彩旗飘舞，真是“回看桃李都无色，映得芙蓉不是花”。

大自然恩赐的野生杜鹃，也不乏珍品。如 “云锦杜鹃”，植株比一般的高出一倍（野生一般高1～2米），枝干粗壮，十来朵花集成一簇，花瓣外粉红而内黄绿，娇丽宛如天上云锦。有的株高不足15厘米，如平卧杜鹃，匍匐于岩石表面。召通杜鹃，单花小者仅为1厘米，大喇叭杜鹃的花约10厘米。云南“大树杜鹃”，高达28米，20朵花簇成一团，有篮球那么大，真不负“灌木花卉之王”的美誉。1982年腾冲县大塘乡高黎贡山西坡海拔3380米处，发现了当今世界上最大的大树杜鹃花，其径粗达3米，基围近10米，主干高达28米，树龄约有500多年历史，堪称大树杜鹃之王，从而轰动整个世界，被国家列为二级保护植物，并将位于高黎贡山地区的保山市腾冲和泸水交界处的12万公顷原始森林划为大树杜鹃的自然保护区。

杜鹃花多在2～3月份开放，园艺工作者运用促成栽培方法，可使杜鹃花在11～12月份开放，正值圣诞、元旦和春节之际，人们用它装点居室，或馈赠亲朋好友，成了冬日传统佳节一道亮丽的装饰佳品，深受爱花者的青睐。

杜鹃花花繁色艳，姿态娇媚，花期长，最适宜在园林、庭院中配植于树丛、林下、溪边、池畔，以及草坪边成丛成片种植，均可组成优美的景观。在建筑物的背阴处，可作花篱绿障、花丛和铺地植物配置，春暮繁花似锦，夏日茂密青翠，秋冬又有色叶，四季可赏。如在老松之下，堆以山石，栽植数丛，古趣盎然；若与槭树类搭配，既组成群落景观，又得以争艳媲美；如在红枫之下种上毛白杜鹃，青槭之下以红花杜鹃衬托，更是相得益彰，鲜明动人，有以少胜多的美感。如果盆栽，可作室内外陈设，或制作桩景，尤其利用夏鹃具有枝叶纤细，分枝稠密，树冠丰满，花色、花瓣丰富多变，花期在5月下旬至6月，稍作雕琢，制作盆景，置于阳台和室内欣赏，十分动人。

此外，杜鹃花可食用，是美味佳肴。映山红的花味酸无毒，可生食；大白杜鹃、粗柄杜鹃的花至今是滇中人民的优美蔬菜。杜鹃花可入药，性味酸甘、温，有调经、祛风湿的功效。兴安杜鹃（紫花杜鹃）是中成药“消咳喘”的主要原料。民间还用长蕊杜鹃的果实作为治疗精神病的偏方。有些种类的树皮、树叶含丰富的鞣质，可提取化学工业用的栲胶。用羊踯躅的枝、叶、花浸泡沤制，可作土农药，毒杀农业害虫。杜鹃花的木材、根兜，质地细腻、坚韧，民间用于制盆、钵、水瓢、根雕等日用工艺品，经久耐用。而最可贵的，是杜鹃灌丛是中国山区最好的水土保持林木。

杜鹃花在春、夏开花，花朵繁密，花色丰富，花期长，开放时节热烈奔放，鲜艳夺目，如火如荼，是深受中国人民热爱的名花之一。它是热情纯真、吉祥美好的象征。四川少数民族把杜鹃花叫“索马花”，苗族则叫“麻雅王”。朝鲜族人把它叫“金达莱”，朝鲜语里的意思是“永久开放的花”。朝鲜人民用它象征长久的繁荣、喜悦、幸福，“金达莱”也理所当然成为朝鲜的国花。有歌曲赞唱：“千朵花万朵花，比不上金达莱花。”西藏人把杜鹃花叫“格桑花”，用“格桑花”来比喻对新生活的赞美。每年的黎族“插花节”、“火把节”以及苗族三月三“跳花节”等少数民族的节日也是在杜鹃花盛开时举行，处处载歌载舞，风情浓郁。井冈山革命根据地人民，将杜鹃花作为春天和革命胜利的象征。1927年10月24日，毛泽东率领秋收起义部队路过五指峰，来到井冈山大井村，开始了革命斗争。在战火纷飞的年代，许多杜鹃花的原始丛林，都曾经掩护过革命战士。相传井冈山革命根据地红军在反围剿战斗中，派一男一女两名侦察员下山侦察敌情。女的头插红色的杜鹃花，身穿红衣裳，扮成新娘，男的扮成新郎。他俩以新婚夫妇回娘家的名义，历尽艰难险阻，终于摸清了敌情，使红军打了一个大胜仗。

民间根据此花随杜鹃鸟鸣叫而开放的现象，称其为杜鹃花。一种花，一种鸟，两个物种联系在一起，在百花中实属罕见，其中还引出一个非常凄美的故事：古代周末蜀王杜宇很爱他的百姓，禅位后隐居修道，在他死后，亦非常怀念他的臣民，于是他的灵魂化为杜鹃鸟，每年春天都要回到他的国家来看望臣民，用一声声鸣叫来表达他对故土的留恋，一直叫到口中吐出鲜血为止。滴滴鲜血染红了当地的一种花，这就是杜鹃花。于是，世人就说杜鹃花为杜鹃鸟啼血染红的，所谓“疑是口中血，滴成枝上花”，“鲜红滴滴映霞明，尽是冤禽血染成”。

自六朝、唐、宋，至明、清，文人骚客有关杜鹃的诗词、散文和谱志很多。唐代诗人白居易在《山石榴寄元九》一诗中，称颂赞美杜鹃：“闲折两枝持在手，细看不似人间有。花中此物似西施，芙蓉芍药皆嫫母。”西施为中国四大美人（另外三位是王昭君、貂蝉、杨玉环）之一，嫫母为黄帝之妻，貌丑而贤惠，诗人借诗竭力衬托杜鹃花之美，将杜鹃比作花中西施，从此杜鹃花便有了“花中西施”美称。唐代杜牧赋诗《山石榴》：“似火山榴映小山，繁中能薄艳中闲。一朵佳人玉钗上，只疑烧却翠云鬟。”明代苏世让的《初见杜鹃花》诗：“际晓红蒸海上霞，不崖沙岸任欹斜。杜鹃也报春消息，先放东风一树花。”洋溢着诗人对杜鹃花的热爱、仰慕之情。宋代杨巽斋诗：“鲜血滴滴映霞明，尽是冤禽血染成，羁客有家归不得，对花无语两含情。”可见，杜鹃花是企盼团圆的象征。历史上留下不少生动描绘杜鹃花的名诗及妙句，如“颜色胜曙霞”，“不似花丛似火堆”，“风翻焰火欲烧人”（白居易），“清溪倒照映山红”（杨万里），“涧底红花夺火烧”（李绅）等。这些都是对杜鹃花绝妙的写照。

现代众多志士仁人以杜鹃花红艳歌颂革命先烈，人民英雄，如李广源诗：“古今报国捐躯者，魂化鹃花代代荣。”诗人刘云中：“瑶乡沃野杜鹃红，许是驱倭民众血。”何继馨诗：“此花不是寻常物，尽是英雄血染成。”电影《闪闪的红星》中，小主人公潘冬子的妈妈唱道：“若要盼得红军来，岭上开遍映山红。”映山红就是杜鹃花。中国人民在漫长的革命岁月里，把革命的胜利希望与杜鹃花的遍地开放联系起来，坚信待到杜鹃花遍地盛开时，人民一定取得胜利。

杜鹃花已经融入了中国悠久的历史文化，并为全世界的杜鹃花育种作出了巨大贡献。神州大地，杜鹃花争奇斗妍，将众多城市装扮得满园春色。江苏省苏州拙政园的杜鹃花节已举办了6届；江苏省无锡市杜鹃花节也举办了4届；贵州黔西大方的百里杜鹃花节，西藏林芝杜鹃花节都是杜鹃花的花海，美不胜收。

1991年6月25日，中国邮电部发行一套“杜鹃花”邮票及一枚小型张，整套共8枚，它们依次是马缨杜鹃、黄杜鹃、映山红、棕背杜鹃、凝毛杜鹃、云锦杜鹃、大树杜鹃、大王杜鹃，小型张为黄杯杜鹃。

璀璨似锦

洁白纯真

娇艳如火

艳如朝霞

争奇斗妍

巧夺天王

映霞明

照山白

繁星普照

高超雕艺

群蝶翩舞

焰火烧人（西鹃）

姹紫嫣红（西鹃）

7. 花中珍品——山茶花

山茶花，别名曼陀罗树、薮春、山椿、耐冬、山茶、雪里娇、晚山茶、茶花、洋茶、华东山茶、川茶花、玉茗、照殿仁、红茶花、滇茶、千叶红、石榴茶和海石榴，享有“花中精品”之誉。为山茶科山茶属常绿乔木或灌木花卉。山茶花原产于中国，野生于山岳、沟谷、丛林和沿海岛屿。山茶花在中国的栽培历史已有1800多年，它是中国特有的树种之一，至今华夏大地保留数以百计古茶花树，成为中国茶花的历史见证。金花茶是世界珍贵稀有植物，有“植物界的大熊猫”、“花中皇后”之称。山茶花是指山茶属具有观赏价值的种、变种与品种。全世界的山茶花有250多个种，中国就有200多个种，作为观赏的品种有5000个之多，中国是山茶属植物原始物种起源和分布中心。7世纪传到日本，17世纪才进入欧洲。经过不断研究、杂交，培育出许多花茂色艳的新的优良品种，现在全世界山茶花品种已达3万多种。它与牡丹、月季一起被誉为世界三大名花。

目前，广泛栽培的山茶花，在植物学上分为五类：①华东山茶，又称川茶和小花茶；②云南山茶，又称滇茶、南山茶和大茶花；③梅茶；④野山茶；⑤栽培的白花油茶和红花油茶。全国大部分地区均有山茶花栽培。主产于江苏、浙江、云南和四川等地。其珍贵品种：红色的有照殿红、鹤顶茶、红宝珠、月丹、一捻红和千叶红；粉红的有正宫粉、杨妃茶、赛宫粉、宝珠茶和串珠茶；白色的有玛瑙、千叶白、白珠宝和六角白；紫红色的有宝珠茶和红白相间的玛瑙茶；金黄色的有金花茶等。多以“深红软枝，分心卷瓣者为佳”。

根据雄蕊、萼片的瓣化，概分为3大类13个类型。单瓣类的有花瓣5～7枚，重瓣类的花瓣可达60瓣，半重瓣类，雄蕊大都趋向退化。花冠有宝珠型、曲瓣型、五星瓣型、六角型、松壳瓣型、绣花型、荷花型、托桂型、菊花型、芙蓉型、皇冠型、放射型和蔷薇型等13个花型。山茶花色彩丰富，有白、粉红、红、淡红、橘红、深红、朱红、紫红、玫瑰红和红白相间或杂有斑纹等色。

山茶花喜温暖、湿润、半阴的环境，不耐强阳光直射，不甚耐寒，畏酷暑，喜肥，忌生肥浓肥；喜疏松肥沃、排水良好、微酸性的砂质土壤，pH值以5.5～6.5为佳。最佳生长温度为18～25℃，在自然条件下，冬季最低温度不低于5℃，夏季温度不超过38℃，能正常生长与开花。大部分品种能忍受−8℃的低温和40℃的高温；若冬季较长时间温度低于−13℃，则易遭冻害。空气相对湿度以60％～80％为宜。

山茶花常用扦插与嫁接繁殖，也可用压条和播种繁殖。栽培重瓣品种，雄、雌蕊瓣化程度较高，不易结实，少用播种繁殖。播种繁殖，一般多用于单瓣品种，以培育实生苗作砧木用。为培育多色彩、多姿态和抗逆性强的新品种，一般采用芽变育种、杂交育种与辐射育种等现代育种技术。

山茶花于秋季或春季带土栽植。南方各地为露地栽植，用于美化高山及丘陵地带的风景区。栽在其他常绿乔木的北侧或林缘下，花期大都在1～3月份。在北方地区均为盆栽，所用陶质泥盆，大小要适中，并应与花木大小相应。盆土用腐叶土或山泥3份，河沙和泥炭各1份配成，另加适量的豆饼等作基肥。上盆于9～10月份或春季花后进行。将植株带土团拔出，剥除四周泥土少许，剪去不良发黑根系，适当短截。上盆后浇透水，移至阴处缓苗2周。每1～2年换盆一次，换上大一号的盆。

山茶花是我国十大传统名花之一。古时，先人就以诗盛赞山茶花的美丽："胭脂染就绛裙襕，琥珀妆成赤玉盘；似共东风解相识，一枝先已破春寒。"它株形优美，刚健挺拔，体态多姿。有直立、开张、丛生、垂枝葡萄型等多种风姿，宛如松柏之骨，挟桃李之姿。它"丰叶森沉如幄"，青翠苍绿，经冬不凋，四季常青。有的叶片下垂且旋转，呈卷曲状；有的叶缘扭曲向背，叶面拱起如龟背；有的叶形奇特，叶面上翘呈波浪状，叶片下凹状如黑木耳。"叶硬经霜绿，花肥映雪红。"它花大色艳，一朵花能开20余天，全株开花期长达数月之久。它花色丰富多彩，其粉红者"别有轻红晕脸霞"，大红者"猩红点点雪中葩"，白色者"秀色未绕三谷雪"。它花姿变化无穷，花形艳丽，雍容华贵如牡丹。有的花瓣多轮整齐，排列呈球形或盘形；有的呈皇冠状或波浪状，自然伸展，潇洒飘逸。雄蕊有的发达，瓣化成小花瓣，聚集花芯，非常别致；有的银白色的花丝上点缀着金黄色的花药，非常美丽。艳色的花朵与浓绿、光泽的叶片，非常和谐。有的一树同开外白内红、半红半白、全红、全白、白瓣洒红点、粉红间深红条斑等各色花朵，引人入胜。

在百花凋零、万物沉寂的寒冬，山茶花不畏严寒，傲霜斗雪怒放。它鲜红的花朵，像一团烧得正旺的火焰，给寒冷冬天带来无限生机、无尽春意，给生命带来无限希望，给人们带来无尽想象，难怪苏东坡有“烂红如火雪中开”的赞叹。因此，山茶花备受人们喜爱。清代李渔在其著作《闲情偶寄》中，极度赞美山茶花：“花之最不耐开，一开辄尽者，桂与玉兰是也；花之最能持久，愈开愈盛者，山茶、石榴是也。然石榴之久，犹不及山茶；榴叶经霜即脱，山茶戴霜雪而荣。则是此花也者，具松柏之骨，挟桃李之姿，历春夏秋冬如一日，殆草木而神仙者乎？又况种类极多，由浅红以至深红，无一不备。其浅也，如粉如脂，如美人之腮，如酒客之面；其深也，如朱如火，如猩猩之血，如鹤顶之朱，可谓极浅深浓淡之致，而无一毫遗憾者矣。得此花一二本，可抵群花数十本。”

《滇中茶花记》载明代诗人邓直《茶花百韵诗》，称赞山茶有十绝：“一、艳而不妖；二、寿经三四百年尚如新植；三、枝干高耸约16米，大可合抱；四、肤纹苍润，黑茗古云气樽垒；五、枝条黝纠，状如尘尾龙形；六、蟠根兽攫轮囷离奇，可凭而几，可藉而枕；七、丰叶森沉如幄；八、性耐霜雪，四季常青；九、次第开放，历二三月；十、水养瓶中，十余日颜色不变。”故称山茶为“十德花”，诗人又称其为胜利花。

人们欣赏茶花的美，更称赞它那娇而不骄，美而不媚，艳而不妖，高雅不俗的品格，茶花文化博大精深，内涵丰富，一直深为人们所钟爱，被称为“花中珍品”。

山茶花为中国的传统园林名贵花木，树姿优美，枝叶繁茂，四季常青，花大色艳，清丽超逸，形色多变，高雅纯洁，花期长久，“雪里开花到晚春，世间耐久就如君”，尤为难得。山茶开花正值花事冷落之际，又恰逢中国元旦、春节、元宵节等传统佳节，可为节日增添美景；同时，它又是好阴习性，配植于疏林边缘，或与落叶乔木搭配，尤为相宜；将它植于园林的假山旁，可构成山石小景；亭台附近散点三五株，显得雅致；散植几株于庭院一角，自然潇洒；与杜鹃、玉兰配植，则花时红白相间，奇葩争艳，美不胜收；片植或群植营造山茶园，花时艳丽如锦；盆栽放置门厅入口、阳台、窗台都优美雅致，且增自然清新气氛，实为怡情养生圣品；作切花瓶插观赏，可美化居室，又能增添室内欢乐气氛；配扎花束，编织花篮、花环，馈赠亲朋好友，尤显高雅别致。

山茶花对二氧化硫有很强抗性，对硫化氢、氯气、氟化氢和铬酸烟雾有明显的抗性，是工厂、矿山和污染区绿化的优良花木。山茶木材结构致密、坚硬，可作雕刻和制造工具的材料。花可食用，入佳肴，具有营养和保健作用，菜肴有“山茶花羹”、“茶花鱼”、“茶花凤脯”、“茶花海鲜豆腐”；药膳有“茶花糯米粥”、“茶花饼”等，还可配茶花酒，制饮料。花、叶、根均可入药。花有凉血、止血、散瘀、消肿之效，用于吐血、衄血、肠风下血、跌打损伤；花研末调和麻油，外敷疗火伤灼、乳疮溃疡；与侧柏、艾叶、当归、党参配伍治疗妇女血崩、子宫出血；叶能治疗痈疽、肿毒；根能治疗腹胀痛。种子含油量45.27%，可供食用、润发、防锈、制皂、钟表润滑及药用。

法国著名作家小仲马的名著《茶花女》，曾经轰动世界。书中的主人公玛格丽特，一生钟爱茶花，盛开之际，每个月内25天戴白茶花，5天戴红茶花，从不戴别的花，人们称她为茶花女。

山茶花又是友谊的象征，也是世界上普遍采用的礼仪花卉。1979年，邓小平访问美国，美国总统卡特在白宫举行欢迎宴会，宴席中央装饰着1500枝红、粉、白三色茶花。有新闻记者问为什么要选择山茶花，回答是，因为山茶花是公元前很多年，首先在古老的中国被发现的美丽花卉，山茶花代表着人类的真挚情感，因而成为主人对客人表示美好敬意的象征。

中国云南是山茶花的故乡，人们把山茶花视为有骨气的花。据传，吴三桂在滇南称王立国，大造宫殿，搜罗奇花异草。他听说普济寺有棵珍稀茶花，枝干高耸二丈余，大可合抱，花朵九蕊十八瓣，艳丽无比，指命走狗夺来植于宫中。暮间叶落树枯，花影全无。吴三桂见状大发雷霆，挥钢鞭狠抽茶花树，留下了累累伤痕，并扬言来年若不开花就要处死花匠。茶花仙子为救花匠，托梦吴三桂，痛斥他的贪婪凶残，警告他将自食其果。吴三桂为避祸消灾，只得命人将树归原处。在乡亲们的护养下，茶花树又生机勃勃，花越开越繁茂。至今云南仍有茶花"朝佛不朝王"的民谚。

历代文人墨客留下许多有关山茶花的名句、佳话和趣事，成为中华民族灿烂文化中的一朵耀眼奇葩。唐代诗人张籍爱山茶花心切，不惜以心爱之物换取山茶花一株，可谓"花痴"；明代著名道士张三丰植于太清宫的白茶花，被蒲松龄《聊斋志异》中描绘为茶仙。历代诗人留下大量歌颂山茶花的诗篇。明代李东阳的《山茶花》："古来花事推南滇，曼陀罗树尤奇妍。拔地孤根耸十丈，威仪特整东风前。玛瑙攒成亿万朵，宝花烂漫烘晴天。"颂扬云南山茶的高大挺拔，富有顽强生命力的气势。明代张新的《咏山茶》："曾将倾国比名花，别有轻红晕脸霞，自是太真多异色，品题兼得重山茶。"大文豪苏东坡吟咏："山茶相对阿谁栽？细雨无人我独来。说是与君君不见，烂红如火雪中开。"陆游诗："东园三日雨兼风，桃李飘零扫地空。唯有山茶偏耐久，绿丛又放数枝红。"黄庭坚说山茶花"禀金天之正气，非木果之匹亚"。苏辙赞山茶是"凌寒强比松筠秀，吐艳空警岁月非"。朱长文咏山茶："开从残雪里，盛过牡丹时。对日心全展，凌风干不敧。"明代担当和尚咏山茶花："冷艳争春喜烂然，山茶按谱甲于滇。树头万朵齐吞火，残雪烧红半个天。"

当代大文豪郭沫若对茶花情有独钟，在《咏茶花》诗中写道："艳说茶花是省花，今来始见满城霞。人人都道牡丹好，我道牡丹不及茶。"另一首《咏昆明黑龙潭早桃红》："茶花一树早桃红，百朵彤云啸傲中。惊醒唐梅睁眼倦，衬陪宋柏倍姿雄。崔嵬笔直天为纸，婉转横陈地吐红。黑水祠中三异木，千年万代颂东风。"诗人将茶花古树与唐梅、宋柏同写，已突出茶花非同寻常的地位，中国现代伟大的文学家鲁迅，也将山茶花作为战斗胜利的象征，写入他的作品《在酒楼上》。

山茶花不畏严寒，傲霜斗雪，红装素裹，娇姿丽态的品质，在大雪纷飞地冻三尺的隆冬季节，依旧绽放，是健康与刚毅的象征；同时，在中国传统文化中，它被用来表示春光、春意和耐久、长寿，寓意生机勃勃，是烂漫春光和健康长寿的象征，因而，被中国20多个城市选为市花，还建立各类茶花公园10多个，浙江金华还分别建立了中国茶花文化园和国际茶花物种园。2005年3月在瑞士多卡诺国际茶花协会理事会上，中国茶花文化园被评为"世界杰出茶花公园"。与此同时，中国成立了全国和地方茶花协会，并与国际茶花协会相沟通，积极开展工作，既促进茶花事业的发展，也丰富了人民的文化生活。

秀色映雪红

金蕊红花

红魁

怡红快绿

霞光照人

红晕脸霞

玉面双童

8. 出水芙蓉——荷花

荷花，其雅名众多，如莲花、芙蕖、菡萏、水芝、水芙蓉、莲、泽芝、水华、水白、水旦、六月春、水芸、玉环、朱华和君子花。为睡莲科莲属多年生水生植物，是山东省济南、济宁，河南省许昌，广东省肇庆，澳门特别行政区和台湾省花莲等市的市花。

荷花原产于中国，自生或栽培于湖泊、沼泽、池塘和水田内。华夏大地已有2000多年的栽培历史。据有关资料报道，它出现得比恐龙还要早，从柴达木盆地发现的荷花化石，距今至少1000万年。荷花在世界各地广为栽培。中国是世界上栽培荷花最早的国家之一，用荷、栽荷与赏荷花的历史极为悠久。1973年在浙江省余姚县距今7000年前的“河姆渡文化”房基遗址出土文物中，发现有荷花花粉化石。同年，在河南省郑州市郊距今5000余年前的“仰韶文化”遗址中发现两粒炭化莲子。在《诗经·郑风》篇中，就有“彼泽之陂，有蒲与荷”，“山有扶苏，隰有荷华”的记载，《峪经》中有“腮有荷华”之旬。意指西周初期，中州大地，凡有沼泽水域的地方，都有荷花、香蒲共生。汉初时的《尔雅》中已有“荷，芙渠……其实莲”的记载。《齐民要术》中对“种藕法”更有专门的论述。如今，在黑龙江、乌苏里江、松花江流域及吉林省珲春市附近的“泡子”仍然生长有成片野生荷花。现在，野生荷花已被列为濒危植物，受到国家的保护。

中国荷花品种繁多，已知的就有200多个，分为藕莲、子莲和花莲三大系统。藕莲系能生产食用藕，株型高大，根茎（藕）发达，长势强健，肉质脆嫩而甜，不开花或少开花，以江、浙、鄂、鲁、粤等地为主。子莲系根茎不发达，藕细小而硬，但开花繁茂，单瓣或复瓣花型，结实率高，莲子大，以湘、赣、闽居多。花莲系根茎细而软，叶小，生长势弱，开花繁茂，花型花色丰富多变，品种最多。作为观花的品种，花色有红、粉红、白、淡绿、黄、复色、间色之分；花型有单瓣、复瓣、重瓣、重台及千瓣等，花瓣数十至二千枚以上，花径最大的可达30厘米，最小的仅6厘米，可谓千变万化，集中在武汉、杭州、济南、重庆、桂林、深圳等城市。

荷花在神州大地，除西藏自治区及青海省外，广布于大江南北，西至天山北麓，东接宝岛台湾，北达黑龙江，南抵海南三亚。其中以福建、江苏、湖南和浙江所产的荷最著名，质量最佳，在国内外久负盛名。具有千年栽培历史的福建省建宁县所生产的“穿心白莲”，古代就曾作为珍贵的贡品。

中国有八大荷花观赏地：新都桂湖、湖北洪湖、杭州西湖、武汉东湖、岳阳莲湖、山东微山湖、济南大明湖、南京玄武湖。由于荷花是花卉王国里的名门望族，它经群众评选为中国十大传统名花之一。1989后在北京专门成立了中国荷花协会。

荷花的色、香、姿、韵独具一格，其色艳而不妖；初开清香扑鼻，沁人心脾；姿色中通外直，不蔓不枝，亭亭玉立；花韵雅美，为出污泥而不染的君子，濯清涟而不妖的仕女，“白藕入泥斜插玉簪通地理，红莲出水倒提朱笔点天文”，有“水中芙蓉”、“花中君子”之美誉。

亭亭玉立的荷花总是与碧绿的荷叶形影不离，交相辉映，印证了“红花虽好，还需绿叶扶持”的俗话，正所谓“此花此叶长相映，翠减红衰愁煞人”。春日的荷塘，青翠欲滴的荷叶，临照清漪，翡翠丛霞，荷花在酷暑骄阳下亭立，恬静自若，不仅可爱之极，还颇有“莲花池畔暑风凉”之感。那荷叶上晶莹的水珠，宛如翠玉盘中的粒粒珍珠，明亮柔润，不停地滚动，折射出太阳光的七彩。“留得残荷听雨声”，恰是雨中赏荷的乐趣。荷塘给人们带来了纯天然的美景。夏日再看一看那枝枝朵朵的荷花，红若涂珠，白如凝脂，好似水中仙子，美女出浴，袅袅婀娜，亭亭玉立，古诗誉为“红妆美女立舞盘”，真可谓极尽风姿，惟妙惟肖。有花中开花的垂舌莲，白花上吐出绿叶的碧舌莲，花托千叶、蕊三色的衣钵莲，还有双花并蒂的并蒂莲、品字莲、五喜临门莲和四季莲等，真是多彩多样，风姿绰约，美不胜收。

在碧波湖光之中摇曳的荷花，有大红的、桃红的和洁白的，异彩缤纷。有的绽放，嫩蕊摇黄，露出青的、黄的小小的莲蓬，如初生的婴儿；有的含苞欲放，似含情脉脉的娇羞少女，那花、叶洋溢着幽香，更是沁人心脾，令人神醉。荷花神韵素雅而高洁，清白而超俗，不惧高温严寒，顽强拼搏向上，既不因环境恶劣而随波逐流，也不因环境顺利而张扬炫耀。它傲骨坦荡，通达工整，不歪不邪，一副君子风度，自古以来就博得人们的倾慕与赞颂。这也正是灿烂荷文化光芒四射，传承至今的原因所在。

荷花自古以来，为宫廷园囿或私家庭院中的珍贵水生花卉。在山水园林中作为主题水景植物，极为普通，江南一带名园，多设有欣赏荷花风景的建筑，扬州的瘦西湖在堤上建有“荷花桥”，桥上玉亭高低错落，造型古朴淡雅，精美别致，与湖中荷花相映成趣，是瘦西湖的风景最佳处；岳阳金鹗公园的荷香坊临水而建，与曲栏遥相贯通，香蒲薰风，雨中赏荷，深受群众喜爱。荷花的绿色观赏期长达8个月，群体花期2～3个月左右。当夏秋之际，人乏蝉鸣，桃李无言，亭亭荷莲在一江碧水中散发着沁人清香，心旷神怡。它又可作为工业废水污染水域的“过滤器”。莲藕地下茎能吸收水中好氧微生物分解污染物后的产物，所以，荷花可帮助污染水域恢复食物链结构，促使水域生态系统逐步实现良性循环。

荷花生命力旺盛，对生长环境有着极强的适应能力，不仅能在大小湖泊、池塘中吐红摇翠，甚至在很小的盆碗中亦能风姿绰约。在庭中或阳台置一盆荷花，或插瓶清供，可美化居住环境。

荷的一身皆为宝，它的十大部分——花、叶、蒂、梗、莲子、莲须、莲房、莲心、藕、藕节均是历代医家提倡、人民喜爱的药食兼优的保健、防病佳品，且各个部分都有它的所长。诗人刘建君《莲》：“花中君子水芙蓉，玉立亭亭映日红。叶可升清疗暑热，子能补土却烦嗽。甘凉藕汁生津好，淡涩莲蓬止泻祟。失血细茎常入药，爱莲何独一周公。”荷花作为滋补营养品，众多地方专营莲子生产。莲藕是蔬菜和蜜饯果品。莲叶、莲花、莲蕊等也都是中国人民喜爱的药膳食品。由此可见，荷花是很实惠的植物，它奉献于人类很多，索取的很少，深深地印刻在我们的祖先的心中。

荷花是中国人民心目中真、善、美的象征。中华优秀传统文化一直十分注重倡导和平、和谐。由于“荷”与“和”、“合”谐音，“莲”与“联”、“连”谐音，中华传统文化中，经常以荷花即莲花作为和平、和谐、合作、合力、团结、联合等的象征；以荷花的高洁象征和平事业、和谐世界。因此，弘扬中华“和”文化，对于我们促进祖国统一、维护世界和平、构建和谐社会的事业有着特殊重要的意义。

荷花，即莲花，与佛教有着千丝万缕的联系。莲花是佛教的象征，佛教以莲花为其专用花：一是取莲花出污泥而不染的圣洁性来象征佛与菩萨超脱红尘，四大皆空；二是因为莲花是多年生水生宿根植物，佛家以为花死根不死，来年又发生，象征着人死魂不灭，不断轮回。佛教把莲花看成圣洁之花，以莲喻佛，象征菩萨在生死烦恼中出生，而不为生死烦恼所干扰。无论是画佛像或塑佛身，均以荷花为座。在佛经里把佛国称之“莲界”，寺庙称为“莲舍”，袈裟称“莲服”，佛座称“莲座”，五种念诵之中有“莲花诵”，诸佛报身的净土又称为“莲花藏世界”，把和尚行法手印称为“莲花合掌”，和尚手中的“念珠”也是由莲子串成。可见，莲花与佛家的关系极为密切，可以说有佛的地方就会有莲花，莲花亦被视为“佛花”，代表崇高、圣洁、平安、光明和贞静等意境。中国名胜蓬莱阁，是神话传说中八仙过海的下海处，据说八仙之一的何仙姑就是乘着荷花漂流过海的。在江南苏州一带，每年的农历6月24日为观莲节，称为荷花生日。

荷花是澳门的名花，是澳门人心中之花。200多年前，澳门半岛尚未填海造陆之时，地形地貌很像一朵莲花，故澳门有“莲花宝地”、“莲花福地”之称。相传，当地现存最早的位于莲峰庙的观音殿前的荷池，是清朝嘉庆年间建造的。当年林则徐巡视澳门禁烟时，曾驻于此。2000年6～7月份，为庆祝澳门回归，第14届全国荷花展在澳门八个园区展出，盛况空前。澳门人酷爱荷花，在澳门随处可观赏到荷花，也可以感受到荷花文化无处不在，一些地名、街名、村名、庙名都与荷花相关，如莲岛（澳门的别称）、莲花山、莲茎苍、莲峰庙、莲溪庙等。澳门特区的区旗、区徽上的莲花图案，寓意澳门回归后，这一莲花福地，将会更加繁荣昌盛。

自古以来，流传着很多动听的荷花故事。传说，荷花是王母娘娘身边一个最美貌的侍女玉姬的化身。因羡慕人间双双对对、男耕女织的勤劳生活，备感身居天宫的空虚和寂寞。她在河神女儿达莱尼的陪伴下，偷偷地打开了南天门，悄悄地飞到杭州西湖畔，见到美如明镜的湖水，双双跃入湖中洗澡，天快亮了，玉姬舍不得离开美好的人间。王母娘娘知道后，十分恼怒，拾起莲花宝座把玉姬打入湖中，还恶狠狠地骂道：“你要脱尘绝俗，我要把你打入淤泥，永世不得再登南天。”从此，这位洁白无瑕的仙女化身为美丽的荷花。

在《封神演义》中也有一个精彩的故事。陈塘关总兵李靖三公子哪吒，将东海龙王敖广的三太子敖丙打死，闯下大祸。敖广要为子报仇。李靖因生了这样一个惹事生非的逆子而怒气难消。为此，哪吒手提宝剑，先自去一臂，后自剖腹，剜肠剔骨，还了父母骨肉，一命归天。哪吒的灵魂飘飘荡荡来到乾元山，遇见了太乙真人。他用两枝荷花、三片荷叶，为哪吒造了一个莲身：“面如傅粉，唇似涂朱，眼运精光，身长一丈六尺”。后来哪吒与父亲李靖重归于好，并助姜子牙灭了商纣，立下大功，得成正果。

历代文人墨客，以及民间文化，所留下的以荷花为题材的诗词、歌赋、画轴、音乐、舞蹈和神话传说，数不胜数，赋予荷花深刻的文化内涵。隋朝杜公瞻《咏同心芙蓉》诗：“灼灼荷花瑞，亭亭出水中。一茎孤引绿，双影共分红。”唐代李白先是以“清水出芙蓉，天然去雕饰”赞它的圣洁与淳朴，接着在《绿水曲》中写道：“绿水明秋月，南湖采白蘋。荷花娇欲语，愁杀荡舟人。”宋代诗人杨万里的《晓出净慈寺送林子方》脍炙人口：“毕竟西湖六月中，风光不与四时同。接天莲叶无穷碧，映日荷花别样红。”诗人笔下的荷花，壮美艳丽，气势磅礴，给人一种积极向上的力量。宋朝理学大儒周敦颐在《爱莲说》中，写道："出于淤泥而不染，濯清涟而不妖，中通外直，不蔓不枝，香远益清，亭亭净植，可远观而不可亵玩焉。"唐代诗人王昌龄《采莲曲》诗："荷叶罗裙一色裁，芙蓉向脸两边开。乱入池中看不见，闻歌始觉有人来。"唐代诗人白居易的《采莲曲》："菱叶萦波荷芰风，荷花深处小船通。逢郎欲语低头笑，碧玉搔头落水中。"诗人描绘了一幅生动美妙的采莲图。宋代诗人陆游的《梦行荷花万顷中》："无风天际路茫茫，老作月王风露郎。只把千樽为月捧，为嫌铜臭杂花香。"宋代女诗人王氏（佚名）在《荷花》一诗中写道："白藕作花风已秋，不堪残睡更回头。晚云带雨归飞急，去作西窗一夜愁。"诗人以秋风秋雨中的莲花自喻，充满了美人迟暮之感。据说诗人赵德麟读到此诗后，甚欣赏作者的才华，遂与之喜结良缘。于是这首诗便被后人称作"二十八字媒"，成了吟荷诗中的一段佳话。

古人云："荷瓣真难得，八分长兮七分阔，收根细如君子花，貌比张郎更活泼。"又云："千梅万世选，一荷无处求。"因此，荷花瓣为极品，梅花瓣为上品，水仙瓣为次品。

荷花以它天生的丽容佳貌，清新脱俗的高洁气质，陶冶着世世代代的炎黄子孙。荷花文化，博大精深，早已渗透到我们生活的方方面面了。

出水芙蓉（画）

宝荷灯

出淤泥而不染

荷花初醒

9. 九里飘香——桂花

桂花，别名木樨、丹桂、金桂、岩桂、银桂、九里香、金粟和仙树。为木犀科木犀属常绿灌木或小乔木。桂花是中国十大名花之一。是神州大地古往今来，集绿化、美化、香化于一体的，具有观赏和实用价值的优良园林树种。它是安徽省合肥、铜陵、黄山、马鞍山，浙江省杭州，广西壮族自治区桂林，江苏省苏州，四川泸州、广元，湖北省老河口、恩施，河南省南阳、信阳和台湾省台南等14市的市花。

2004年10月27日，国际园艺学会品种命名和登录委员会，正式批准中国花卉协会桂花分会及南京林业大学向其柏教授为木犀属植物品种国际登录权威，表明了中国在木犀属（桂花属）研究中处于国际领先地位，标志着中国园林植物在世界植物研究中处于先进行列。

桂花树原产于中国西南部喜马拉雅山东段，生于海拔800～2500米，丛生于山野岩岭间及丘陵地区。全世界有31种，中国就有25种，中国是木犀属植物世界分布中心，现四川、陕西、云南、浙江、安徽、广东、广西和湖北均有野生分布。中国对桂花树栽培已有2500多年的历史。在春秋战国时期的典籍《山海经》中，就有“招摇之上，其上多桂”的记载。楚屈原《九歌》写道“援北斗兮酌桂浆，辛夷车兮结桂旗”。《吕氏春秋》也有“物之美者，招摇之桂”的记载。民间栽植于宋代，盛植于明初。现今，淮河流域至黄河下游以南各地普遍地栽，以北则多行盆栽。比较集中的产区为江苏苏州的光福、湖北咸宁的柏墩、浙江杭州的满觉陇、广西桂林的阳朔、四川新乡的桂朔等处。桂花树是中国寿命最长园林树木之一，经人工长期栽培和选育，产生了品种上百个，按花色有金桂、银桂、丹桂之分；按叶型有柳叶桂、金扇桂、滴水黄、葵花叶、柴柄黄之分；按花期有八月桂、四季桂、月月桂之分。目前，中国尚无统一的品种分类方法，习惯上将桂花分成四个类型：金桂，叶较大，花色金黄，香气浓郁；银桂，花色银白或淡黄色，花香醇厚，且在夏、秋之间开花；丹桂，叶较小，花香清淡且花色橙红；四季桂，花色黄白，花期长，几乎全年开花，但花少香气淡。各地保存有100～2000多年以上树龄的古桂树众多，迄今仍树身苍劲，叶茂花繁，花香四溢。印度、尼泊尔、柬埔寨等国也有分布，日本及欧洲一些国家也有栽培。

桂花喜强光，能耐半阴，好温暖，耐高温，颇耐寒，不耐干旱与盐碱，忌积水，喜凉爽通风环境。喜肥，喜湿润而含腐殖质、土层深厚和排水良好的微酸性壤土或砂质壤土。浅根型，侧根发达，抗风能力强；萌芽力强，耐修剪。用嫁接、压条和扦插等方法繁殖桂花。采用地栽，应选择日照充足，地势高燥，空气流通，排水良好，土壤为疏松肥沃、呈酸性或微酸性的砂质壤土处，进行春植或秋植。栽植前，将园土耕松，先挖大穴，在穴底施足有机肥，然后将苗木带土球移植其中，栽后浇透水。管理重点是勤施肥水。桂花忌人粪尿，喜猪粪；萌芽期、新梢旺盛生长期及花芽分化和开花前夕，需水量多，应加强灌溉和保墒。

桂花盆栽，应选择枝叶分布匀称，矮而壮实的植株，已进入开花期、1～4年生的幼树最适宜。以用素烧盆（瓦盆）或紫砂盆为好。盆土应选排水良好的中性砂质沃土。一般以腐叶土50%、园土40%、砻糠灰10%，或山泥50%、腐殖土30%和砂土20%，混合调制。以在早春2月和初冬10～11月份上盆为宜。每年换土一次，同时适当修剪过密和衰老的须根。一般在清明后出室，出室前应先炼苗。

桂花以芳香而闻名。它树姿端庄，秀丽不骄，清俊幽雅，枝繁叶茂，四季常青，经冬不凋，苍劲奔放，令人心旷神怡。翠绿的桂枝，在金秋之际随风摇曳，让人觉得风像是从树丛中来，顿感既清丽飘逸，又古朴典雅，可谓“物之美者，招摇之桂”。桂花具有促进人体发育，增强抗病免疫力的功效。它既没有迷人的姿态，也没有耀眼夺目的颜色，小小的花朵，簇生于叶腋间，是那样平淡，却独具清浓两兼的特色。它清可涤尘，浓能透远，素有“九里香”之美誉。每逢农历八月桂花飘香时，在“叶密千层秀”的桂丛中，“花开万点黄”，那娇艳欲滴小花缀满枝头，像无数金星闪闪发亮，如满树红霞，美不胜收，让人感到赏心悦目，更会勾起人的思乡之情。当朵朵小花破蕾怒放时，散发出的沁人清香，随风飘逸。全树芬芳四溢，逾月不绝，不愧是“独占三秋压众芳”，堪称“秋天的花王”。其意境正如宋代李清照所咏：“何须浅碧深红色，自是花中第一流”，“虽无艳态惊群目，却有清香压九州”。被誉为“桂中花魁”，备受赏花人青睐。桂花风韵高雅，在萧瑟之秋，凌霜而开，独自芬芳，清雅高洁，其仙风道骨超凡脱俗，令人肃然起敬。

千百年来，桂花深受人们喜爱。前人留下的古老桂花树颇多。如陕西汉中圣水寺院内的“汉桂”，相传为公元前206年西汉萧何手植，距今已2000多年的历史。该树主干直径为232厘米，树冠覆地400多平方米，岁岁开花，至今不衰。在汉中附近的勉县定军山下的诸葛亮墓前，有两株“护墓双桂”，每年仍旧开花繁茂，香飘数里。江苏省常熟市兴福寺的“唐桂”、福建省武夷山的“宋桂”、江西省南昌市梅岭和四川省桂湖的“明桂”等古桂树，仍挺拔屹立，绿影婆娑，花香远溢，吸引四海游客前来观赏。每逢秋风送爽，金桂飘香，各地都会举办“桂花节”。

桂花树的经济价值很高，集观赏、食用、药用及材用一体。自古以来，桂花是华夏大地深受喜爱的传统园林景观花木，常与建筑物、山、石相配，对植于庭、亭、台、楼、阁附近，即成“双桂当庭”、“双桂留芳”高雅意境；与有秋色叶树种搭配，仲秋时节有色有香，尤觉宜人；成片种植，组成桂花树景观，则以“八月桂花遍地开”为喜庆，即为风景赏桂胜地，漫步于桂林间，恍若置身于“凉飙吹树桂香浮”的美妙仙境，心旷神怡；旧时的庭院常把玉兰、海棠、牡丹、桂花四种传统名花同栽于庭前，以取玉、堂、富、贵之谐音，亦可装点出秀丽的景色。桂叶能吸收有毒气体和吸附粉尘，常植于道路两侧，或假山、草坪、院落、工矿区等处；桂枝干柔韧，易蟠虬，是制作盆景的好材料；桂花也是瓶插的良好材料，且瓶插水养时间较长。桂木具有光泽，材质坚实、纹细，纹理美丽如犀，故有木犀之称，是作高级工艺品的好品材。

桂花树除观赏外，其花粉被世界上称为“全营养食品”。用桂花酿制桂花酒是延年益寿滋补佳品；经蒸馏制得“桂花露”有疏肝理气，健脾开胃的功效；熏制桂花茶还有减肥、美容之效。桂花内含有癸内酯、紫罗兰酮、芳香醇等多种物质，可提炼香精，留香久远，是十分名贵的化妆品原料，亦用于食品工业和日化工业；用桂花可作桂花糕、糖、晶、蜜和饮料等50多种食品，芬芳可口，营养丰富。桂花入药，散瘀破结，化痰镇咳，止牙痛，消口臭，提精神，和颜色，还能滋润肌肤，增强血管弹性，促进血液循环，提高人体机能素质。其根可治风湿麻木、筋骨疼痛。桂皮可提取染料、鞣料。桂叶可作为调料。

桂花文化是中国宝贵的文化遗产。古往今来，桂花是崇高、贞洁、荣誉、友谊和吉祥的象征。云南傣族群众欢度泼水节时，就用桂枝将水拂到客人身上，祝愿吉祥。广西少数民族青年男女有“一枝桂花一片心，桂花树下结终身”的佳话。在中国民间，称誉良好的子孙为桂子兰孙，视桂花树为长寿吉祥之物，称农历八月为“桂月”，把月亮称为“桂魄”，把月宫称为“桂宫”。三国时，人们用桂枝编成帽子戴在头上，称为“桂冠”，以示清雅高洁。隋唐到清代的历朝科举制度，称应试及第为“蟾宫折桂”。宋代爱国名相李纲，退居福州时，将书房命名为“桂斋”，并亲自植桂以明志。后世民族英雄林则徐也在自己的书房题名“桂斋”。在古希腊，人们常以月桂树叶编成冠冕，奉献给英雄或诗人，以示崇敬。后来，在英国还有“桂冠诗人”的称号。直至近代，人们还给奥林匹克运动会的优胜者赠月桂枝，以示他享有的崇高荣誉。

关于桂花的美好传说和典故，表达了人们对桂花的喜爱。据说战国时期，燕、赵两国为表示友好，相互赠送桂花。从汉代至魏晋南北朝时期，桂花已被作为名贵的花卉与贡品，出现了月宫中嫦娥捧出桂花酒宴请嘉宾的传说。最广为流传的是吴刚砍桂花树的故事，说的是月亮上有座广寒宫，住着嫦娥仙子。广寒宫中有一棵桂花树，高500丈，“月中有丹桂，自古发天香”，指的就是这棵桂花树。如不砍它，月宫就容纳不下了。玉帝派犯了天规的吴刚去砍，总是“树创随合”。千百年过去了，吴刚每天伐树，桂树却依然如旧，生机勃勃；只有到中秋时节，当桂花盛开，馨香四溢时，吴刚才能在树下稍事休息，与人间共度佳节。毛泽东著名的《蝶恋花 答李淑一》一词中，“问讯吴刚何所有，吴刚捧出桂花酒”之句，用的就是这个神话故事的典故。近代大文豪郭沫若先生于1958年赋诗《桂花》就以浪漫情怀将桂花与中国登月工程、吴刚伐桂花树、月宫中的嫦娥联系在一起：“我们已登记，参加星际通航。飞到月球里去，访问老人吴刚。替他酿出的桂花酒添点原料，请嫦娥大姐跳起羽衣霓裳舞。嫦娥大姐早就有回国的愿望，请她带着玉兔一同回到故乡。吴刚老人血压恐怕高了一些，能否回来，要请大夫做出主张。”

山川俊秀的桂林，是因为那里的人们对桂花格外倾心，广植桂花树成林而得名。如今桂花被定为桂林市的市花，20万株桂树遍植漓江两岸。桂花盛开时，花灿若金，娇艳清丽，桂香满城。桂林人在黑山植物园建成桂花博览园，体现了桂林作为桂花原产地的风貌。

蜚声中外的“桂花之乡”湖北咸宁市，年产桂花几十万斤，素有“桂花甲天下”之誉。花开时节，成片桂树林吐蕊飘香，正如唐代李峤在《桂》一诗中所赞道：“未植蟾宫里，宁移玉殿幽。枝生无限月，花满自然秋。侠客条为马，仙人玉作舟。愿君期道术，攀折可淹留。”仲秋八月，游人到此，不仅陶醉在桂香园中，还可品尝当地的桂花茶、桂花蜜酒和桂花晶等著名特产。

杭州的桂花久负盛名，名扬海内外。宋代大词人柳永赞叹杭州西湖有“三秋桂子，十里荷花”之句。每当金秋，桂花清香袭人，游客络绎不绝。有诗赞道：“西湖八月是清游，何处香通鼻观幽？满觉陇旁金粟遍，天风吹满万山林。”

历代诗人留下许多赞美桂花文采华美、意境清幽的美丽诗词歌赋。屈原《远游》中的名句：“嘉南州之炎德兮，丽桂树之冬荣”是对桂树最早的赞美。宋代范云诗：“南中有八树，繁花无四时。不识风霜若，安知零落期。”毛滂的《桂花歌》：“玉阶桂影秋绰约，天空为卷浮云幕。婵娟醉眠水晶殿，老蟾不守余花落。苍苔忽生霜月畜，仙芬凄冷真珠萼。”宋代杨万里的《岩桂》诗：“月满团圆花枝头，琼树清幽香满天。尘世何曾识桂林，花仙夜入广寒深，移将天上众香国，寄在梢头一粟金。”“雪花四出翦鹅黄，金粟千麸糁露囊，看去看来能几大，如何著得几多香。”宋代朱熹《咏岩桂》：“亭亭岩下桂，岁晚独芬芳。叶密千层绿，花开万点黄。天香生净想，云影护仙女。谁识王孙意，空吟招隐章。”还写过“露浥黄金蕊，风生碧玉枝。千株向摇落，此树独华滋。木末难同调，篱边不并时。攀缘香满袖，叹息共心期。”诗人高度赞美桂树，希望自己具有它的崇高品性。宋代李清照《鹧鸪天 桂花》：“暗淡轻黄体性柔，情疏迹远只香留。何须浅碧深红色，自是花中第一流。梅定妒，菊应羞。画栏开处冠中秋。骚人可煞无情思，何事当年不见收。”另一首《摊破浣溪沙》：“揉破黄金万点轻，剪成碧玉叶层层。风度精神如彦辅，太鲜明。梅蕊重重何俗甚，丁香千结苦粗生。熏透愁人千里梦，却无情。”诗人以桂花自喻，表现清高的性格和冠压群芳的品质。宋代郭鲲溟的诗：“西岭千年桂，阴森入翠微；玉枝云外绿，金粟雨中肥；影落浮杯酒，香飘袭客人；当年和露折，曾向广寒归。”这些诗文无不浸透了历代文人对桂花的爱慕。

桂中花魁（汉代金桂）

金桂香浓

桂子飘香

10. 凌波仙子——中国水仙花

中国很多花卉是经过了文人的咏颂之后，才成为名花的。水仙花卉经宋代大诗人黄庭坚的“凌波仙子生尘袜，水上轻盈步微月”咏颂，从此“凌波仙子”美名被唱响了，后人咏水仙、画水仙多不出此圈子。历经上千年不断地选择和改良，水仙花卉成了华夏大地一朵奇葩，“百卉之中最清高”者，誉之为“水中仙子”、“花中仙子”，历代朝岁进贡的佳品，近代中国十大传统名花之一。

水仙的美名很多，与国香兰花可以并驾齐驱，故名“俪兰”；鳞基肥大，似蒜，明《长物志》呼“雅蒜”；茎干虚通若葱，宋《南阳诗注》称“天葱”；丽姿风雅绰约，元《三柳轩杂识》推崇“雅客”；花朵乳白，副花冠杯状，花蕊淡黄，有“金盏银台”之称；因花性好水，《百花藏谱》道“水仙”；神话故事言“姚女花”、“女史花”；古籍里云“水鲜”，谐音水仙。中国福建省漳州市盛产水仙花，故又将其定为漳州市的市花。

水仙原产于北非、中欧及地中海沿岸，在中国是“舶来宾客”，唐代由意大利引入中国，至今已有1300多年的历史。最初文字记载始于六朝时代，称为雅蒜。据《花史》引唐代《开元遗事》说：唐玄宗李隆基曾“赐虢国夫人水仙十二盆，盆皆金玉七宝所造。”可见，水仙花在唐代已深受人们的喜爱，并成为宫廷中十分贵重的名花。

水仙为石蒜科水仙属具鳞茎的多年生草本花卉，该属植物约有30多个成员，品种超过5000种。据考证，中国水仙系法国水仙变种，其鳞茎呈圆形，叶直立扁形，伞形花序，花被有复瓣（重瓣）和单瓣两个品种。复瓣上卷皱的花瓣层层叠叠，上端素白，下端淡黄，雅号“玉玲珑”，俗称“百叶水仙”。单瓣为6片白色，花瓣向四边舒展，中间长有一个酒杯状金黄色副花冠，清香浓郁，誉为“金盏玉台”，俗称“酒盏水仙”；花被及副冠皆白的称“银盏玉台”。一般的花卉都以重瓣花为贵，独水仙以单瓣花为佳。水仙染色体为同源三倍体，很少结种子，主要采用鳞茎分球法繁殖。栽培有个口诀：“五月不在土，八月不在房，栽在东篱下，花开久且芳。”常在每年霜降前后将水仙埋入土中，翌年端午前挖出，洗净晒干收藏，霜降时再下种培植，反复3年，才能抽箭开花。秋后栽苗，冬春生长，盛夏休眠。在福建南部露地或室内水养，多在2月开花。

中国水仙花主要分布在中国东南沿海温暖、湿润的地区，主要产区福建漳州地区的漳州水仙、上海崇明岛所产的崇明水仙和舟山群岛的半野生水仙，以漳州水仙最负盛名。《漳州府志》记载：明初郑和出使南洋时，漳州水仙花已被当作名花而远运外洋了，迄今已有千年历史，具有球大、形美、葶多、花繁、花期长、形态美和香味浓等优点，为中国水仙花之佳品，赢得了“天下水仙数漳州”之美誉。一般每个鳞茎能长3～7支花箭，最多达11支，每支花箭开5～7朵花蕊，最多可达10余朵花，在水仙属的植物中是十分罕见的。欧洲有喇叭水仙、明星水仙、红口水仙和丁香水仙等，比起中国水仙的神韵、形态和香气，略有逊色。

在中国十大传统名花中，水仙以香夺人，亭亭玉立，婀娜多姿，它的根，如银丝，纤尘不染，而那碧绿的扁长叶片，衬托雪白的花被，拱卫金色的杯状副冠和鼓槌蕊柱，构成花色素雅而又富丽的黄、白、绿三色和谐的图案。虽无姹紫嫣红，亦无流光异彩，但却端庄秀丽，在隆冬百花凋零的时刻，她却郁郁葱葱，生机盎然。中国水仙翠叶侧展，工整对称，六枚桃形花被规矩成圆，六枚雄蕊围绕柱头，匀称排列，就连两侧小鳞茎，也对称而生，给人一种匀称、端庄、安详和稳定的美感。它的花朵素洁、可爱，婀娜多姿，清秀美丽，花香淡雅宜人，具有健脑益体的效能，令人心旷神怡。它神韵高雅，天然而成；无私无畏，不惧严寒，顽强拼搏，献绿送芳。因此，自古人们就将中国水仙与兰花、菊花和菖蒲并列为花中“四雅”；与梅花、茶花和迎春花并列为雪中“四友”。

中国水仙有天然丽质、独具清新、素洁幽雅、芬芳与超凡脱俗的自然美。它只要一碟清水，几粒卵石，简简单单地置于案头窗台，就能在百花凋零的寒冬腊月展翠吐芳，增添祥瑞温馨气氛。有人曾这样评价它：“寒冬里的一缕幽香，斗室中的一丛翠绿，娇柔而妩媚的星点小花，清水供养不食人间烟火。”因此，人们用它庆贺新年，作“岁朝清供”的年花，以增添家庭幸福气氛及一分绿意和温馨。闽南人每逢岁暮，家家户户都喜欢种上水仙，经过精心莳养，让它在除夕之夜和正月初一开花，并在花茎上绾上红丝线、红绸带或红丝圈，以示“见红大吉”、“吉祥如意”。“一盘玉蕊满堂春”这种送腊迎春供水仙的习俗，不仅在闽南一带民间蔚然成风，而且在广州、香港、澳门、台湾和海外侨胞中也颇为盛行。中国水仙花色、香、韵俱佳，经过精心雕刻后，成就惟妙惟肖的水仙花盆景，可创造出诸如“迎春花篮”、“金鸡报晓”、“孔雀开屏”等栩栩如生、生机盎然的各种艺术造型，增加赏玩的艺术性和趣味性，给人以美的享受、精神的熏陶。漳州花农创造独特的水仙球雕刻技艺，驰名中外。中国林业科学研究所彭镇华教授研制开发的“水仙花矮化技术”已取得中华人民共和国国家专利，其特点为：植株矮壮挺拔，叶厚光绿，花莛短，花香增浓，花期可长达40～45天，根系短粗。

水仙花耐寒性强，在早春万物尚未复苏之时开花，在温暖地带可散植、丛植于草地、树坛、景物边缘或布置花坛。其花还可提取香精，为高级香精的原料。鳞茎入药，清热解毒，散结消肿，活血通经。民间用鳞茎捣烂如泥状，敷治流行性腮腺炎、痈疮溃烂、乳痈等症，有较好疗效。

中国水仙花是圣洁、美丽、吉祥、高尚的象征。有关它的民间神话和典故，传颂甚多。漳州市九湖圆山，是中国水仙花的摇篮。在当地有民谣说：“园田十八亩，面面出公侯，一面不封侯，出了水仙头。”还流传着美丽的传说：东海龙王为王母娘娘祝寿，要在龙宫里大种百花，下令调遣司泉女神水仙。水仙违旨拒入龙宫，被夺去涌泉宝珠，囚禁于莲花石中。英俊青年陈龙约集伙伴，经云仙姑指点，在龙潭里与火龙殊死战斗，夺回涌泉珠，救出水仙。榕伯公为他俩结缘，婚后生有一对如花似玉的子女——男孩叫“金盏”，女孩叫“百叶”。龙王大怒，下旨追回宝珠，判处水仙千年囚禁。一夜之间，水仙被吞没在万顷狂涛之中。陈龙来到东海边营救水仙，却也变成白龙，喷水化浪，直奔芗江。一年中秋之夜，仙境梅林中的凌波仙子，带着金盏和百叶，历经艰辛，救出了水仙。他们一道回南乡村时，遭遇东海一条火龙喷射烈焰的袭击，掉入水中。接着，水面浮现出一连串的球形物，随着芗江波浪漂回南乡，在圆山山麓下开出奇花异卉。人们为怀念水仙，便将该花命名为水仙花。

福建有则流行很广的故事。某地有位善良的农妇，救济了一个饥饿垂死的乞丐。这名乞丐原是神仙，它将吃的饭喷在屋的四周，后来这里长出金盏银台水仙花，这里的农户便靠经营水仙而致富。于是赠送水仙寓意好心必有好运。海外华人春节期间互赠水仙的习俗也很风行，表示怀念祖国。在侨胞中有种说法：水仙花头护根的泥土是来自家园故国的宗土，将它用布包起来放在床头枕下，思念家乡的人就能夜夜梦返家园，尽情游览家乡的旖旎风光。

在我国，还有一则民间传说，说的是唐代女皇武则天要百花同时开放于她的御花园，天上司花神不敢违旨，福建的水仙花六姐妹当然也不例外，被迫西上长安。水仙花六姐妹中的小妹妹不愿为女皇一人开花，独行经长江口，见江心有块净土，就悄悄留在了崇明岛。所以崇明岛上的水仙是一朵怒放，而福建的水仙花却是五朵花一株开。

还有则水仙花定居琵琶坂的传说。明朝景泰年间，祖籍福建漳州圆山琵琶坂的张光惠，在河南汲县当县令，因不满官场黑暗、腐败，辞官返乡。当船过洞庭湖，观赏湖光山色时，忽见一位美丽的仙子站在象牙雕成的船头上乘风驶来。他惊奇起身注视，眨眼之间，却不见了仙子和船，只见从湖水清波中飘来含苞待放的一丛花，顶端还开着数朵小白花，花瓣如玉盘，花心似金杯，袅袅娜娜，亭亭玉立，十分可爱。他刚伸手去捞取，花丛却向湖心漂去，它总是不即不离地随着船游动。张光惠赶紧恭恭敬敬点了三支香，向水中仙花默默祝祷道："凌波仙子国色香，湖上飘游欲何往？岂愿伴我南归去，琵琶坂下是仙乡。"水中的仙花即靠近船舷来，他双手托起，供养在翡翠瓷盆里，只见仙花玉洁冰清，一尘不染，香气馥郁，沁人心脾，令他如醉如痴，吟诗作赋曰："玉立亭亭自可人，神寒骨冷似难亲。夜深为诵陈思赋，一样凌波少袜尘。"仙花伴着张光惠回到老家，正逢大年除夕夜，他的闺女将它绾上红头绳，摆在大厅供案正中。正当全家老少举杯欢祝新年时，十几朵含蕾的仙花也一齐怒放，大家祝它芳龄永寿，仙种永传人间。花事过后，将鳞茎种在门前圆山坡下，经过数年辛勤培育，琵琶坂全是仙花，因此花生性爱清泉，大家便称呼它为"水仙花"。从此，每逢春节，至亲好友，都互赠水仙花，以祝贺新春佳节。这种习俗，风行全国，以至海外。与此相随还有一首歌："琵琶坂，圆山坡，一片仙花瑞气多；玉盘金盏祝春福，赠君装点幸福窝。"

古往今来，人们创作了许多描绘水仙的画卷和赞咏水仙的诗词。如宋代姜特立的《水仙》诗："六出玉盘金屈后，青瑶丛里出花枝。清香自信高群品，故与红梅相并时。"宋代大诗人黄庭坚一生写了四首赞美水仙花的诗，其中一首《王充道送水仙五十枝》诗："凌波仙子生尘袜，水上轻盈步微月。是谁招此断肠魂，种作寒花寄愁绝。含香体素欲倾城，山礬是弟梅是兄。坐对真成被花恼，出门一笑大江横。"南宋杨万里《水仙花》诗也赞道："韵绝香仍绝，花清月未清。天仙不行地，且借水为名。"宋代理学家朱熹赞它："水中仙子来何处，翠袖黄冠白玉英。"清代吴懋谦在《水仙花》中写道："姑射群真出水新，亭亭玉碗自凌尘。冰肌更有如仙骨，步学春风掩袖人。"清代康熙皇帝《水仙花》诗："冰雪为肌玉炼颜，亭亭玉立藐姑山"，"翠帔湘冠白玉珈，清姿终不污泥沙。骚人空自吟芳芷，未识凌波第一花。"这些诗词或写水仙神韵，或赞美其品格，都可谓雅韵欲流，足为水仙花添色增辉。元代姚文奂在《题虞瑞岩描水仙花》诗中赞："离思如云赋洛神，花容婀娜玉生春。凌波袜冷香魂远，环佩珊珊月色新。"近代女杰秋瑾种花、咏花，尤其酷爱水仙花，每年都要清供几盆，摆在窗前、书案之上。那碧绿的叶子，洁白如玉的花朵，清新淡雅的芳香，使她诗兴勃发，写下"洛浦凌波女，临风倦眼开；嫩日应期雪，清香不让梅”，“余生有花癖，对此日徘徊”等精彩诗句，不仅生动刻画了水仙优美的风姿和顽强的品性，更是秋瑾本人英雄侠胆和坚定革命信念的表露。这些赞美水仙花色、花香、花姿与神韵的诗篇和画卷，在中国文化瑰宝中，宛如一颗颗明珠，光彩熠熠。

1990年2月10日，邮电部发行了一套“水仙花”特种邮票，共4枚。分别为“金盏银台”、“千瓣素影”、“瀑布迎春”及“玉蕊满堂”，并以褐、青、蓝、绿为底色，色彩凝重，更衬托出水仙花的娇媚。

切花单瓣　水仙花

荷兰洋水仙

荷兰洋水仙

单瓣芳容

婀娜多姿

莹洁绚丽

重瓣丽貌

水仙花境

众仙祈福

玉蜂采蜜

金盏玉台

娇姿绰约

11. 吉祥之花——君子兰

君子兰，原产于非洲南部森林之中的野生花卉，是世界名贵的观赏植物，别名剑叶石蒜、达木兰，系石蒜科君子兰属多年生常绿草本花卉。1828年由欧洲引入日本，由日本人大久保三郎起名，其拉丁文意为“富贵”，自19世纪传入中国以来，国人一直沿用此名。引进中国的主要有：一种是德国引进的叶狭，花小而下垂，花瓣不全张开，开花较迟的窄叶垂笑君子兰，普遍栽培于关内城乡，一般呈丛状盆栽；另一种是由日本引进的，叶宽，花大而向上的大花君子兰，在长春及东北地区普遍栽培，多作为单株盆栽；还有一种和尚君子兰，由大花君子兰培育而成，叶厚花大，非常名贵。君子兰按花色分：有深红、浅红、橘红、黄色、白色、绿色；按花形分：有大花、小花；按叶种分：有短叶、长叶、花脸叶。一般以叶脉清晰凸起，叶片厚、宽、短、亮、挺、圆头为上品。经过园艺工作者和广大花卉爱好者30多年的精心培育，中国先后出现了长春君子兰、鞍山君子兰、雀啄君子兰、横君子兰、缟君子兰五大系列。尤其是长春市君子兰专家陈宣耀先生经多年不懈努力，培育出了独具特色的金凤凰精品系列，有短叶、黄圆头、大花脸等多种优良品种。

各系列的君子兰各有自己的特征、形态和栽培要求，均喜半阴湿环境，怕烈日直射，忌淋雨，或喷叶面水；忌积水或长期过湿；多施磷肥、钾肥，少施氮肥，忌浓肥、生肥，注意防病，及时除箭葶，冬季防冻，及时进室内。这些是培育的关键。家庭室内盆栽君子兰还应掌握：以阳台、窗台莳养较适宜；营养土以腐叶土配松针加粗沙粒、木炭粒、炉渣等组成；夏季要降温、通风、防晒；用自来水浇花，水要在容器内放置2～3天，经太阳晒后早晚浇；春、秋、冬季每隔10～15天结合浇透水，灌一次稀液体肥；夏天少施或停施肥；换土后第一次应浇透，水温与土温要一致。经精心管理的君子兰，植株茁壮，株形挺立，叶片青翠排列整齐，花形美丽，色泽鲜艳。

君子兰，端庄素雅，美观大方，华贵艳丽。它那座基粗壮、稳健，显示出力量的象征。有的株形壮观，有的美丽，如展翅欲飞的“天堂鸟”，十分雅致；有的株形似一把还未全开的扇子，粗壮的箭蕊，直往上冲。这在花卉中是少见的，确有超越群芳的魅力。

君子兰的花，不是孤单一朵地高标枝头，也不是许多小花瑟缩无力地挤成一堆，而是由数十朵橙红色或绯红色喇叭形的花朵，均匀地擎在一枝刚劲挺拔的花葶顶端上。抽箭含苞如蜻蜓出水，绽蕾怒放赛金盘托玉，挺拔舒展，端庄素雅，风流潇洒，富丽堂皇。有的花团似大火球，朵朵醒目清晰，如仙女舒袖漫舞，令人叫绝。君子兰花开红似火，相互偎依，对对向外，经40多天而不衰，艳而不娇，呈现高雅之美。它幽香清远，俊雅高洁居群芳之冠。那碧珠般的浆果，犹如翡翠，由绿变黄，又由黄转红，点缀在两剑叶之间，色彩鲜艳，引人注目，给人以美好、幸福、丰收的喜悦。经寒冬、越春夏，依然晶莹不褪色，不脱落，人们赞美它是“丹凤朝阳”。

它的叶片宽大，短圆，挺正，排列有序，左右对称，苍翠清秀，像飞鸟两只有力的翅膀。其形态似碧海轻波，叶之美刚柔相济；侧看一条线，正看似扇面，线条悠然，姿态端正。叶色有墨绿、翠绿和浅绿，包含了绿色的多个层次，还有黄、白、灰色线条，深浅不一的多种颜色，使叶面绚丽多彩，让人一看就赏心悦目。有的翠绿叶丛，玲珑可爱，似双翅展开欲飞蝴蝶；有的叶片墨绿，脉纹明显，向两边伸展，好似张开的双手，喜迎亲朋；有的叶片拱垂，构成折扇式的株形，让人感到观叶胜观花，正如花谚所云：“一季赏花，三季看果，四季观叶。”

在长春，鉴别君子兰品种的优劣一般标准有8条：

（1）叶的宽度9～10厘米以上的为上品，6～8厘米的为中品。

（2）叶色油亮的为上品，暗淡无光的为中品（个别品种例外）。

（3）叶姿直立的为上品，斜立、垂弓的为中品。

（4）叶端圆钝为上品，长尖为中品。

（5）脉纹明显突起的为上品，平滑隐蔽的为中品。

（6）叶片肥厚的为上品，稍薄的为中品。

（7）箭梗粗壮圆实为上品，扁细的为中品。

（8）花大朵多、红艳秀美的为上品，花小朵少、花色淡红的为中品。

君子兰的叶、花、果俱美，已成为大众居家名贵花卉。它雍容而耐贫瘠，居陋室而不伤大雅，虽乡野茅舍而不厌。因此，长春市人民把养君子兰、爱君子兰和赏君子兰，视为陶冶情操、净化心灵、热爱人生、增进友谊的雅事，看成市民精神品格的象征。

君子兰是人们心目中的名花，吉祥之花，它的美，蕴含在全株有形的点、线、面、色、韵的和谐、统一和完整之中，“君子兰并有松柏的遒劲，荷花的娇艳，文竹的清雅，杜鹃的火炽，牡丹的端庄，水仙的俊逸”。

此外，君子兰还具有一定的药用价值。研究表明，它含有生物碱、17种氨基酸及18种微量元素，具有镇痛、降压、强心、降温、抗病毒、抗肿瘤的功效。国外，还用于调制高级滋补饮料、香槟酒及清凉液等。

君子兰常在冬春两季、圣诞节、元旦、春节期间开放，烘托出节日喜庆、热烈的气氛，是吉祥、喜庆和如意的象征。其名称的本身，就含有了富贵、高尚、美好、壮丽的意思。人们寓意君子兰具有坚强、不畏强权的品格。中国长春君子兰，更是将“高雅至上”、“富贵华丽”等传统儒家正人君子的风韵，都隐含在它美好的名称之中。自这一洋花传入华夏大地一个多世纪以来，经广大花卉爱好者和园艺工作者的精心培育，特别是通过远缘杂交和太空育种，至今除长春大花君子兰最初的大胜利、和尚、染厂和油匠四个品种外，已繁育出200多个优良新品种，而且新品种的数量还在增加，使我国成为目前世界上君子兰生产规模最大的国家。

长春君子兰，经历过风风雨雨，才焕发出它固有的光彩。19世纪中叶，它由德国传入中国。当时，只是在青岛租界内栽培观赏，普通老百姓很难见到。后来，日本人将它送给伪满皇帝，也只种在“宫廷”中。1942年，中国末代皇帝溥仪的爱妃谭玉玲亡故，尸体盛殓于护国般若寺，灵前摆放一盆由伪宫中送去的君子兰。下葬后，花没有被收回宫中，便由护国般若寺的和尚普明秘密养护后，发生了品种变异，比原来的更美丽俊俏，便在民间流传，称之为“和尚”。以此为基础，不断培育，创造出诸如鞍山“日本兰”和“横兰”，沈阳“雀兰”等品种，具有小巧玲珑、抗高温等习性，在温度高达40℃时，花叶不跑条，植株不变形，使君子兰过江安家落户成为可能。最难得的芳香君子兰的问世，惊动五洲，为世界所瞩目，在中外花博会上多次夺魁，为国家争得荣誉。它有很好的环保功能，一昼夜能吸收1升空气，呼出800毫升氧气，可以调节空气质量，保持室内空气清新，是理想的 “除尘器”。为此，已成为装饰居室、点缀厅堂的理想花卉，也成为宾馆、酒店、各种会议、仪式首选的高档花卉之一。

在万紫千红的鲜花中，君子兰最能反映新时代精神，鼓舞人们前进，使人们感到它可亲可爱，魅力无穷，从而赢得了诗人的赞颂。林克胜在《君子兰颂》一诗中称：“君子兰开满春城，花娇人好两相倾。神州自古多君子，四化更兴君子风。”邓旭华在《君子兰赞》中也称：“驰名君子兰，盆景添绿妆；四季常青翠，无香到有香。牡丹惊新秀，芍药免争强；珍品长春市，媲美花中王。”这就是观赏君子兰的真谛所在。

自长春市民在1984年10月11日，选君子兰为市花后，名贵君子兰已进入千家万户。君子兰以它那丰富的神韵和刚直不阿、百折不挠的精神，赢得了人们对它的宠爱。每逢春节前后，君子兰盛开之际，人们互相走访，共赏它那肥大密集的绿叶，火红璀璨的花朵和宝石般的累累硕果。正如诗人描绘的那样：“叶贵常吐绿，脉络直分明。金丝托红玉，银蕊发幽情。立似美人扇，散如凤开屏。端庄伴肃雅，报春斗严寒。”人们还以君子兰为赠礼佳品，分享深厚的君子友情。

作为中国君子兰的故乡——长春市，举办了多次君子兰花卉专展。由长春市政府举办的“中国长春君子兰节”，结合展会多次举办了君子兰研讨会、书画展、摄影展等诸多文化活动，从多个角度表达了对君子兰的喜爱之情，并使其文化价值得到推崇和弘扬。

蜻蜓出水

初开君子兰

青春永驻

垂笑君子兰

丹凤朝阳

吉祥之花

箭蕊高升

12. 初春使者——迎春花

迎春花，别名迎春、金腰带、金梅、黄梅、清花、小黄花，古人又称“僭客”，为木樨科迎春花属落叶灌木。它是河南省鹤壁，安徽省芜湖和福建省三明的市花。

迎春花原产于中国北部、西北、西南各地。生于海拔700～2500米地区，自生于灌木丛中的岩石缝里。中国栽培历史悠久，已有近千年。蜀汉张翊在《花经》中将迎春列为“七品三命”。可见在唐朝、五代时期对迎春是较为重视的。明代王世懋在《学圃余疏》中道：“余一迎春花盆景，结屈若干，天然得之，嘉定唐少谷人以为宝。”说明明代栽植迎春已从一般地栽、盆栽发展为盆景，莳养技艺已达到一定的水平。《广群芳谱》除对迎春花形态上的描绘外，对移栽时间、施肥管理等也作了详细的论述。到清代《花镜》中记有“候花时移栽肥土或岩石上，或盆中，而柔条散垂，花缀枝头，实繁且韵”，已了解到迎春喜肥又耐瘠薄的特性。先人的经验：移栽时应用肥土植于岩石边，则更能充分发挥迎春花的风韵。现在，大江南北各地都有它的“芳影”，且从秦岭崖石之下，到武夷山沟壑两旁，以至海南岛鹿回头之滨，均可寻觅其野生芳踪。

迎春花适应性强，喜阳光、温暖、湿润环境，较耐寒。对土壤要求不严，易栽培，有“十栽九活”之说。耐旱、耐瘠薄、耐碱、耐空气干燥，但怕涝。在排水良好、肥沃地生长繁茂。浅根性，萌芽、萌蘖力强，枝端着地极易生根，常成片丛生，可行摘心、修剪和扎型。对二氧化硫抗性强，对硫化氢、氟化氢、二氧化氮抗性中等。多用扦插、压条、分株法繁殖。栽植要控制浇水，及时排水。应适时摘除顶芽，以形成下垂拱形树姿。

同科的连翘与迎春花颇相似，是“姊妹花”，但连翘花冠是四出的，且花后结实，叶为单叶；而迎春花冠高脚杯样，5～6瓣裂片，花后不结实，三出复叶至十字形对称，两者区别明显。忍冬科的探春花与迎春花也有些相似，前者是先叶后花，且花不多，后者是先花后叶，这是鉴别的标志。同属可供观赏的有探春、云南黄素馨、素馨花等。

在岁末年初，寒冬将尽，酷寒将逝，积雪消融之季，梅已开过，菊犹未发，大地还在沉睡，百花尚未苏醒的初春时节，人们相互赠以迎春花，寓意生命、活力和希望，使人备感精神愉悦和振奋。人们还以迎春花的图案来寓意吉祥。如将迎春花和飞翔的蝙蝠画在一起，称之“迎春降福”，寓意春回大地，福满人间。

迎春花的姿容，既不显眼，也很平常。那细细长长的枝条，非常柔软，可让人随意牵引、绑扎、蟠曲，塑造各种形状，展现各种健美的姿态，如圆球、花篮、孔雀、狮虎。细小枝梢上仿佛蔓状，自成拱形，手摸四角有棱。它那三出叶呈对称，鲜绿碧翠，散垂袅袅，可沾不上刚强之边。它不及梅花的疏影横斜，也不如桃李芳容娇艳，即使盛开金黄色小喇叭的花朵，鲜艳如瑞香，状似高脚碟形，娇小玲珑，娴淑优雅，也是散布在纤巧细长的枝间。它不如菊花盛开攒聚成簇，但是却更有顽强的生命力。它能随遇而安，带雪冲寒，尽溢芳香，把春光装点得更加妩媚明丽，将大地点缀得朝气蓬勃，春意盎然。它先得春风，却不独占春。它不畏寒冷，敢于斗雪，在寒风凛冽中依然奋发向上。它素装淡雅，朴实无华，开朗大方，直爽纯真，冲寒开放，带来了春的信息，迎来了大好春光。因此，它被人们视为“春天的信使”，称作“东风第一枝”。花期2月至4月，既早又长，黄澄澄一片，犹如金光灿烂的繁星降落人间，宛如黄色的蝴蝶在尽情飞舞；盛花之际，近看如翠玉镶金，远看仿佛一座小金山，金碧辉煌，令人叹为观止，为春光明媚，润色增辉；为神州大地添锦加绣。仲春之时，花落叶生，又是一番新景象。盛夏之季叶浓绿，让人顿生清凉之感，寒冬之时，柔软下垂的枝条，给寂静的冬季保留着稀有而可贵的绿色，也让人体会到万物的生机。随着季相的变化，给人带来浓浓的情趣，从中可强烈感受到生命的活力。

迎春花与梅花、水仙花、山茶花一起，被称为“雪中四友”。它耐寒喜光，生性强健，各处园林和庭院都有栽培，对中国冬季漫长的北方地区，起着重大的装点作用。宜配植池畔、水滨、洞边、石隙、墙隅、悬崖，它能随处扎根，无不适宜；亦可庭院前阶旁丛植，最好筑一高台，可使其枝条向下铺散下垂，春季观花，夏季赏叶，冬季观绿色四棱枝条，既秀丽别致，又有浓浓情趣。特别临水栽植，趁着浪波涟漪的湖水，随风荡漾，令人陶醉。南方常与蜡梅、山茶、梅花、水仙同植一处，构成新春佳境；与银芽柳、山桃配植，早报春光；种植于池边的柳树畔，增添波光倒影，为山水生色；若布置花坛，它灿烂怒放，“迎得新春入归斜，独先嘉卉占阳和”，别有一番情趣；它枝条柔韧，易造型，可编出各种美丽的图案和制作小巧别致的微型盆景，若将它盘扎成悬崖形状，使其屈曲根系裸露在盆面，置于案几，布设厅堂。虬条发出细条，四垂纷披，缀满黄色花朵，宛如金花四溅一般，令人目眩，1985年，全国盆景展览上，有棵500余年树龄的迎春花树桩盆景，植于大紫砂盆中。它苍劲古朴，别具风韵，堪与松、柏、梅、竹等隽品媲美，很受人青睐。

迎春花亦可盆栽于室内观赏，也可作切花插瓶。迎春花枝叶含迎春花苷、紫丁香苷和苦味素等。花、叶、嫩枝均可入药，其性平味苦，有消肿、化瘀、清热、利尿、消炎之功，常用于治疗头痛发热、小便热痛、痈疖肿痛等症。

迎春花在中国是吉祥而有朝气的象征。关于迎春花民间还流传着许多优美的传说。相传战国时期，吴国灭了越国，越王勾践为复国，选派了越国美女西施到吴王官中卧底。经过数年卧薪尝胆，艰苦奋斗，越国终于灭了吴国。西施大功告成后与其少女时的恋人——越国大夫范蠡春游太湖。当时正值迎春花盛开时节，范蠡摘下迎春花的一条长枝，围在西施腰间，西施高兴地喊道：“真像条金腰带啊！”从此，迎春花就有了“金腰带”的雅称。金腰带是古代官职的标志。

有则大禹治水的故事在民间广为传诵。相传大禹在涂山治水时，有位好心姑娘帮他寻找水源，为治水大军烧水做饭。大禹同姑娘相爱并定下终身。由于治水任务任重道远，大禹匆匆告别，说是等治好水后百姓安居乐业时就来看她，并将束身的荆藤送给姑娘留作纪念。几年过去了，洪水被征服了，大禹日夜兼程赶回来看心爱的人，可姑娘早已变成石像。原来，大禹走后，姑娘不管刮风下雨，还是天寒地冻，她都站在她与大禹初次相会的地方，等着大禹胜利归来。她曾看见过大禹三过家门而不入，也曾看见大禹的帽子被风刮走而顾不得捡回来。为了不耽搁大禹治水，她始终举着那荆藤，没有呼唤他一声，久而久之，荆藤同她的手长在一起，连人带藤变成了石像。大禹呼唤着姑娘，他的眼泪滴在那石像身上，荆藤变绿了，开出了一朵朵金色的花。人们说，是姑娘那颗赤诚的心感动了玉帝，玉帝才派神龙下凡，帮助大禹制服了洪水。大禹为了纪念这位淳朴的姑娘，就将这荆藤花命名为迎春花。

历代文人墨客留下了大量歌颂迎春花的诗篇。唐代白居易多次赋诗，盛赞迎春花：“金英翠萼带春寒，黄色花中有几般。凭君语向游人道，莫作蔓菁花眼看。”“幸与松筠相近栽，不随桃李一时开。杏园岂敢妨君去？未有花时且看来。”宋代刘琦中在《东厅书迎春》诗中写道：“覆阑纤弱绿条长，带雪冲寒折嫩黄。迎得春来非自足，百花千卉共芬芳。”清代赵执信在《嘲迎春花》诗中写道：“黄金偷色未分明，梅傲清香菊让荣。依旧春寒苦憔悴，向风却是最先迎。”宋代诗人晏殊咏《迎春》：“浅艳侔莺羽，纤条结莬丝；偏凌早春发，应请众芳迟。”把迎春花的特色写得惟妙惟肖。宋代赵师侠的《清平乐》：“纤秾娇小，也解争春早，占得中央颜色好，装点枝枝新巧。东皇初到江城，殷勤先去迎春，乞丐黄金腰带，压持红紫纷纷。”词人巧妙地把迎春与金腰带两个花名嵌于词中，堪称一绝。郭沫若咏迎春花道：“春天来了，我们的花开得比较早，金色的小喇叭，压满了枝条。”当代著名作家冯德英在长篇小说《迎春花》中，集中反映了胶东半岛的英雄儿女如同顽强不屈的迎春花，战胜严酷的冬天，进行了艰苦卓绝、英勇顽强的革命斗争，在小说中塑造一批有血有肉的英雄形象，可歌可敬。

鹤壁、芜湖、三明市人民选迎春花为市花。当早春的第一遍春风吹过大江南北时，鹤壁、芜湖、三明市的迎春花便率先开放了，鹤壁、芜湖、三明市人民迎接的春天便到了。

欢爱迎春

东方第一枝

繁星金灿

金花飞溅

黄蝶飞舞

春韵初演

散垂袅袅

13. 人间第一香——茉莉花

茉莉花原产于印度、伊朗及阿拉伯半岛。汉代从亚洲西南部传入中国，迄今已有1600多年的历史。“茉莉”之名音译而得，古书上有多种称呼，如抹历、末利、没利、抹丽、小南强、奈花、曼花、木梨花、远客、夜素馨、茶叶花及玉麝。为木樨科茉莉属多年生常绿灌木花卉。全世界约有40个品种，中国有27个品种，广布于我国南方各省，主产于广东、福建、江苏、浙江、台湾、四川和云南等地。茉莉花是福建省福州市的市花。栽培的茉莉花常为重瓣白色花，芳香浓郁，3～9朵成顶生或腋生的聚伞花序。花期从初夏至晚秋，天天孕蕾，夜夜开放，花开不绝。谢花前常变成粉红至紫红，花后常不结实。其品种很多，主要有三种类型：①单瓣，花朵较小，香气清雅纯净；②双瓣，花冠两层，花朵短圆肥胖，花香较浓烈；③多瓣，花冠多层，花瓣重叠，开花时层次分明，香气淡。常见品种：蔓性茉莉、木本茉莉、宝珠茉莉、金茉莉、洋茉莉五种，可盆栽，或地栽。我国的茉莉花栽培面积，占世界茉莉花栽培总面积的2/3，鲜花产量居世界之冠。福州市所产茉莉花，其数量和质量都冠盖全国，所熏制的福建茉莉花茶，香气浓郁，芳香持久，清纯爽口，久负盛名，远销海内外；所提炼的“茉莉花油”，在国际市场上和黄金等价。

据古籍记载，茉莉花是从印度传来。宋代王十朋诗：“茉莉名佳花亦佳，远从佛国到中华。”诗中“佛国”指印度。相传在唐太宗时，高僧玄奘西行取经，经印度除进行佛教、文化交流外，还把茉莉花树带回中国。据宋时的《闽广茉莉说》介绍：“闽广多异花，悉清香郁烈，而茉莉为众花之冠。岭外人或云抹丽，谓能掩众花也，至暮尤香。”在晋朝稽含所著《南方草木状》中就已记载着：“耶悉茗花，茉莉花，皆胡人自西国移植于南海。南人怜其芳香，竞植之。”可见，我国早在晋朝就已经栽培茉莉花。宋代已盛行栽培，就大有名气，被列为当时的八种名花之一。

茉莉花为长日照植物，性喜暖，喜光，不耐阴，喜湿润，忌涝怕旱，畏寒怕冷，需要充足光照、空气流通而又避西北风的环境。茎叶生长适宜温度为25℃以上，18℃以下不能正常萌芽抽梢。开花适宜温度为25～35℃，低于25℃花蕾不易形成。冬季室温应不低于5℃，以保持10℃左右较合适。因此，冬季应注意防寒，霜降后要把盆栽移入室内，以利越冬。在肥沃、湿润和排水良好的微酸性土壤上生长最好。性喜大水大肥，耐肥力强。

繁殖茉莉花，采用扦插、压条和分株繁殖方法均可，多以扦插繁殖为主。温度在20℃以上时，可随时扦插。扦插时，选一二年生、成熟的枝条作插穗，1个月左右可发根，次年开花。华南地区成片地栽，或作花篱，其他地区大多盆栽。

茉莉在植物王国里是不耀眼的“舶来宾客”，既无绚丽的异彩，也无妩媚花姿，更排不上十大传统名花的行列，但它以芳香著称于世，有“人间第一香”的美誉。

它的小小香花，珠圆玉洁，素淡清秀，洁白无瑕，满布枝丫，温柔贤淑；叶色翠绿，欲滴照人。“翠叶光如沃”的茉莉植株，既没有娇艳的色彩，也无婀娜的风姿，却朴素而自然。它朴实得高雅，朴实得无私，朴实得清静纯洁。正如人们形容的那样：“月桂荔枝树上，人行茉莉花中。”它的花虽小，却玲珑小巧，娇态非凡。洁白玉润的花朵，素洁香浓，衬以翠碧光润的叶片，自然清纯，与众不同。

茉莉花的香气，别具一格。初夏夕阳刚落西山，夜幕徐徐降临，它大似豌豆色如玉的小花，犹如谦逊、害羞的小姑娘，便静悄悄地舒展开花瓣，宛如“雕玉香浓团瑞雪”，为温馨的夜晚送上阵阵清香，使人一瞬间忘了疲劳。诗人江奎说：“他年我若修花史，列作人间第一香。”有人评说茉莉花香兼有玫瑰的甜郁、梅花的清芬和兰花的幽远，真是“虽无艳态惊群目，幸有清香压九秋”。单株独展能使人联想起“却嫌脂粉污颜色，淡扫蛾眉朝至尊”的虢国夫人；如万盆齐放则呈现出“沉沉碧海凝初雪，赢得人间一夏凉”的幽润清朗意境。它香气独特之处，不仅花香持久，且雅俗共赏，百闻不厌，为众花之冠。它洁白纯净，谦逊挺立，朴实无华，与世无争，不卑不亢，默默送芳。因此，历来人们将它与兰花、桂花并列为花中“三大香姐”。

茉莉花在梵语里的意思是“修饰头发的花”。江南女子普遍有簪茉莉花的习俗，当时，不少妇女喜欢把它用彩色丝线串成花球簪在发髻上，或佩戴在衣襟上，作为一种清新文雅、高洁、清香的装饰，寓意幸福吉祥。诗人还作诗吟唱，如宋代杨巽斋诗：“谁家浴罢临妆女，爱把闲花插满头。”宋代诗人许棐也吟唱：“荔枝乡里玲珑雪，来助长安一夏凉。情味于人最浓处，梦回又觉鬓边香。”《晋书》说“都人簪奈”。可见以茉莉花簪发，在晋代是时尚，就是“倚枕斜簪茉莉花”。真是：“香从清梦回时觉，花向美人头上开。”到唐宋时期，长安妇人头上簪茉莉花已习见。苏东坡被谪海南岛时，见黎族妇女竞簪茉莉、含槟榔，就戏书道：“暗麝著人簪茉莉，红潮登颊醉槟榔。”

茉莉花是居家的好伙伴。夏、秋之际，在南向窗台、阳台上放上几盆，或房前屋后、墙角边种上几丛，当繁花怒放时，便“一卉能熏一室香，炎天犹觉玉肌凉”（宋代刘克庄《茉莉》）。茉莉花的香味能清洁呼吸道，有降压、安神之效，常吸茉莉花香，有助于高血压、呼吸系统疾病及神经衰弱患者缓解病情，还具有醒脑提神的作用。在居室中放上一两盆，既美丽又有宜人的幽香，令人备感幽润清凉之意境，给生活增添了无限的情趣。《乾淳岁时记》中描写了朝廷避暑纳凉的盛景，“置茉莉、素馨等花数百盆于广庭，鼓以风轮，清芬满殿。”可见茉莉花香也有消暑功能。茉莉花是一味保健养生，调节生活的芳香药物，其花、叶、根均可入药。花，甘温，理气解郁，辟秽和中，治头晕头痛、下痢腹痛、结膜炎、疮毒；叶清热解表，用于外感发热、腹胀腹泻；根可麻醉止痛，多外敷肿痛；茉莉花露，清热郁气、和胃生津。用它的花可熏制名茶，明代诗人钱希言曾描写当时买花窨制花茶的忙碌热闹场面：“斗茶时节买花忙，只选头多与干长，花价渐增茶渐减，南风十日满帘香”。在清代已成为四大茶花（茉莉、白兰、珠兰、代代）之一。现代中国茉莉香片花茶，滋味醇厚，香而不浮，爽而不浊，饮喝沁人肺腑，余品久久不绝，畅销全世界。还可提制香精。所提制的香精是饮料制作、美容化妆品生产、香皂制造等工业的重要原料，即《本草纲目》所说：“蒸油取液，其价格更是贵如黄金，作面脂头泽，长发润燥香肌。”

茉莉花为纯洁、热情与和蔼可亲的象征，是爱情之花，友谊之花。关于茉莉花的来历，有许多美丽的传说。相传有一天，玉帝在百花园，由百花仙子相陪赏花小憩时，适逢茉莉花丛中散发出阵阵芳香，玉帝只微微闻到一点香气。侍奉天官出谋，让玉帝旨命风神前来鼓风相助。随风所送花香不浓。风神为讨玉帝欢心，加大风力，竟吹折不少花枝。风神见了，换刮旋风，将吹折的花枝旋入宫中，顿时满殿是花香，让玉帝乐开了怀。百花仙子在云游天宇时，突然发现华夏神州的闽、桂、粤、川、黔之地，遍地是花丛，灿烂夺目。她询问百姓，方知是风神吹断的茉莉花枝降落到大地上，逢土生根，开出花来。风神生怕玉帝惩罚，遵照百花仙子的指点，用她的白染巾，在茉莉花上轻风拂过，即刻抹去丽色，成了朴素无华的小白花，花朵依然清香浓郁，人们为它取名“抹丽”，又作“末利”，意为压倒群芳，抹杀众香。

至于江南民歌《茉莉花》的由来，据史料记载，可能源于中国五台山佛教音乐。东汉永平十一年，五台山佛教由印度高僧摄摩腾·竺法兰传入，域外的茉莉花也传入。它色白，代表佛教圣洁，且香味浓郁，众佛香即由此花作为制香香料，因受僧人们的偏爱，故谱写佛乐的僧人便谱写了以茉莉花为原型的《八段锦》佛乐，以示对它的赞颂。僧人们云游，此曲调便传至江南，并很快以曲调清逸、流畅动听、脍炙人口而得到民众的喜欢。之后又经加工，渐渐便成为风靡中国大江南北的江南民歌《茉莉花》。

人们不但种植茉莉，佩戴茉莉，制作茉莉花茶，以诗赞颂它，还以各种文艺形式来表现其魅力。1904年，意大利作曲家普契尼就由《茉莉花》一曲得来了创作灵感，虚构出了一个充满浓郁东方风格的作品，这就是享誉海内外的歌剧《图兰朵》。2003年中国公主图兰朵终于荣归故里，由大导演张艺谋执导搬上了京城的舞台。

茉莉花是印度尼西亚、巴基斯坦、菲律宾的国花。每有国宾来访时，将茉莉花结缀成花环，挂到国宾的脖子上，以示亲善与尊敬。青年男女将茉莉花赠给自己的爱人，表达爱情的坚贞不渝。在泰国，将茉莉花定为“母爱之花”，8月12日母亲节，要向母亲献上一束芳香馥郁的茉莉花。在菲律宾古代有位美丽的公主，爱上勇敢的猎人。婚礼前，一群海盗入侵。为保卫家乡，小伙子推迟婚礼，带领乡亲们英勇抗战。海盗被消灭了，而猎人却献出了生命。公主因悲痛忧伤而死，在她坟墓上长出了洁白芬芳的茉莉花。从此，人们把它作为爱情的信物，还作为爱国者的革命标志。

茉莉花香，自古至今为世人所喜爱，也倾倒了很多文人墨客。元代江奎《茉莉》：“虽无艳态惊群芳，幸得清香压九秋。应是仙娥宴归去，醉中掉下玉搔头。灵种移来自越裳,何人提挈上蛮航。他年我若修花史，列作人间第一香”。宋代许野雪的《吟茉莉》：“自是天上冰雪种，占尽人间富贵香。不烦鼻观偷馥郁，解使心地俱清凉。”诗人刘克庄爱茉莉花爱到痴迷的程度，他写诗赞道：“一卉能熏一室香，炎天犹觉玉肌凉，野人不敢烦天女，自折琼枝置枕旁。”明代陈淳的《茉莉花》诗称：“浴起月到楹，柔枝方可折。熏风如有情，吹帘散香雪。”清代陈学洙诗：“玉骨冰肌耐暑天，移根远自过江船。山塘日日花城市，园客家家雪满田。新浴最宜纤手摘，半天偏得美人怜。银床梦醒香何处？只在钗横髻鬌边。”此诗细致地描写了茉莉的特征，种植的盛况及采摘和妇女以茉莉为首饰的风气。宋代徐千里诗：“炎州绿女雪为肌，十二朱栏月未移。香逼簟纹眠不得，为渠醒过打钟时。”

《广群芳谱》中描绘：“茉莉开时香满枝，钿花狼藉玉参差。茗杯初歇香烟烬，此味黄昏我独知。”宋代郑刚中《茉莉》：“真香入玉初无信，香欲寻人玉始开，不是满枝生绿叶，端须认作岭头梅。”杨万里《送茉莉花与庆长》：“江梅去去木犀晚，芝草石榴刺人眼。茉莉独立更幽佳，龙涎避香雪避花。朝来无热夜凉甚，急走山童问花信。一枝带雨折来归，走送诗人觅好诗。”古人的诗对茉莉花的雪白与浓香的描述，推到了极致的高度。

“好一朵美丽的茉莉花，芬芳美丽满枝桠，又香又白人人夸。”这首亲切优美的江南民歌，半个世纪以来，不分地域，不分肤色与国界地唱遍了全世界。它的乐曲曾在香港、澳门回归祖国仪式上奏响，在世界著名的维也纳音乐大厅回荡，在奥运发源地雅典2004年奥运会闭幕仪式上奏响，这歌声犹如花的清纯而沁人心脾的芬芳，博得了众人的喝彩，受到全世界人民的喜爱。

一首茉莉花唱遍天涯海角，传播友谊与和平。一杯茉莉花茶，香飘千家万户。

龙诞避香花（刘与明提供）

天生冰雪种

玲珑瑞雪

洁白玉润

雕玉香浓

广场丛植茉莉花境

香压九秋

碧海凝初雪

14. 爱情之花——玫瑰花

玫瑰，又叫野玫瑰、梅桂、徘徊花、刺玫菊、刺儿玫、赤蔷薇、刺玫花、湖花、金花、火珠、离娘草和瑶草琼花。为蔷薇科蔷薇属落叶灌木。玫瑰花是辽宁省沈阳、抚顺，新疆维吾尔自治区乌鲁木齐、奎屯，西藏自治区拉萨，甘肃省兰州，宁夏回族自治区银川，广东省佛山，吉林省延吉，黑龙江省佳木斯和河北省承德等市的市花，为欧亚两洲不少国家，如英国、法国、意大利、保加利亚、捷克、罗马尼亚、印度及伊朗、伊拉克等国的国花。

玫瑰原产于中国华北地区的低山丛林及河谷，已有2000多年的栽培历史。2000年前汉代刘歆《西京杂记》一书中就有玫瑰一词，明代王世懋的《学圃杂流》也记述了玫瑰，《诗经》有“贻我佩玫”的诗句，说明先人将玫瑰作为珍贵礼物，已相互馈赠。在梁武帝时代（502～547年），宫廷中就已盛行栽植观赏，宋朝品种渐多，至明朝栽培更盛。汉武帝曾经对他的宠妃丽娟说：“此花艳胜佳人笑也。”成为一个“买笑花”典故。20世纪中国辽宁抚顺和山东临朐市发现带有皱褶的植物化石叶片，经古生物学家鉴定，它是现代玫瑰的老祖宗。1982年在北欧瑞典也发现一些完整的玫瑰花化石，这些古玫瑰花的花冠比现在的花冠要小许多，这些都证实在千万年前地球上已有玫瑰植物。

玫瑰属植物全球有170多种，中国约有100多种，经长期栽培选种、天然杂交和杂交育种，已发展出不同花色的品种，如紫玫瑰、红玫瑰、白玫瑰、重瓣紫玫瑰、重瓣白玫瑰及各类杂种玫瑰等。现在据不完全统计已有2万多个栽培新品种，形成了一个庞大的家族，是现今世界栽培花卉品种最多种类之一。中国山东平阴县、北京门头沟妙峰山和甘肃永登县苦水乡，号称中国三大玫瑰产区。日本三得利经14年研究，利用转基因技术培育出世界上第一株蓝色玫瑰。由于玫瑰的花期短，花色单一，已很少作为观赏花木栽培，被现代月季所取代。玫瑰大量栽培，常用于提取芳香油，制作香水和化妆品，或做香料，或供药用。

玫瑰、月季和蔷薇，并称“三姐妹”或“蔷薇三杰”，而玫瑰又是其中的“天之骄子”。它在寒冬霜雪下吐露芳芽，在初春的明媚阳光下舒展健壮的丛枝，形态婀娜秀丽。鲜艳美丽的花朵，更使人感到无限喜悦，无穷的灵气。它不像蔷薇四处攀缘飘逸，花小，色单调，花开显出野生性，却是月季和玫瑰嫁接的好砧木；也不像月季形体纤细，没有香气，或香气很淡，花期长，花形大，瓣数多，条件适宜四季开花；玫瑰的茎枝上密生着锋利的倒刺和色浅多皱纹的叶片，独具一格，虽花期仅有2个月，却具有香气。宋代诗人杨万里，以玫瑰不同于月季和蔷薇的特色，赞美玫瑰的姿态、花色及其丰韵神采，赋《红玫瑰》一诗：“非关月季姓名同，不与蔷薇谱牒通。接叶连枝千万绿，一花两色浅深红。风流各自胭脂格，雨露何私造化工。别有国香收不得，诗人熏入水沉中。”诗中说明了三姐妹是不相同的。

中国曾有人去信询问美国有关官方机构，美国国花究竟是月季、蔷薇，还是玫瑰，回答颇有风趣。他们用莎士比亚的诗句：“名字指什么而言，玫瑰换个名字，还是同样的美而甜。”也就是说不管哪一种，他们都是喜爱的。

玫瑰花朵锦绣绚丽，让人爱而难舍，流连徘徊，为之动容。红玫瑰娇艳美丽，红得烈烈似火，寓意热爱，真心实意；白玫瑰衬托着绿色的花萼，白得皑皑胜雪，显得纯洁娇嫩，寓意纯洁、忠贞及尊敬与崇高的爱；粉红色的玫瑰，水灵灵的，寓意永远的爱及初恋特别的关怀；紫色中透出粉色，非常雅致，令人赏心悦目，寓意爱的开始，爱的高雅；紫蓝玫瑰，花瓣透出美丽的淇蓝色，还点缀着闪闪发光的银粉，魅力与众不同，寓意特殊的爱、珍贵的爱；黄玫瑰寓言失意、褪去的爱、歉意、嫉妒；橙红玫瑰寓意初恋心情；红玫瑰配白玫瑰寓意和解。

玫瑰虽然花色单一，花径也小，也是情人节人们送给恋人的首选之花。通常以赠送一枝红玫瑰来表示彼此的感情，“你是我的唯一”，将一枝红玫瑰作为情人节送给女孩子的最佳礼物；100朵为“百分百的爱”；1001朵为永恒的爱，非常含蓄。玫瑰花已成为爱的使者，让无数的情人终成眷属，也给世界给人们平常的生活增添了温馨与浪漫，为人们的心灵开启了一扇美丽之窗。

玫瑰花馥郁浓香，独异群芳，使人为之心动，也带给人们无限的遐想。“玫瑰花香气最浓，清而不浊，和而不猛，柔肝醒胃，流气活血，宣通窒滞而绝无辛温刚燥之弊。断

推气分药之中，最有捷效而最为驯良者，芳香诸品，殆无其匹。”（清代张德裕《本草正义》）

人们不仅喜欢玫瑰花的浓艳，更青睐它不惧严寒的风骨。在我国新疆的边陲高寒地带，气温在-30℃以下，它依然亭亭玉立。正如著名女作家冰心所说：“一见到玫瑰，喜悦就像泉水似的涌溢出来，给自己的生活，带来许多乐趣。”（《我和玫瑰花》）

玫瑰花形秀美，色彩鲜艳，气味芬芳，是形、色、香俱佳的园林观赏花木之一，可在公园、坡地、风景林地栽植，可丛植、群植、片植；最宜栽种作花篱、花境和花坛观赏，也是美化庭院、园地的理想花木。在家前屋后栽种几丛颇为适宜，开花时节点缀景色，香飘内外，一派温馨。也可作切花材料。玫瑰花可供食用，可烹制菜肴，为蜜饯、糕点、制酒和熏茶的芳香原料。《花境》载：“玫瑰香腻馥郁，愈干愈烈。”这是玫瑰香优于其他花香之处。《群芳谱》说它“娇艳芳馥，有香有色，堪入茶、入酒、入蜜”，还可“结为香囊”随身佩带，香味浓郁持久。用它所提炼的玫瑰油，价值超过黄金一倍以上。当今玫瑰著称于世，不仅仅因为它姿色诱人，更为重要的是提炼1千克玫瑰油可值1.25千克黄金的可观价值；而获得1千克玫瑰油，却需要3吨玫瑰花瓣作原料。玫瑰油一直是世界香料工业中不可取代的原料，多用于制造高级香水等化妆品，被誉为“液体黄金”。从玫瑰油废料中提取玫瑰水，是天然护肤品，芳香怡人，具有极好抗衰老和止痒作用。

玫瑰具有保健与美容功效。玫瑰花含有丰富的维生素C和苹果酸，具有散郁理气、防止老化等调理人体之功效；还有保湿、养颜、收敛皮肤的美容功效，尤其受女士的青睐。玫瑰花茶，花香扑鼻，沁人心田；玫瑰咖啡伴侣，让人享受自然的恩赐和浪漫情怀；玫瑰花酱不仅口感独特，还能增强抵抗力，又有瘦身功效，可谓一举两得；而玫瑰泡浴，具有十分好的美容保健作用，可促进血液循环，舒畅身心，还可加速全身皮肤细胞活化，平衡油脂分泌，改善皮肤代谢，尤其对于缺水性的肤质有效。此外，玫瑰香水是现代人交际不可少的化妆品，除其浪漫特色、香气怡人外，还有美容功效。玫瑰花可入药，性味甘温微苦，有柔肝醒脾，理气解郁，活血散瘀的作用。根有治疗跌打损伤、吐血、月经过多等症。

玫瑰历来深受世界人民的喜爱，被认为是爱情、和平、友谊和献身精神的化身，并把它作为美丽、热情和力量的象征。在古老的华夏，人们就将玫瑰花作为最佳礼品，相互馈赠，中国古典名著《西游记》写道：“送人玫瑰，手留余香”，成为一句助人为乐的名言。它是母亲节、情人节首选的爱情之花。

传说玫瑰花是由一位美丽聪明、勤劳善良、不畏恶势力的姑娘所转化的。而欧洲人传说玫瑰和爱神维纳斯同时诞生。那里的基督教徒则说，耶稣被钉在十字架上时，鲜血滴地处长出一朵红玫瑰。伊斯兰教徒则说，穆罕默德的汗水洒在地上，变成了稻谷和玫瑰花。在伊斯兰教圣地麦加，还有这样一个传说：有个叫汉西旦的无赖，追求美丽少女梦加，遭到拒绝后，诬陷梦加是叛逆魔女。伊斯兰教徒信以为真，要将梦加用火烧死。当梦加将被火烧时，天神垂怜，将未燃烧的干柴全部化为玫瑰花，围住梦加，使她更加美丽可爱。古老传说，使玫瑰花增添了许多象征含义——宗教赋予的美好愿望、幸福、爱情和仁慈。

而古希腊人认为玫瑰花和爱与美的女神——阿佛洛狄忒都是浪花变成，所以都是白的。后来，女神的手被玫瑰刺破，滴下的鲜血染红了玫瑰，红玫瑰便成为了美与爱的象征。古罗马人把玫瑰花作为爱神的化身。钟情的男人，将自己意中人亲昵地称为“心中的玫瑰”，并用春天玫瑰花枝上的第一朵花蕾表达自己纯真的爱。每逢喜庆节日，都爱戴上玫瑰花编织的花冠去参加盛会，宴会上不断抛洒玫瑰花瓣。吃新年蛋糕时，谁吃到放在蛋糕里面的玫瑰花，就预示着他在新的一年里，将成为幸福的人。

在西班牙，每年4月23日为书节，买一枝玫瑰和一本书送给最心爱的人，是社会普遍的习俗。

在世界历史上，英国的红玫瑰家族和白玫瑰家族，有一次著名的血战，称为“玫瑰战争”。1445年，英国最有势力的两个王族，兰卡斯特家族和约克家族，他们都以玫瑰为族徽。不同的是兰卡斯特家族是红玫瑰，约克家族则是白玫瑰，为争夺皇位经过长达30多年的厮杀拼搏，兰卡斯特家族都铎终于在1485年巧妙地获胜，进驻伦敦加冕继承王位，称亨利七世。他登基后为巩固王位，娶了约克家族爱得华七世的女儿伊丽莎白为妻，并立她为皇后。用带红玫瑰花或白玫瑰花作为选举国王的投票标志，用联姻的手段结束了两大贵族几十年的敌对战争，保持了国家的政治稳定。以后，玫瑰花被立宪作了英国的“国花”。此后，玫瑰在世界上更加著名了，在欧洲，歌德、席勒及莎士比亚的不朽著作中，都对玫瑰有过动人的描写，使读者难以忘怀。

保加利亚是盛产玫瑰而享誉全球的国家。每年6月第一个星期日，都要举办盛大的民族玫瑰花节。人们身穿缀满玫瑰的节日盛装，载歌载舞，像天女散花一样，抛撒着玫瑰花瓣和香水，一片香风花雨的海洋。被人们称为“香水之都”的法国，种植的玫瑰馥香醉人，而用玫瑰花制作的香水更是倾倒了世人，使得香水文化源远流长。英国人尤其爱玫瑰，其国人喜爱的戴安娜王妃，就被称为“英国玫瑰”，在英国民众的心目中，她代表了同情、责任、风度和美丽，是高贵、圣洁的化身。

玫瑰已成为当今世界的和平之花。2007年5月2日，联合国在埃及举行解决伊拉克战乱的“伊拉克国际契约”大会上，为各国与会代表送上一束玫瑰花，希望各国为伊拉克的和平共同努力。

在我国历史上，也留下了许多赞美玫瑰花的诗词佳作。唐代诗人徐夤《玫瑰花》一诗赞道：“芳香移自越王台，最似蔷薇好并栽。秾艳尽怜胜彩绘，嘉名谁赠作玫瑰。春藏锦绣风吹拆，无染琼瑶日照开。为报朱衣早邀客，莫教零落委苍苔。”诗中将玫瑰的美艳芬芳和特点，表述得淋漓尽致。明代陈淳《玫瑰》一诗中说：“色与香同赋，江乡种亦稀。邻家走儿女，错认是蔷薇。”诗中不仅赞扬了玫瑰的美丽，也强调蔷薇三姐妹的相似与区别。宋代陆游诗：“福州正月把离杯，已见荼蘼压架开。异地春寒花渐晚，北归一路摘香来。”宋代朱淑真：“一枝才谢一枝妍，自是春工不与闲。纵使牡丹称绝艳，到头荣悴片时间。”唐代杜牧：“朵朵精神叶叶柔，雨晴香拂醉人头。石家锦障依然在，闲依狂风夜不收。”唐代白居易：“移根易地莫憔悴，野外庭前一种春。少府无妻春寂寞，花开将你当夫人。”白居易另一首诗：“风动翠条腰袅娜，露垂红萼泪阑干。移他到此须为主，不别花人莫使看。”清代秋瑾：“闻道江南种玉堂，折来和露斗新装。却疑桃李夸三色，占得春光第一香。”

历代词曲作家谱玫瑰的歌曲众多，如德国故事片《英俊少年》中的“夏天最后一朵玫瑰”、舒伯特为歌德诗歌谱曲的“野玫瑰”、新疆的民歌“可爱的一朵玫瑰花”、“你送我一枝玫瑰花”，还有“九百九十九朵玫瑰”、“玫瑰三愿”等歌曲。

天之骄子

金黄年华（黄玫瑰）

锦绣绚丽

玫瑰女神

玫瑰艳红

娇艳芳馥

15. 岁寒独秀——蜡梅花

蜡梅，别名甚多，只因花色鹅黄，又叫“黄梅”。“蜡梅”一名源自宋朝大文豪苏东坡及黄庭坚，其花宛如蜡制，苏东坡诗：“蜜蜂采花为黄蜡，黄蜡为花亦此物。”黄庭坚也有诗：“闻君寺后野花发，香蜜染成宫样黄。”清初《花镜》载：“蜡梅俗称腊梅，一名花梅，本非梅类，因其与梅同放，其香又近似，色似蜜蜡，且腊月开放，故有此名。”唐代诗人李商隐诗说：“知访寒梅过野塘”，称蜡梅为“寒梅”；《姚氏残语》又称它为“寒客”；其花开春前，为百花之先，又呼“早梅”；先开花后长叶子，花开之时枝干枯瘦，又名“干枝梅”；花开之日多是瑞雪飞扬，欲赏蜡梅，踏雪而至，称之“雪梅”；能在雪中开花，又得名“雪里花”，花入冬就开放，伴随冬季的步子，渐渐绽放，一生伴着冬天，又称“冬梅”；开放的姿态挺有趣，开时不全张开，张口向下，恰似金钟吊挂，又称为“金钟梅”；蜡梅性耐寒，花开持久，又有“久客”的美誉。为蜡梅科蜡梅属落叶灌木，或半常绿灌木。蜡梅花是江苏省镇江，安徽省淮北和河南省鄢陵等市的市花。

蜡梅原产于中国中部秦岭、大巴山等地区，以陕西及湖北为分布中心，是中国特有的传统名贵观赏花木，有着悠久的栽培历史。1000余年前，中国已栽培蜡梅用于观赏。宋代已普遍栽培，并作为插花相赠。明、清发展更盛，已作为贡品献给皇帝。据赵无榜《中国蜡梅》一书所载：蜡梅有4个品种群，12个品种型，165个品种，栽培遍及华中、华东及四川等地。江南各地更是蜡梅栽培历史悠久的地区，苏州的虎丘、怡园，上海的松江、奉贤和嘉定都有发现明、清两朝的古蜡梅树。鄢陵、襄阳和荆州曾盛产蜡梅，有“鄢陵蜡梅冠天下”之说。湖北神农架原始森林山区、浙江淳安的山林里、湖南石门县境内的河道两岸等地均发现过野生蜡梅群落。1995年湖南省石门县渡山水峡峪河两岸的坡上，又发现了罕见的野生蜡梅群，面积达2000多公顷。约130多万株。宜昌西陵峡南岸的车溪风景区的蜡梅峡里，也生长着第四纪冰川后遗存的3000多亩野生蜡梅。1987年，在鄂西北山区，建立了中国第一个野生蜡梅自然保护区，区内有蜡梅50余万株。16世纪初，中国蜡梅传入朝鲜，后转到日本。又经一个半世纪才由日本输入欧洲。

蜡梅性喜阳光，适应性强，耐寒，又耐旱，零下15摄氏度能露地安全越冬，有“旱不死的蜡梅”之说，但忌水湿，怕风，宜种在向阳避风处。喜疏松、深厚、排水良好的中性或微酸性的沙质壤土。发枝力强，极耐修剪。繁殖用播种、分株、嫁接等方法。蜡梅依花心颜色不同，分为素心和荤心两类。常见的变种有素心蜡梅、馨口蜡梅、狗蝇蜡梅、小花蜡梅等。《群芳谱》说：“蜡梅馨口为上，荷花次之，九英最下，寒月庭除，亦不可无。”九英梅为播种成苗的蜡梅品种，花小香亦淡。

蜡梅与梅花均是原产中国的传统名花，两花虽均冠以“梅”，却是完全不同家族。梅花为蔷薇科落叶小乔木，蜡梅则是蜡梅科落叶灌木。李时珍《本草纲目》早记载：“此物本非梅类，因其与梅同时，香又相近，色似蜜蜡，故以此名。”

寒冬腊月，朔风凛冽，花木凋零，而蜡梅却傲霜斗雪，枝干挺拔傲立，一副铁干钢骨形态。它虬枝曲折，迎风摇曳，俏丽端庄，形态俊逸，显得灿烂明亮，健康向上，具有傲视逆境的风骨。它那一簇簇迎霜傲雪的密蕊黄瓣，顶寒绽放，“金蓓锁春寒，一花香千里。”无数花朵如金雕蜡铸般，剔透晶莹，有如镶嵌于疏散枯瘦枝条下的玉雕珍品，真是“底处娇黄蜡样梅，幽香解向北寒来”。在严冬中，给人们送来春的信息。

蜡梅的花朵华丽典雅。“栗玉圆雕蕾，金钟细著行”（宋代杨万里），即指此梅的雅致动人。有的朵大，瓣阔而圆，晶莹透明，香气甚浓，“经接过花疏，虽盛开常半开半含”，形如磬状，可爱之极，称磬口蜡梅。《群芳谱》记载：“蜡梅又有花开最先，色深黄如紫檀，花蜜香浓，名檀香梅，此品最佳。”“玉蕊檀心两奇绝”（宋代苏东坡），即指素心梅和檀香梅。有的花型小而香浓，花心呈紫红色，“紫蒂黄苞破腊寒”（宋代曾肇），其花瓣较尖，当指狗蝇蜡梅，又名九英蜡梅。有的外瓣黄色，内瓣中常有紫斑，如古人所吟：“洗却铅膏饰道妆，檀心浅露紫香襄”，称之为荤心蜡梅。有的花朵于农历十月间绽放，花开形似虎蹄，又名早梅。

蜡梅花香浓郁，“一花香十里，更值满枝开。承恩不在貌，谁敢斗香来”，“醉中不觉度千山，夜闻梅香失醉眠”。可见它的香气别具一格，远闻时淡雅幽静，怡情娱性；近嗅时，则冷香袭人，令人陶醉，给人依恋、慈爱的感觉，这也是蜡梅花语的含义。它神韵高洁，秀而不娇，幽姿著意凌寒怒放，冻蕊含香，风味殊佳。它不畏环境恶劣和酷寒，顽强不屈，铁骨铮铮；也不为明媚春光所感，我行我素，孤芳独妍，在万艳俱息的冬季里独树一帜，以超凡脱俗的品格彰显无尽的魅力，自古以来深受人们钟爱。在中国传统园林中，常用它来点缀冬景。它既是城市美化、香化、净化空气的首选树种之一；其根系发达，生长适应性及根部萌蘖力强，是水土保持和防风固沙的优良树种。常栽于古典园林的亭、台、楼、阁之侧，倚以山石，傍溪依水，与松、竹常绿植物配植既体现冬季景色，在漫雪飞舞的季节，更显出其刚毅倔强，坚忍不拔的风韵；如与红梅混植，则娇黄嫩红，竞相辉映；若群植或片植于公园假山、湖畔，可形成蜡梅山、蜡梅园、蜡梅岭、蜡梅花溪等大型景观，每当寒冬腊月，冲寒吐秀，冷香远溢，更是引人入胜；也可在视野宽阔的草坪板块中点缀、孤植形成小品；在庭园中栽植于建筑物入口，南向窗前、内庭之中，显得自然洒脱。它花开耐久，花蕾次第开放，可长达30～50天之久，尤宜作瓶插。若在斗室里古色古香的瓷器高脚花瓶里插入一两枝，则室外虽寒风袭人，室内却春意盎然，满室增辉，香郁盈盈，幽香彻骨，令人心旷神怡，赏心而快慰。江南一带，人们在春节时，常将蜡梅与红果累累的南天竺同插于厅堂，黄花红果相辉映，更显雅致非凡，伟丽无比，颇具"一卉熏一室，寒香透彻骨"的极好效果。蜡梅为长寿树种，寿命可达500～600年，且越老越怪，越老越奇，将老根枯干制作桩景，可形成苍劲、虬曲、古雅的造型，配以陶制的盆，放置斗室、几案、厅堂，使之发叶展花，可获得巧夺天工的意境，亦为怡情遣兴之佳品。

蜡梅不仅观赏价值很高，还有较高的药用价值。花入药，有消毒解表、顺气止咳和解毒生津的功效，花蕾浸菜油治烧伤、烫伤及中耳炎；治头晕、呕吐、气郁胃闷、麻疹、百日咳等病；皮和叶有祛风、解毒、止血作用；根，中药名为"铁筷子"，主治风寒感冒、腰肌劳损、风湿性关节炎、疮疖等；籽可治腹泻、久痢之症，故有巴豆花之称，可代替巴豆花入药。蜡梅的经济价值也很高，宋代即有"高价掀兰菊"的记载。1982年，新华社《国内动态》记述，上海龙华园艺场有一株古桩蜡梅，日商愿以14辆丰田小汽车作交换。1994年，河南鄢陵蜡梅切花，在香港每枝售价达12美元；用蜡梅所提取的天然香精，在国际市场上非常走俏，每千克可换黄金5千克，蜡梅油每千克可换黄金1千克。花还可入馔制作名菜佳肴和做花茶。

北京植物园卧佛寺内有株蜡梅植于唐代贞观年间，距今已1300多年历史，它曾经一度枯萎，而后又发出新芽，长势茂盛，又叫"二度梅"。这株古蜡梅逢春开放，花密而多，芳香浓郁。近几年，该园种植大量素心蜡梅，使北京植物园成为首都赏蜡梅的胜地，吸引了中外游客前来观赏。

重庆北碚区静观镇种植蜡梅已有520多年的历史，尤以素馨蜡梅为主，3000余亩的蜡梅基地，形成了“十里蜡梅观光走廊”，成为中国三大蜡梅基地之一。在重庆蜡梅文化旅游节上，可以欣赏漫山遍野的蜡梅花，黄花似海，浓香冲天，品芬芳四溢的蜡梅花茶，在蜡梅香里赶乡场，购年货，看蜡梅主题灯会，还可以尝到以蜡梅为原料烹饪的蜡梅猪蹄汤、蜡梅豆花等美食。

蜡梅在百花凋零的数九隆冬绽放，色泽明亮，浓香纯正，沁人肺腑，经久不衰。因此，自古以来，也就流传了许多动人的故事和美丽的传说。相传，秦始皇统一天下后，建阿房宫，广收天下美女，其爱姬姓黄，名梅儿，进宫前与其表兄尧相爱，后被抢入宫，尧也随之做了宫廷侍卫。后来，被秦始皇发觉，将侍卫逐出宫门，黄梅儿被赐死宫中，葬于宫门前蜡梅树下。数年后，侍卫随刘邦起义，破秦都，到阿房宫内找黄梅儿。时值腊月，黄梅儿葬身处的那株蜡梅花，突然绽放出金黄色的花朵来。侍卫立时恍惚，剑起树折，大声呼唤着“黄梅儿，黄梅儿……”他抱起蜡梅树飞奔远去。后来，冬季最早开放的蜡梅花就叫黄梅儿。

据说古时河南的鄢国，国王的御花园栽满奇花异草。寒冬腊月，众花凋谢，唯独黄梅雪中怒放，深得国王厚爱，却无香味，下令如翌年还不见黄梅吐香，将处死全体花匠。转眼又到黄梅含苞之际，花匠们仍束手无策。一天黄昏，一个叫花子手中拿着几枝臭梅口中念念有词：“莫笑我的身上脏，御花园里花不香……”硬要闯进御花园，遭到看守的毒打。花匠们上前阻拦，各自掏钱给他，劝他快离开。叫花子说：“我没东西报答，几枝梅送给你们，它跟园里的黄梅有不解之缘。”花匠们接过梅，一股臭味直冲鼻子，正想扔掉，突然觉得衣兜里沉甸甸的，原来给的钱又回到各自的衣兜里，大家这才醒悟，叫花子是活神仙来解救他们的，他们把臭梅接到了黄梅上。几天后，黄梅怒放，满园幽香。国王重赏花匠。从此，黄梅变成了香花，因其在寒冬腊月开放，花色似蜡，被称为蜡梅。

在汉代，汉成帝修筑上林苑，遍选奇花珍卉入内。未央宫建成后又选蜡梅植入宫内，并立赵飞燕为后，建昭阳殿。赵飞燕居于其内，她喜花，尤其钟爱蜡梅。成帝亲于昭阳殿植蜡梅数株。这年冬天，蜡梅盛开，飞燕日夜赏玩，废寝忘食，成帝为讨飞燕欢心，遂选几朵新绽蜡梅花，用朱丝系为一串，佩戴在飞燕额上。飞燕甚喜，为成帝舞了一曲以谢圣恩。之后，成帝每日必为飞燕采蜡梅花饰妆。从此，蜡梅饰额风行天下。《古风·木兰辞》：“当窗理云鬓，对镜贴花黄”，即是指的蜡梅花。中国姑娘常有将蜡梅花枝插在胸前或头上迎春的习惯。在四川等地，人们在寒冬腊月或春节期间走亲访友时，爱送上几枝蜡梅花，表示祝愿主人家兴旺祥和，幸福美满。不少人家还将蜡梅花作为祭神的供花。中原人对蜡梅也情有独钟。河南省鄢陵县人早在宋代，已培育出“素心”、“檀香”与“馨口”等优良蜡梅品种，至今，当地花农多称蜡梅为梅树。明代刑部尚书刘景的庄园里一处数十亩的蜡梅林，取名曰“梅花庄”。宋代大诗人苏东坡住许昌时，在小西湖畔房前屋后广植蜡梅，其居室匾也书为“梅花堂”，他的《蜡梅一首赠赴景觃》一诗中，有“天工点酥作梅花”句。

蜡梅历来为墨客骚人所吟咏，为广大群众所喜爱。宋代黄庭坚称赞蜡梅：“金蓓锁春寒，恼人香未展。虽无桃李颜，风味极不浅。”宋代陆游《荀秀才送蜡梅》诗：“与梅同谱又同时，我为判香似更奇。痛饮便判千日醉，清狂顿减十年衰。色疑初割蜂脾蜜，影欲平欺鹤膝枝。插向宝壶犹未称，合将金屋贮幽姿。”南宋诗人谢翔诗称：“冷艳清香受雪知，雨中谁把蜡为衣。蜜房做就花枝色，留得寒蜂宿不归。”这三首诗道出了蜡梅的特征，蜡梅的清香，不畏严寒的品格和花朵上披有蜡衣的晶莹可爱状。王十朋在《点绛唇——奇香蜡梅》一词的上阕中写道：“蜡梅梅姿，天然香韵初非俗。蝶驰蜂逐，蜜在梢熟。”写出了蜡梅的花姿、神韵和醇香，十分形象动人。

虬枝金蕊

仙女风采

铁干钢骨

斗雪勇士

蜡香溢千里

金蓓锁春寒

16. 雪魄冰花——栀子花

栀子花，冠形大，质肥厚，很像古代一种盛酒的器具——卮，故得名（后将卮改作栀），别名黄栀子、白蟾花。因古时知名早，古籍上多有曾用名，如木丹、越桃、林兰、雀舌花、白蝉、水横枝、檐葡等。又为佛家所重，相传栀子种子由印度（古称天竺）传入中国，古印度为佛教发源地，故有“禅友”、“禅客”之称，佛经中则称为薝卜花，为茜草科栀子属常绿灌木或小乔木，是花叶并美的传统观赏名花。栀子花是湖南省岳阳、常德，四川省内江和陕西省汉中等市的市花。

栀子原产中国中部和南部，常生于低山温暖的疏林中，或荒坡、沟边与路旁，四川和江西至今还有野生的。华夏大地栽培栀子花的历史悠久，远在汉代已为名花，《汉书》中就有“汉有栀茜园”。《晋书》上也记载“晋有华林园种栀子，今诸官有秋栀子，守护者置吏一人。”西汉司马迁《史记·货殖列传》记载：“千亩栀茜，其人与千户侯等。”足见当时栀子的贵重，竟比之于官职、财富。由此可知，中国园林种植栀子花已有两千多年的历史，并成为当时重要的经济作物。元代畅师文《农桑辑要》、明代王象晋《群芳谱》等总结了种植栀子的丰富经验。历代人民还选育出染用、花用和观赏用不同的栀子品种。尤其在五代十国时，四川发现了红栀子，其花六出而色艳，清香如梅，十月红花怒放，历史上曾一度传为佳话。三国、晋、南北朝以后，栀子的药用与观赏价值始为人们所重视。《神农本草经》、《吴氏本草》、《本草纲目》均论述了栀子的药理药用作用。

栀子属有250多种，中国约有30种，多分布于长江以南，野生种多为单瓣，其花异香，多结果；观赏种花多为重瓣，不结果。常见栽培的栀子花有大花栀子（又名荷花栀子）、水栀子（又名雀舌花）、核桃纹栀子（又名斑叶栀子）、小叶栀子（又名四季栀子）、狭叶栀子、矮生栀子等。

栀子喜光，但忌强光直射。喜温暖湿润气候，不耐寒，不耐干旱，忌积水，要求疏松、湿润、肥沃和排水良好的酸性土壤。萌芽力和萌蘖力均强，耐修剪，更新能力强。用扦插和分株繁殖。雨季取嫩枝扦插在疏松土中，10天左右生根。在南方地区多作地栽；华北地区宜盆栽。

栀子花是中国传统的八大香花之一，在汉代已成为中国名花。它植株挺秀，枝干苍劲，翠叶茂密，四季常青，种于水边池畔，临池横枝，优美怡人。宋代陆游称它为“清分六出水栀子”。每逢初春时节，栀子吐芽展叶，新绿悦目，郁郁葱葱，富有光泽，给人以清新之感；炎夏6月，一丛丛碧绿油亮的枝头上，缀满洁白如玉的花朵，花朵直部筒状回旋或排列，未开时花蕾旋卷，由浅绿逐渐变雪白晶莹，玉洁无瑕，素雅端庄，冰肌玉肤，如霜类雪，芳香馥郁，随风远溢，沁人心脾，使人欲醉，带给人们清凉愉悦、洁美惬意的享受。盛开时犹如喷着浓香的瑞雪，压满枝头，又似翡翠中镶嵌的点点白玉，绿白相间，显得格外清新可爱，漫步期间，令人神迷。大姑娘摘上一朵夹在发间，衬得黑发更加秀美；小媳妇将它戴在胸前，映得胸脯更加丰满；嫂嫂婶婶插朵在发髻上，端庄里透出几分俊俏年轻；上学的孩子拣上几朵，塞在书包里，一书包馥郁芳香，不愧为佩戴之佳品。其蕊金黄，花瓣6枚，被称为六出花。《酉阳杂俎》称：“诸花少六出者，惟栀子花六出。”花未开时，苞蕾白中透碧，开放时色白花繁，弥漫着清新的芳香，不少挺立枝头的绿色白缎伞似的栀子花蕾，仿佛朵朵都被缥缈的仙女徐徐扭开，婀娜多姿，极其动人。雨中赏花，梦幻朦胧，宛入仙境。花落之后，香气依然四溢，花色变为黄色，如古诗所述：“一花分六出，十叶是重合；玉洁浑无玷，金黄漫夺胎。”秋实之际，满树结出黄绿色卵形浆果，像一只只玲珑的小玉盏，挺立在枝头或叶腋上，蔚为壮观，令人悦目。碧绿的叶片，无论雷雨雪霜，依旧青翠，依旧鲜艳，依旧生机勃勃。冬叶碧绿凌雪，秋实玲珑逗人，夏花素洁芬芳，春芽秀美翠绿，正如杜甫诗：“栀子比众木，人间诚未多。于身色有用，与道气相和。红取风霜实，青看雨露柯。无情移得妆，贵在照红波。”

栀子植株挺秀，枝干苍劲，是优良绿篱树种。种于溪畔、湖滨、水边和池畔，临池横枝，更加优美怡人；适宜道路两旁林缘下、庭前、院隅种植，如在宅前南向窗口下栽上1～2株，清风徐来，满室飘香，沁人肺腑，令人心旷神怡；或配上一簇芭蕉，更为相得益彰，正好印证了韩愈诗中的“芭蕉叶大栀子肥”；或栽于亭台楼阁旁、岩石园中，配以落叶灌木，如碧桃、紫荆、棣棠等，更以其花白叶绿，配衬红花，秀丽多姿，富有诗情画意；若将其植为绿篱，花时即为花墙，更为美观，也可于山林间大片栽植，待到盛开之际，远望白雪皑皑，香飘数里，又富于野趣；可制成斜出、悬垂与平卧的盆景，点缀阳台与几案，都能使室内宁静、幽香和典雅。栀子花水养极有名，有“水横枝”之称，切花瓶插于室内，光亮绿叶，淡雅白花，更有“孤枝妍外净，幽馥暑中寒”的意境，确为夏季室内清凉的绝妙点缀佳品。其花期大致可保持1个月之久。

栀子花对二氧化硫、氟化氢等有害气体及烟尘具有较强的抵抗和吸收能力。据测定，每千克栀子叶片，能吸收4～5克的二氧化硫，是工厂、学校、家庭保护环境、净化空气的良好绿化花木。

栀子全身是宝，果实是上等黄色染料，花、叶、根均可入药。果实晒干俗称“越桃”，含栀子甙、小栀子甙、黄酮类、栀子素、果胶、藏红素、鞣质等成分，有泻火解毒、清热利湿、凉血散瘀等作用。汉代名医如张仲景等在治黄病时，有用到栀子制作汤饮。栀子叶含栀子苷、去羟栀子苷，有消肿功能，主治跌打损伤、疮毒。根有清热凉血、解毒功能，可治疗感冒高热、黄疸性肝炎、吐血、鼻衄、赤白痢疾、淋症等。花有清肺、凉血功能，治肺热咳嗽、鼻衄。《广群芳谱》载：“大朵重台者，梅酱糖蜜制之，可用羹果。”现代药理研究表明，栀子醇能促进胆汁分泌，能减轻四氯化碳引起的肝损害，还有降温、镇静、降压作用，对多种细菌和真菌有抑制作用。水煎液能杀死钩端螺旋体及血吸虫成虫。又因栀子酸有抗生育作用，民间用于避孕和堕胎。花含芳香油，可窨茶或提取香料作调香剂。在宴席上花还可做佳肴。木材致密坚实，不易开裂，是供雕刻用的良材。

栀子花素雅，冰清玉洁，又妙香溢淌。它自古以来就深受中国人民喜爱，被当作吉祥如意、祥符瑞气的象征。栀子花语：“禅客、清净、喜悦、脱俗永恒的爱。”

在唐代，栀子花已是和平友好的象征，被作为礼品赠送给日本。17世纪初，栀子花又作为友好花卉传至欧洲。现在，它已成为全世界的名花。

相传，在我国古代还有红栀子。据说蜀后主孟昶喜欢园艺，经常搜集奇花异草，种植在他的王宫后苑内。有一次，青城山的申天师进献给孟昶两棵红栀子。孟昶命人精心栽种，不觉长大成树，开的是红色栀子花，香气袭人。蜀主甚爱之，命人将此花画在扇子上，绣在衣服上。《花镜》上就记有“昔孟昶十月宴芳林园，赏红栀子花，清香如梅，近日罕见此种。”可惜珍贵的红栀子花已失传了。

历代诗人赞美栀子花诗词歌赋无数。唐代王建《栀子花》诗：“雨里鸡鸣一两家，竹溪村路板桥斜。妇姑相唤浴蚕去，闲看中庭栀子花。”诗写出栀子花生长的环境和开放时间。宋代杨万里《栀子花》一诗赞道：“树恰人来短，花将雪样看。孤枝妍外净，幽馥暑中寒。有朵篸瓶子，无风忽鼻端。如何山谷老，只为赋山礬。”明代大画家沈周《栀子花》一诗称："雪魄冰花凉气清，曲栏深处艳精神。一钩新月风牵影，暗送娇香入画庭。"宋代朱淑真《栀子》："一根曾寄小峰峦，薝葡香清水影寒。玉质自然无暑意，更宜移就月中看。"南朝梁萧纲《咏栀子花》："素华偏可喜，的的半临池。疑为霜裹叶，复类雪封枝。日斜光隐见，风还影合离。"明代李东阳《栀子花》："抽白媲黄总称才，谁遣山栀入画来？似为诗家少知己，杜陵吟罢不曾开。"宋代潘郑台《栀子》："未说司花刻玉工，已知名与佛相同。可怜结了熏风子，依旧身归色界中！"诗人描绘了栀子非凡的姿容及其芬芳风韵，也让读者从其中获得更为真切的美的享受。

冰清玉洁

玉洁无瑕

六出玉碟

白玉冰肌

17. 高洁之士——木芙蓉花

木芙蓉，其花或白或粉或赤，皎若芙蓉出水，艳似菡萏展瓣，故有“芙蓉花”之称；又因其生于陆地，为木本植物，故又名“木芙蓉”；木芙蓉开的花颜色一日三变，故又名“三变化”；其花晚秋始开，霜侵露凌却丰姿艳丽，占尽深秋风情，因而又名“拒霜花”。为锦葵科木槿属落叶灌木或小乔木。与木槿、扶桑是近亲，是中国特有的传统观赏名花之一。原产于中国黄河流域及华东、华南各地。栽培历史悠久，早在战国时期，诗人屈原就有“采薜荔兮水中，擘芙蓉兮木末”（《九歌·湘君》），说明木芙蓉在2000多年前就广为栽植，供人观赏。分野生、园艺种两大类。花型有单瓣、重瓣、半重瓣。花色有白、红、黄、粉等。野生为单瓣，栽培种多为重瓣。其分布范围较广，尤以四川成都一带栽培为盛。故成都号称“蓉城”。《成都记》曾记有“孟后主于成都城上，遍种芙蓉。每至秋，四十里锦绣，高下相照。”因而成都又名“锦城”。可见成都栽植芙蓉有着悠久的历史。

湖南湘江一带相传从唐代起，多木芙蓉，故湖南有“芙蓉国”之称。《学圃余疏》记载：“芙蓉入江西，俱成大树。”浙江瓯江两岸，又因盛产芙蓉，所以，瓯江又名芙蓉江。贵州省贵阳市的花溪公园，有个著名的芙蓉洲，洲上遍植各种芙蓉而成一佳景，别具特色。

木芙蓉常见变种有重瓣木芙蓉。木芙蓉喜光，略耐阴，喜温暖湿润气候，不耐寒。忌干旱，耐水湿，对土质选择不严，但以潮湿、富含有机质的沙质壤土为佳，抗大气污染的能力较强。在较冷地区，秋末冬初，植株地上部分枯萎，呈宿根状，翌年春季从根部萌发新枝芽；在华北常温室栽培。因喜水湿，宜植于池边、沟边和建筑物周围。适应性较强，萌枝力也较强，耐修剪。对二氧化硫抗性特强，对氟、氯化氢有一定抗性，是美化环境、净化空气的优良花木。常用扦插和压条繁殖，也可采用分株与播种繁殖。

木芙蓉花晚秋开放，花大色妍，自古以来广泛在庭园中栽培。它如荷花一般美丽、高雅，而荷花别名为芙蓉，人们对它加以“木”字以示区别。木芙蓉树亦不高大，却清姿雅质纤枝袅袅，绿裳繁茂婆娑，红艳色丽，绰约临水，微风吹拂，摇曳飘逸，绚丽异常，将寥廓江天，寒山秋色，点染得分外灿烂，有如春回大地。当别的花经受不住风霜，叶子都枯黄零落，花朵凋谢在秋风之中时，它却于霜降时节，绽苞怒放，“鲜鲜弄霜晓袅袅含态”一派清姿雅质，独自给人间送来芬芳，使秋色“不似春光，胜似春光”，别具一番宜人的情调。农历十月若亲临江水边，可观赏它如美人初醉般的花容，与潇洒脱俗的仙姿。它不但“翠幄临流结绛素，多情常伴菊花芳”，而且在秋菊凋谢之后，依然花满枝头灼灼有芳艳，聊自舞秋风。难怪古人把木芙蓉称之为“冷艳”和“拒霜”了。它尚未开放的蓓蕾，其色碧绿，形似棉桃，花开后，有的形似牡丹，有的状如碗形如杯，有的宛如铃钟，极具观赏价值。其花期长达2个月，每朵花开10余天。它花色多变，如常见的醉芙蓉，一日间三换花色，宛如爱装扮的女子，曙光初照身着洁白新装，中午时分又换上粉红衣裙，等到华灯初上，又换上深红色晚装。一日花期有“晓妆如玉暮成霞”之说。弄色木芙蓉一日白，二日浅红，三日黄，四日深红，花落时变为紫色。两者为木芙蓉的名贵品种，花朵越开越艳丽妩媚，令人观赏时乐趣无穷。古人赞赏地称它：“清姿丽质，独殿众芳，乃秋色之最佳者。”它神韵高雅，秀而不娇，凌风霜怒放；它不畏环境恶劣，潇洒脱俗，顽强不屈，自古以来深受人们钟爱。

中国自古以来多在庭园中栽培木芙蓉，孤植、丛植于墙边、路旁，栽培于坡地。还可植于池边、湖畔，使波光花影，相映益妍，景色妩媚。若与芦枫为伴，则更相得益彰。《长物志》云：“芙蓉宜植池旁，临水为佳。”它适应性强，可在铁路、公路和沟渠边种植，既能护路、护堤，又可美化环境。且对二氧化硫、氯气、氯化氢等有害气体有很强抗性，宜在工矿区域地栽，能净化空气，吸附尘土。木芙蓉也可盆栽供观赏。古人说：“种木芙蓉有三利：其一，皮可制麻，干为薪料；其二，山麓堤旁栽之，可以固基，使沙砾不得直冲溪间，河床即无虑淤塞；其三，庭园中栽植，为时令之名花，怡情悦目。”

木芙蓉不仅是优良的观赏植物，又是不可多得的治病良药。根、叶、花均可入药。《本草纲目》载：“芙蓉花并叶，气平而不寒不热，味微辛而性滑涎黏，其治痈肿之功，殊有神效。”“清肺治血，散热解毒，治一切大小痈疽肿毒恶疮，消肿排脓止痛。”据中国药科大学徐国钧教授在《抗肿瘤中草药彩色图谱》一书介绍：“木芙蓉叶含有黄酮甙、酚类、氨基酸、鞣质、还原糖、黏液质；花含有花色甙、异槲皮甙、金丝桃甙、芸香甙。具有清肺凉血、消炎解毒、消肿排脓功效。可用于肺癌、乳腺癌、胃癌、白血病、皮肤癌等的治疗。”老牌中药治痈肿疮疖的玉露散，就是用芙蓉叶粉末一味制成的。叶捣烂外敷，治外伤出血，止血快，效果好。治烧伤的芙蓉花油，就是鲜花浸麻油而成。花还可食用，有道名菜叫做“雪霁羹”，红白相映，色美味佳，就是芙蓉花煮豆腐。古人还用其花染缯（纺织品）做帐，称为芙蓉帐。茎皮纤维柔韧耐水，可作缆索和造纸、纺织品的原料。树干是生产香菇的优良用料。

木芙蓉在中国象征富贵吉祥。成都市以芙蓉为市花，这除了它的美丽及其美好象征外，还有一个悲壮的传说。据记载，公元1059年，五代孟蜀后主时，成都城上遍插木芙蓉，故名芙蓉城，简称蓉城或蓉。当时虽然战乱频繁，城垣倾毁，然而河岸村野、宗庙祠堂内仍可见它的芳容。相传很久前，成都有一位勤劳善良的芙蓉姑娘，每日三次去锦江边淘米时，总有一尾大鲤鱼游来，姑娘投米喂养，表示友好。一天，鲤鱼告诉姑娘一个秘密：黑龙在5月5日发洪水，降灾于成都，切勿走漏风声，免遭杀身之祸。姑娘忧心如焚，毅然传告四邻，使全城百姓安全撤离。5月5日这天，洪水暴涨，黑龙直扑芙蓉姑娘，姑娘舞剑迎战。有一位名叫金鸡的青年英雄相助，击毙黑龙，但芙蓉姑娘却牺牲了。姑娘的鲜血流到成都，化为朵朵绚丽的红花，人们便把这种花叫芙蓉花，把成都叫芙蓉城。

芙蓉花也代表着灵性、同情与正义。相传唐开元年间，诗人王昌龄贬谪到如今的湖南省黔阳县一带，和夫人在居所楼前栽种一株开白花的芙蓉树，祝愿夫妻白头到老，还把居处叫做“芙蓉楼”，并写出“洛阳亲友如相问，一片冰心在玉壶”的著名诗句。传说他所种的芙蓉树通灵性，居然修炼成仙。天宝年间，发生安史之乱，诗人为躲避战乱，在回归故里途中，被刺史闾丘晓杀害。芙蓉仙子身穿黄色衣服为他吊孝。后来，诗人妻子悲痛交加而死，芙蓉仙子又着红装为之哀悼。从此，就有了一日三变的醉芙蓉花。

《红楼梦》中有两处描绘到芙蓉花和林黛玉。一处是曹雪芹很巧妙地把宝钗和黛玉的性情物象为花，在他笔下的大观园众姊妹中，宝钗是“艳冠群芳”的牡丹，而黛玉则是“风露清愁”，“莫怨东风当自嗟”的芙蓉。黛玉爱哭，脸上总是泪水，活脱就是“风露清愁”的芙蓉花了。另一处是让贾宝玉写了篇《芙蓉女儿诔》，明写晴雯，暗写林黛玉，诔文云：“其为质则金玉不足喻其贵；其为性则冰雪不足喻其洁；其为神则星日不足喻其精；其为貌则花月不足喻其色。”金玉、冰雪也好，日、月、星辰也好，世上高贵、美好的东西，也比不上芙蓉仙子。曹雪芹以此赞美林黛玉，表达了大文豪对她的偏爱。

湖南省栽培芙蓉有着悠久历史，早在1000多年前，芙蓉花已遍及湘江沿岸，唐代诗人唐用之的诗作《秋宿湘江遇雨》中，即有“秋风万里芙蓉国”的诗句。毛泽东同志在七律《答友人》中也有著名的诗句："我欲因之梦廖廓，芙蓉国里尽朝晖。"诗人把家乡湖南称之为"芙蓉国"。据闻，1927年湖南农民革命运动高涨，许多工农大众同反动派作斗争，经常穿梭于茂密的芙蓉树丛中。当时曾有一首民歌唱道："湘江芙蓉遍山冈，我郎扛起红缨枪，手拿梭镖打天下，土豪一看心发慌。"许多妇女送丈夫出征时，都给他戴上一朵木芙蓉花。

木芙蓉作为中国传统名花，在文人墨客笔下，视为美女、佳人的化身，历代著名诗人赞扬芙蓉花的诗词歌赋十分丰富。宋代诗人郑域便是其中之一，他写道："若遇春时占春榜，牡丹未必作花魁。"元代诗人蒲道源与郑域志同道合，也咏诗："午醉未醒全带艳，晨妆初罢尚含羞。"唐代大诗人白居易在《长恨歌》中，吟有"芙蓉如面柳如眉，对此如何不泪垂。"又写："花房腻似红莲朵，艳色鲜如紫牡丹。"把芙蓉花的颜色比似美人芳艳清丽的面色，使木芙蓉享誉古今。宋代苏轼留下"溪边野芙蓉，花水相媚好"的诗句及《和述古拒霜花》诗："千林扫作一番黄，只有芙蓉独自芳。唤作拒霜知未称，细思却是最宜霜。"宋朝诗人刘理说："谁怜冷落清秋后，能把柔姿独拒霜。"诗人吴孔喜也说："堪与菊英称晚节，爱它含雨拒清霜。"宋代范成大《窗前木芙蓉》："辛苦孤花破小寒，花心应似客心酸。更凭青女留连得，未作愁红怨绿看。"宋孝宗诗："托根不与菊为奴，历尽风霜未肯降。本是无心岂有怨，年年清艳照秋江。"宋朝朱熹《木芙蓉》："红芳晓露浓，绿树秋风冷。共喜巧回春，不妨闲弄影。"宋朝朱淑真《芙蓉》"满池红影蘸秋光，始觉芙蓉植在旁。赖有佳人频醉赏，和将红粉更施妆。"宋代吕本中《木芙蓉》："小池南畔木芙蓉，雨后霜前着意红。犹胜无言归桃李，一生开落任春风。"诗人对木芙蓉作出了很高的评价。宋代王安石有一句："正似美人初醉著，强抬青镜欲扮慵。"把芙蓉比喻成醉了的美女，在梳妆台前打扮自己。一个"醉"字，把木芙蓉的美丽展现得淋漓尽致。

四川为木芙蓉的主产地，亦是中国最早种植木芙蓉的地方。1983年5月成都市将木芙蓉定为市花，并已培育出了几个新的品种，使其花期大大延长，可观赏达数月之久。古老美丽的木芙蓉以它绰约的风姿神韵，为这座繁荣兴旺的现代城市增添光彩。

古老木芙蓉不愧是多才多艺，园艺学家赞它是优良的观赏植物，是绿化、美化、净化环境的优良树种；医学家夸它是一味不可多得药材，是治病良药；文学家咏颂它是高洁士、美女子，是隐君子、善佳人；美食家赞它是绿色食品、美味佳肴。

粉面玉朗

玉妆成霞

凌霜怒放（单瓣）

求同存异

碧海明珠

18. 中国独特仙花——琼花

琼花因花序如盘似球，故称“木绣球”；又因不孕边花多为八朵，又叫“八仙花”或“聚八仙”，为忍冬科荚蒾属落叶或半常绿灌木。该属植物全世界约有200种，中国有74种，广布于温带与亚热带。琼花原产于中国，生于海拔800～2200米丘陵山区半阴坡林下、林缘或灌丛中及山谷、山沟等处，石灰岩山地也有生长。唐代就有栽培。《花经》评琼花为二品八命，以示其名贵的程度。现今，长江中下游丘陵山区林下和灌木丛中常有野生分布，安徽九华山、黄山海拔1000多米的高山中也发现有野生琼花植株开花。在江苏省南部、浙江、安徽西部、江西北部、湖南南部及湖北西部也有分布。古代琼花栽培以扬州、镇江、杭州、西安、洛阳等地最为著名，素有“扬州第一花”之誉。“琼花本是扬州种，天下无双足自骄”，近年琼花在扬州被大量繁殖，并被定为市花。

琼花同属中观赏价值高的种类很多，常见栽培的有木绣球、天目琼花、蝴蝶绣球。琼花为暖温带半阴性树种，较耐寒。对土壤要求不严，能适应一般土壤，宜植于湿润肥沃中性或微酸性土壤中。植株生长强健，萌芽力、萌蘖力均强，比较耐粗放管养。琼花种子有隔年发芽习性，多播种繁殖。

琼花树形优美，枝叶纷披，花色素雅，玉洁冰清，艳姿天成，是极为美丽的观赏花木，为中国特有的名贵花卉之一，是园林绿化树种之上品。它一年四季色彩艳丽，富于变化，每年，当春光明媚之际，“三月将尽四月前，百花开尽春萧然”时，它不与群芳争艳，却独树一帜，花开洁白如玉，“冰生肌骨成瑶琼”，花影绵密。远望满树繁花压枝，玉环琳琅，千盘万盘，洁白纷披，璀璨晶莹，大有“二月轻冰八月霜”的感觉，令人为之神往。近看，那八朵五出的晶莹的大花围成一周，环绕着中间那颗白色未开的珍珠小花，簇拥着一团蝴蝶似的花蕊，微风吹拂之下，轻轻摇曳，宛如蝴蝶戏珠；又似八位仙子围聚在一起缀成一个个银光锃亮的玉镯，在翡翠般低垂的密叶映衬下，翩翩起舞，仙姿绰约，神情飘逸，引人入胜。“千点真珠擎素蕊，一环明月破香葩。”无风之时，又像八位仙子围着圆桌，品茗聚谈。这种独特的花型，是植物中稀有的，故而世人格外喜爱它。琼花从4月中旬第一个蓓蕾初放，到5月中旬最后一朵银花飘落，约一个月的花期，正是“五·一”国际劳动节之时，它给节日带来一道亮丽景观。放眼望去，那银灿灿一树琼瑶，光闪闪万千玉环，仿佛置身于瑶池仙境，荡胸涤尘，顿觉神爽。尤以它所透出的浓浓香味，弥漫宇间，更让人产生纯洁朴素的美感。在扬州历史上出现的“三春爱赏时，车马喧如市”的赏花盛况，即是这一反映。其同属姐妹“木绣球”，更为壮观，开花时团围似球，枝垂近地，满树好似隆冬瑞雪覆盖，流光溢彩，别有一番风姿，煞是动人。当盛夏来临，银花飘尽之后，那结出的满树子实，犹如万千颗碧绿的翡翠。而当秋风萧瑟，群芳落英缤纷，凋零衰败之际，常勾起人们“万里雪飘”的联想，“盖艳冶争妍者，众之所同，而蠲洁尚白者，我之所独。”这正是琼花的与众不同之处，也是它展现出更为迷人的秋色。青枝绿叶丛中，簇簇红果缀满枝头，树冠一片绯红，堪与霜叶比艳，耐人玩味。近观细瞧，那殷红的果实又似玛瑙般晶莹可爱，单果虽小如芝麻，却总是百颗成簇，玲珑满树，极为美丽，颇耐观赏。其果期自9月开始，一直延续到11月。到了百花开始凋零的秋末冬初，它的果实更加红亮迷人，呈现出一树玄色，纯真、凝重，不仅给人们带来了热烈欢快的情趣，同时也给枯黄浓重的秋色增添了无限的生机，更为中秋和国庆佳节带来喜庆气氛。这时，陈叶纷纷离开，新枝已长成，花蕾已经孕育于严冬之前，真可谓四季占尽风光，被称为稀世的奇花异卉、“天下无双”和“中国独特的仙花”的称号。

琼花枝叶婆娑，小果火红，故常在园林栽培，作为花篱、花坛的材料。适宜堂前、亭际、墙下窗外和后庭、公园入口处栽植，作为配景；也可孤植于草坪及空旷地段，使其四面开展，体现树姿之美；或作为大型花坛的中心树。将它丛植或片植，与美丽山石配植一起，花时似白雪皑皑，果期如火如荼，效果也不错。先人依古人“玉环飞燕原相敌”诗句，在园林布局上，将琼花与广玉兰种植一起，待两种花同时开放，既可欣赏名花风采，又能追想美人风姿，真是别具一格；还可盆栽、插花供观赏。花、果、枝、叶、根均可入药，具有通经络、解毒止痒功效。民间用花治疟疾，根治咽喉溃烂，外用治皮肤痒症。

琼花象征坦率和正义。琼者，美玉也。“琼花”美名的由来，便与一个美丽的传说联系在一起。相传有一位仙女，来到扬州，向世人陈说天上花木之美，世人不信，仙女即取白玉一块，掘土埋于地下，须臾之间，长成大树，花开洁白如玉，微风过处，香飘十里。因种玉得花，故名“琼花”。宋朝张问《琼花赋》所述：琼花“俪靓容于茉莉，抗素馨于詹蔔，笑玫瑰于凡尘，鄙荼蘼于浅俗，惟水仙可并其幽闲，而江梅似同其清淑。”它那淡雅的姿态和独特的风韵博得了古往今来人们的喜爱。然而，这一千古名花，几经摧残。曾敏行《独醒杂志》和周密《齐东野语》记载：宋仁宗庆历年间（1041～1048年），将琼花移栽到开封，因逐渐枯萎而发回原地。《齐东野语》还记载：宋孝宗淳熙年间（1174～1189年）又把它移栽到杭州皇官内，结果还是不能生长而送回。杜游《琼花》记载：宋高宗绍兴年间（1131～1162年），金兵南下侵略，扬州琼花也成了他们的掳掠目标，大棵连根拔去，挖不尽的齐土铲平。过了一年，被铲的根旁，生出新芽，道士唐大宁竭力培护，慢慢恢复到了原状。元世祖至元十三年（1276年），也就是宋朝亡国的那一年，扬州琼花突然死去。本来就“天下无双”的扬州琼花，一旦香消玉殒，便成为“绝世之珍”了。20年后，道士金丙瑞以聚八仙补种在故地琼花观，后人便把聚八仙认作琼花。

据研究，古琼花与聚八仙形态相似，属同一物种，而确非一物。宋人郑兴在淳熙年间任扬州太守时，在《琼花辦》中，对两者区别总结有三点不同：“琼花大而瓣厚，其色淡黄，聚八仙小而瓣薄，其色微青；琼花叶柔而莹泽，聚八仙叶粗而有芒；琼花蕊与花平不结籽而香，聚八仙低于花，结籽而不香。”琼花至元朝，基本绝迹，《洪武郡志》说：“凡元人称琼花者皆八仙也。”据此，以聚八仙代称琼花，该有六七百历史了。

琼花其实并非扬州特产。宋朝周密在《齐东野语》中曾提到“杭之褚家塘琼花园”，说明当时杭州也有琼花。宋代李格非（著名女词人李清照之父）在《洛阳名园记》（广绍圣二年，即1095年）中也记述：在“李氏仁丰园”中栽有琼花。金元时代的著名文人元遗山在其著的《续夷坚志》中记载：“鄠县(今陕西户县)西南十里曰炭谷，入谷五里，有琼花树。树大四人合抱。逢闰即花，初伏开，末伏乃尽，花自如玉，攒开如聚八仙，中有玉蝴蝶一，高出花上。”可见古代琼花在陕西也增绽开芳姿。1982年《旅游》杂志第一期报道：江苏昆山县亭林公园内，有八株经专家鉴定，是“聚八仙”，实属罕见。这更说明了琼花并非扬州独有。

传说隋炀帝闻琼花盛名，为下扬州看琼花，征集数万民工，开凿了大运河。当他与萧后乘龙舟达扬州的前一天，琼花都被一阵冰雹摧毁。隋炀帝不甘心，又两次下扬州看琼花。就在他三下扬州时，这个被农民起义军称为“罄南山之竹，书罪无穷，决东海之波，流恶难尽”的暴君，被乱军缢死于扬州。事隔1000多年，清代的文学家还在《琼花观》的诗中发出“花死隋宫灭，看花真无谓”的感叹。据记载，扬州蕃禧观里这株罕世美丽、品格高洁的奇花，大约活了300年，在元朝建立后13年突然枯死。还传说琼花的花瓣大如玉盘，香味沁人肺腑，每隔一个时辰就变一种颜色，花落不着地，随风飘舞，流光溢彩，花型悦目，十分有趣。正如扬州弹词开篇所说："绿扬城郭多奇葩，奇葩为首数琼花。满树花絮满树三，团团簇簇枝头挂。"

北宋初著名官吏兼文人王禹偁所作的《后土庙琼花诗·序》记载："扬州后土庙有花一株，洁白可爱，且其树大而花繁，不知实何木也，俗谓之琼花。因赋诗以状其异。"由此可知，琼花之名在王禹偁记叙之前已流传民间。继王禹偁之后，文人题咏越来越多，也越写越奇。韩琦诗赞："维扬一株花，四海无同类。"刘敞诗："东方万木竞纷华，天下无双独此花。"欧阳修诗："琼花芍药也无伦，偶不题诗便怨人；曾向无双亭下醉，自知不负广陵春。"不但赞其美，还强调琼花是扬州独有。从此，琼花不但扬名于世，而且还和扬州古城的盛衰紧紧连在一起。而宋代晁补之的《下水船·和季良琼花》一词，赞颂琼花："百紫千红翠，惟有琼花特异。便是当年，唐昌观中玉蕊。尚记得月里仙人来赏，明日喧传都市。甚时又，分与扬州本。一朵冰姿难比。曾向无双亭边，半酣独倚。似梦觉，晓出瑶台十里，犹忆飞琼标致。"词中对琼花冰清玉洁、高贵不凡身姿的精彩赞美，使人感到，琼花特异标致，非扬州者莫属。

扬州人对琼花情有独钟，并将其定为该市的市花。虽然古琼花已少有存在，但是，在扬州人民的精心呵护培育下，沿湖岸边洁白如玉的琼花依然锦簇花团，成为扬州城内颇具特色的重要旅游资源，是扬州古城的象征之一。

群蝶戏珠

八仙聚宴

双宿双飞

瑶池仙女

19. 四时花常开——扶桑花

扶桑原产于中国西南部、印度和马来西亚，热带、亚热带地区多有栽培。全世界有3000多个品种，大面积栽种扶桑的国家有100多个，其中美国夏威夷培育的扶桑现代品种花大、色艳，受到世界各国的欢迎。《山海经》中记有“汤谷上有扶桑”，《群芳谱》、《花镜》、《本草纲目》、《南越笔记》、《岭南杂记》等专著中亦有记载，可见中国栽培之早，已有1700多年的历史，在华南地区栽培很普遍，尤以广东、福建、云南和台湾等省栽培极多，长江流域及以北地区多为温室盆栽。中国的扶桑优良品种有小旋粉、迷你白、丹心黄、艳红、花上花、粉西施、洒金橙、风车红、绒红和粉红丹等。

扶桑是中国常见传统名花之一，诗人赞美它：“槿艳繁开照日红”。《南越笔记》称之为佛桑，《广群芳谱》称扶桑，《南方本草状》则称为赤桑，其花光艳照日，所以又称为日及；其花大红艳外貌又似木槿，故有朱槿、赤槿之名；因重瓣扶桑可与牡丹媲美，又名小牡丹；因花形大，多红色，又称大红花；其叶似桑，呼之桑槿。为锦葵科木槿属常绿灌木或小乔木。扶桑被广西壮族自治区南宁市、云南省玉溪市和台湾省高雄市三市人民选为市花，亦为斐济、苏丹、马来西亚的国花、美国夏威夷的州花，在国际花坛中享有很高的声誉。

扶桑有单瓣及重瓣之分。单瓣花呈漏斗状，花蕊超出花冠之外，花色有玫瑰红、大红和粉红色。重瓣花的花蕊均不超出花冠，雄蕊多瓣化成多皱无规则的花瓣；花色有红、粉红、浅粉、白、橙黄等。叶片多为阔椭圆形，质薄，无缺刻。花期长，全年开花不断，但以夏季为盛。每朵花仅开1～2天。常见变种、变型有黄花扶桑、花叶扶桑、红扶桑、橙色扶桑、大花扶桑、重瓣扶桑（又名重瓣朱槿）。

扶桑生命力很强，是一种易种易活的花草，春季扦插，斜插、倒插、横插都能萌芽，在适宜的土壤、阳光、水分和肥料的辅助下，就能茁壮生长，到了夏秋，根深叶茂，繁花似锦。它对于生长的条件要求不高，随遇而安，与时无争，与世无争。当春暖百花争艳，它安分自律，让别的花去争奇斗艳，待到夏日百花凋萎，它便凌空怒放，姹紫嫣红，似燃烧的火焰，给人世间带来希望和欢乐，连诗仙李白也对它钟情，在诗中咏颂："园花笑芳年，池草艳春色。犹不如槿花，婵娟玉阶侧。"

扶桑为中国大众所喜爱的名花。当秋风萧索，万木凋谢之时，繁盛朱槿的灰褐色枝条上，缀满了片片多齿的青翠欲滴的叶子，仿佛一群天真活泼的少女，相互依倚亲昵着，嬉戏着。虽然是风霜峻冷、落叶飘零的寒秋，倒使人感觉到春天的气息。

《本草纲目》中记载："东海日出处有扶桑树，此花光艳照日。其叶如桑，因以比之。"它是热情的花卉，盛开于炎炎夏日的热浪中，不怕烈日暴晒，阳光越烈，气温越高，它越是开得鲜艳夺目，象征着人们勇敢、倔强的性格。苏轼有诗道："涓涓泣露紫含笑，焰焰烧空红佛桑。"它自春末到冬初，绵延不绝怒放着红艳无比的花朵，把满树装点得繁花似锦，姹紫嫣红，热烈而又温柔，仿佛蔚蓝的天幕下披挂了片片红霞，显得秀丽异常，使人愉悦振奋。

扶桑历来与佛教结缘，被佛家称为"佛桑花"。佛教认为扶桑花此开彼落，此落彼开，日日花开花谢，循环不息，在教义中是一种所谓"轮回"的人生哲学。佛教认为众生万物，因果善恶，都在不断地"轮回"消长。宋僧侣绍隆有诗："朱槿移栽释梵中，老僧非是爱花红。朝开暮落关何事？只要人知色是空。"所以在佛家看来，扶桑花快开快落的生态现象正符合佛教所宣扬的"色就是空，空就是色"的宗教思想。以现代文明所识，这是自然界新陈代谢的必然现象，它给人们的启示：天天新鲜，朝气蓬勃，日新月异，勇于求新的奋发图强精神。

它的花开得虽不耐久，朝华而暮落，真的是"槿花一日自为荣"，但它的全树花期很长，跨占四季，芬芳美好。既延续着春的清新，又洋溢着秋的浓郁，还赞美着夏的热烈冬的圣洁，难怪古人说："花开堪折直须折，莫待无花空折枝！"它不以春风之来而开，也不以春风之去而落，让人惊叹不已，在植物界非常可贵。"占破半年犹道少，何曾一日不芳来。花中却是渠长命，换旧添新底用催。"它那长长的金色细蕊，更增添了花朵的神奇和瑰丽。花朵有的下垂，花瓣宽而反卷，恰似美丽的拱形花篮，玲珑绚丽，很有诗意。它的花有单瓣或重瓣之分。单瓣花形似漏斗，重瓣花形似牡丹，既有蔷薇鲜艳热烈之色彩，又有牡丹一般温柔富贵之神韵。有的花柱向前伸出一定距离后形成一个略小的花球，偶尔还会在柱头处长几片小花瓣托住花蕊，简直就是个倒挂的宝塔，非常迷人。在不同季节里，花朵在阳光下变幻色彩，或红或粉或黄，宜人淡雅的芳香弥漫在宇宙间，让人顿感它的随和、融洽及坚韧的生命力，因而素有“中国蔷薇”和“朱槿牡丹”之美称。扶桑在国际花坛中享有崇高的盛誉。

它那长长的花蕊，高高地翘展在花瓣之外，看上去既像赤球喷吐的火舌，又似挂于大红宫灯下的金丝流苏，十分典雅别致。尤以红色扶桑花光艳映日，寓意热情似火，是盛大节日、宴会的最佳装饰，也是庆贺开业作花篮、花牌的最佳花卉，或编成镂空的花窗，扎成狮子、老虎等形象，妙趣横生。因此它是园林观赏及装饰艺术的极好材料。不论把它配植于池畔、亭前、墙边和街道两旁，还是居家宅院，一旦有了四时开花、绵延不绝的朱槿花，就显得春意盎然，喜气洋洋。当今江南庭院种植扶桑之多，北方的盆栽也不例外，不亚于其他奇花异卉。这不仅由于它的美，也由于它向人们索取少，而供人观赏多，是它能在神州大地广为栽种应用的原因。

朱槿还有抗氯气和二氧化硫等大气污染，净化空气的作用和隔绝噪声的效能。因此，用密植的朱槿来取代院子的围墙，定比呆板的水泥或瓷砖好得多。除供观赏外，扶桑还可作蔬菜食用，尤以白扶桑花清甜爽滑，具有润喉补肺功效，可作花茶饮用，皮、根和种子入药，还可制作香水、香乳等。花含槲皮素、山奈酸、棉花素、矢车菊素、葡萄糖甙等，具有消肺、化痰、凉血、解毒之功，又是一种天然食用的无毒染色素。用盐梅浸渍，可得红色浆液，用于制作蜜饯和糕点，色泽美观，味甘酸可口，可增进食欲。叶有消痈解毒止血之功，根有调经止带之效。茎皮纤维洁白韧性很强，是织麻袋制绳索的好原料。

马来西亚将扶桑视为安居乐业、兴旺发达的标志，人们用这种红彤彤的花朵比喻热爱祖国烈火般的激情，也有人用它比喻为革命的火种撒满大地而燃起熊熊烈焰，使殖民主义者丧胆后退。斐济人民十分钟爱扶桑，每年8月份在首都苏瓦市举行传统的“红花市”（红花即是扶桑），历时7天。节日期间，人们用扶桑装饰商品，并在各大街上搭起牌楼，张灯结彩。人们还要穿上五彩缤纷的盛装，戴上稀奇古怪的面具，跟在乐队后面游行。各地选来参加评选“红花皇后”的妙龄少女，乘坐彩车，招摇过市，尽展风姿。市中心广场的舞台上，表演着丰富多彩的民间歌舞。节日的高潮是评选出三名“红花皇后”，并为她们戴上皇冠。评选“红花皇后”的票房收入，捐赠给慈善机构。扶桑在印度的花语——相信你，永远新鲜的爱。

我国古代的人民也钟爱扶桑，并留下了大量赞美扶桑的诗篇。北宋明道年间，诗人、书法家蔡襄任福建漳州军事判官，晚秋到州西的耕园驿观赏庭中的数十株扶桑花，因感寒月穷山，竞相盛开奇异花卉，秀美艳丽，好似春天的灼灼夭桃，赞叹之余，不禁写下了《耕园驿扶桑花》一诗："溪馆初寒似早春，寒花相依媚行人。可怜万木凋零尽，独见繁枝烂漫新。清艳夜沾云表露，幽香时过辙中尘。名园不肯争颜色，灼灼夭桃野水滨。"不久，蔡襄离开漳州乘桴东下，临行前又特意观赏一次扶桑，又咏《溪行》一首道："使轺迢递到天涯，候官迁延感发华。白发却攀临砌树，青条犹放过墙花。悲来惟有金城柳，醉后曾乘海客槎。欲问昔游无处所，晚烟生水日沉沙。"15年后，蔡襄又来到漳州，再度到耕园驿园观赏扶桑，追忆往昔旧作，便将二首诗龛于西壁。诗人三探耕园驿扶桑花，足见爱之深切，使百花园中平添一段不可多得的佳话。

南朝诗人江总《朱槿花赋》："朝霞映日殊未妍，珊瑚照水定非鲜。千叶芙蓉讵相似？百枝灯花复羞燃。"诗人写了四样美丽的东西，跟朱槿花的艳丽比起来，逊色得多了。唐代诗人李绅的《朱槿花》："瘴烟长暖无霜雪，槿艳繁花满树红。每叹芳菲四时厌，不知开落有春风。"唐代非常优秀的抒情诗人李商隐，写过多篇朱槿的诗，其中一首写得尤其好，非常让人感动，诗中说："殷鲜一相杂，啼笑两难分。"他所描绘的深红色和鲜红色的朱槿花，争先恐后地挤在一起"啼笑两难分"的画面，真让人耳目一新。宋代著名诗人苏东坡就曾用"焰焰烧空红佛桑"，"绿衣倒挂桑瞰"的诗句来赞美扶桑花开的盛景，赞美它既有玫瑰的艳丽，又有牡丹的华贵。晋代诗人杨方的《扶桑》："丰翘被长条，绿叶蔽朱华。因风吐微音，芳气人紫霞。我心羡此木，愿徒著吾家。夕得游其下，朝得弄其花。"宋代诗人杨万里有一句诗："佛桑解吐四时艳"。这句诗写得非常好，把扶桑三个特征都说出来，一是四时，也就是一年四季都开花，实际是朝开暮落的，每朵花只能开一天，但第二天它又长出满树新鲜的花朵，且四季花开不断；二是艳，称它"中国蔷薇"，就是因为艳丽，它有个雅名叫"桑叶牡丹"，牡丹国色天香，比作牡丹，可见它的艳丽；三是佛桑，叶子非常像桑叶，佛桑是指古代的神仙树，人们见它太美了，所以用神仙佛桑命名。明代诗人桑悦《咏佛桑》诗："南无艳卉斗猩红，净土门传到此中。欲供如来嫌色重，谓藏宣圣讶枝同。叶深似有慈云拥，蕊坼偏惊慧日烘。赏玩何妨三宿恋，只愁烧破太虚空。"他把朱槿的美与佛事给合起来进行赞美，更加使人增加了对朱槿的喜爱。晚清文人梁修应纫香园主人的邀请，为广州芳村花埭百花题咏，写成《花埭百花诗集》，亦载有佛桑，诗人题记："羊石人家，辄见一株飘出墙头。晓露罗敷，楚楚有致。"既真实反映了羊城人家处处有扶桑长出墙头，晓露中美如汉乐府《陌上桑》所咏述的采桑女罗敷，仪态楚楚动人。由此可见朱槿的历史确实源远流长了。

古往今来，人们喜爱扶桑，喜爱它四时吐艳的芳香，也喜爱它热烈奔放的品格，它已经开在人们的心中。

光艳映日（粉红重瓣）

熊熊烈焰（浅橙黄色重瓣）

露紫含笑（粉红单瓣）

赤球喷火舌（红色单瓣）

涓露含笑

四时吐艳

春意盎然（红色杂交品种）

婵娟口玉

20. 贞洁之花——百合

中国人民自古对百合怀有深厚感情，百合是中国传统的名花，也列为世界名花之一。远在南北朝时期，它即成为官苑品花，且有2000多年悠久的栽培历史。百合一名，系百合属各个种、杂种与园艺品种的总称，在植物王国里是个大家族，全世界约有100多个品种，中国有55种，占一半以上，其中35种为中国特有。中华大地是众多百合花的故乡，也是世界百合花的起源中心，野生资源数量占世界首位，许多观赏价值高的百合原始种，都是从中国引种出去的。百合在中国南北均有分布，其形状多样，有喇叭形、钟形和花瓣反卷三种类型，著名的有台湾麝香百合、兰州百合、宜兴卷丹百合、南京白百合和湖南甜百合等。百合又是中国名贵的中药材和滋补珍品，自古至今广泛应用。

由国家花卉工程技术研究中心非洲菊、百合研发与推广中心（成都）培育的百合新品种“玉娇”经世界权威园艺作物鉴定机构——英国皇家园艺学会（RHS）审核，2007年正式通过了国际植物新品种登录，获得品种登录证书，成为5000余个百合品种家庭新品成员。“玉娇”为白色黄心切花品种，历经10余年培育，具有完全自主专利产权，是中国百合品种走向世界的第一例，实现了中国自育百合在国际百合新品种登录的零突破。

百合异名美丽又颇多，诸如喇叭花、野百合、山大蒜、中逢花、山丹、强瞿、重迈、玉手炉、摩罗卷丹等，不下30余种。为百合科百合属多年生球根花卉。百合花是福建省南平市的市花。南平的人民历来喜爱它，这儿有百合得天独厚的优越生长环境，因而有几十种娇艳明丽、多姿多彩的野生百合和国外洋百合。1988年，南平市人把百合选为市花，象征着人民百事合心，百事兴旺发达。

百合在中国分布极广，从江河谷地、澜沧江畔到玉龙雪山、高黎贡山，到处都有它的芳踪。为世界风行五大鲜切花之一。百合性喜凉爽、湿润的半阴环境，较耐寒，耐日光照射。喜干旱，怕水涝，忌连作。生长于肥沃、深厚的砂质土壤。生长过程以昼温21～23摄氏度，夜温15～17摄氏度最为理想。生长前期适当低温有利于生根和花芽分化。百合繁殖，主要以分鳞茎（子球）和用鳞茎片扦插为主，也可采用播种及组织培养、杂交、多倍体和辐射育种等方法进行繁殖。栽培可行盆栽或地栽，均以秋季栽植为宜。花色有白、黄、粉、紫、洋红、橘红、淡绿和橙色等，多具芳香，花期为6～10月。

百合花一向为人们所喜闻乐见。它隐藏于地下的无皮鳞茎，数十片相累，状如白莲花，似娇羞少女抱着晶莹的白绣球。它那苗条瘦长的茎干，不足一尺长，欲滴的翠叶错落有致地攒茎而上，似竹又非竹。叶翠绢秀，姿态雅致，或带露低垂，或迎风俯仰，都具有诱人的风韵。每当寒冬无芳之际，正是它独艳山崖之时。那窈窕柔美的身姿，既简单又大方，更是气质不凡，真可谓“素质盈盈美无度，体态都归海神赋”。这是对百合真实巧妙的写照。它花茎挺拔亭立，有玉树临风之态。它花型硕大，喇叭状花朵，像神号手吹响迎宾曲，在迎接赏花的宾客；花冠微微向下垂，鲜嫩的花蕊则向外翻卷而出，造型十分别致，犹如一朵侧垂的莲花。它花色柔和美丽，华而不艳，雅而不俗，恰如婀娜少女的舞姿，香味浓郁，白的象征着希望、纯洁和权利，红的代表着爱情和友情，黄色和橙色代表着热情和激情。每当百合开花之时，总能散发出淡淡的幽香。盛开时繁花似锦，远观如霞如烟，近看冉冉红茸，艳丽无比，尤傍晚时，漫步于之中，晚风漂来丝丝香味，令人心旷神怡。因此，人们形象地把它称为“云裳仙子”。而古代文人墨客把它和水仙、栀子、梅花、菊花、桂花及茉莉合称为“七香图”。它的“色美、花香、姿美”三美乃是欣赏精华。

百合花刚直挺秀，花大色艳，清雅脱俗，芳香宜人，在园林、庭院中栽于花坛中心，或林间草地的花境中，能使天然园林增添景色，别具一格，或群植于树下、林缘坡地，以添自然山色，如与蔓长春藤等地被植物配植，绵绵绿毯，衬托着下垂的红风，随风摇曳，别有风致，具有诱人的雅韵。此外，高大的种类可与灌木配置成丛；中高的种类可于稀疏林下或空地上片植或丛植；也可盆栽，供阳台和室内摆设观赏，“堂前种山丹，错落玛瑙般”。还是重要切花材料，作插花、瓶插之用，国内外十分流行，是深受平民百姓喜爱的插花。用麝香百合、大王百合作切花观赏，形态优美，鲜艳秀丽，清香宜人。它那“夜深香满屋，疑是酒醒时”的氛围，能使人心静如水，思绪清晰，心境怡然。这对快节奏生活的人来说，是个极好的伙伴。百合花不仅花色艳丽，香味浓郁，其地下鳞茎更是食疗之佳品，我国传统中药中称之为“百合”，富含蛋白质、脂肪、淀粉及维生素B1和B2等成分，是良好的强身滋补品，民间应用历史悠久。王右丞诗：“冥搜到百合，真使当重肉。”花还可提取芳香油，而且做成佳肴能美容，减少皱纹，促进皮肤弹性，增强肌体免疫力。

中国自古以来就把百合花视为幸福、吉祥和如意的象征，也是真诚合作，团结友好的象征。中国共产党第十六次全国代表大会，百合花为会场的主要花材，会议期间，灿烂地盛开着。民间常用作喜庆吉日的馈赠礼品。在婚礼上赠送百合，寓意新人百年好合，婚姻幸福美满，子孙满堂。新娘捧花中有百合，寓意新娘纯洁善良，给母亲或长辈送百合，寓意万事如意。有的地方在儿女婚嫁时，必定要在梳妆盒中放上一个完整无损的百合鳞茎，寓意百年好合，大吉大利。

国内外流传着不少关于百合的美好传说。据《集异记》载，兖州徂徕山光化寺，住着一个年轻读书人。他夏日在走廊观壁画，忽见一个姿貌绝异的白衣少女，与他同至于室，两人情款甚密。少女临走时，以白玉环相赠。年轻人在寺门楼暗处相送，只见少女走了百步就不见了。他下楼寻至那里，只见一株开着艳美白花的百合，挖出一看，其根如拱，不类寻常百合，便仍旧把它栽好。他回到房中，见那白玉环还放在那里。这故事虽离奇，却反映人们对百合花的喜爱。

关于百合名称的来历，有则动人的传说：早年间，四川一带的蜀国，国君与皇后恩爱有加，生育100个王子。晚年国君又娶了年轻貌美的妃子，次年添了个小王子，备受宠爱。王妃为让小王子继承王位，诽谤皇后教唆那100个王子造反，令皇后及她的儿子被国君下令驱逐出境，这引起了文武大臣们的不满，谁也不愿意再为国君效力。邻国滇国乘机入侵，很快逼近蜀国国都，危急关头，一群人将敌人杀得人仰马翻，狼狈逃窜而去。后来发现这群人就是被驱逐出境的那100个王子及其家眷。国君又高兴又惭愧，此时，一位老臣上前对国君说：“皇上，家和万事兴呀。一家人团团圆圆才能安家兴国。”之后皇后和王子被接回宫，王妃也知错认错，蜀国从此更加强盛发达。不久，在王子们当年与敌军作战的高山林下，长出了一种奇异植物，人们根据它的地下茎层层叠合的特点，并联想到百子合力救蜀王的故事，便给它取了象征兄弟团结意义的名字——百合。

还有一个传说：古代有伙海盗抢劫一个渔村，将妇女、儿童全劫上荒岛。海盗有一天外出抢劫，遇风暴全葬于大海。孤岛上缺粮，妇女、儿童只好以野菜果充饥。有一天在山野挖到一种比大蒜头略大的植物鳞茎，经煮熟食用，觉味香可口。它不但可以充饥，而且时间一长，有些原先体弱多病的人，还逐渐恢复了健康。当时，孤岛上妇幼合起来正好100人，便将这鳞茎称为百合。不久后，一艘商船途经孤岛，救回了他们，百合的美名也随之传遍各地。

百合代表纯洁、尊敬，尤其是白色的百合，最受推崇。同我国一样，世界上不少地区的人们也很欣赏百合，一直把它作为圣洁的象征。传说，百合花是被逐出伊甸园的夏娃悔恨伤心的眼泪落在地上后长出的，因此，在复活节那天，洁白、美丽的它是装饰祭坛必不可少的，也是用来献给圣母的花。《圣经》把百合花看得比国王还高贵。耶稣曾持天堂之花——百合花，作为给信徒们的礼物，表示祝福和象征复活。据日本《古事记》载，百合花在当时是献给天皇的贡品和重大节日的祭品。日本人喜爱的程度不亚于国花樱花。在传统舞蹈中，常可见少女们身穿节日盛装，手持盛开的百合花翩翩起舞。在古埃及，百合花为名门贵族珍贵的名花，在绘画和象形文字中，处处可见到它的倩影，并作为人生短暂、自由和希望的标志。遇少女夭折时，亲人用白色百合花来陪葬，巴黎的卢浮宫里还藏着一具古埃及少女的木乃伊，其胸口上就放着一枝干枯的百合花。古埃及人还用百合花来提炼一种名贵的“百合油”，价同黄金。自12世纪起，百合花是法国国徽的图案，鼓励公众为争取民族独立和经济繁荣而斗争。百合在法国寓意庄重、尊敬及对未婚妻的热恋；在罗马，寓意美好、希望、尊贵；在印度则寓意对亡灵的悼念。智利把“戈比爱”（一种野百合）定为国花，并将百合花美丽造型用在庄严神圣的国徽图案上，是智利人民独立自由的象征。百合也是丹麦的国花。欧洲各地都以一种“纯百合花”（又名麦唐纳百合）作为纯洁少女的象征，每当婚嫁喜庆之时，都要用百合花作为点缀。每年一度的基督复活节，几乎家家户户都摆上一盆纯白的麝香百合，以示庆祝。

我国自古以来，诗人就留下了大量歌咏百合花的篇章。南北朝时，梁宣帝赋诗赞百合花：“接叶有多重，开花无异色。含露或低垂，从风时偃柳。”这是对百合花美丽姿态的最早描述。宋代诗人陆游在窗前种百合，并赋诗：“芳兰移取偏中林，余地何妨种玉簪。更乞两丛香百合，老翁七十尚童心。”字里行间表露诗人对百合的青睐之情。苏辙偏爱百合中的山丹，以诗赞赏：“山丹得春雨，艳色照庭除。末品何曾数，群芳自不如。”内蒙古人民把山丹视为爱情、美丽、吉祥的象征，新生的女儿很多都会取名叫“山丹”或“萨日阿娜”（蒙语），甚至内蒙古最上等的毛线也称“山丹”。清代严兆鹤咏《百合花》诗：“学染淡黄萱草色，几枝带露立风斜。自怜人世多难合，未称庭前种此花。”诗中作者把自己的命运比百合。

宋庆龄生前对百合情有独钟，每年春夏，她的房间都要插上几枝百合花。当她逝世的噩耗传出后，她的美国挚友罗森大夫夫妇，立即向中国常驻联合国代表团为她设的灵堂，送去一盆百合花，以表示让她喜爱的百合花永远伴随着她。

每当春去无芳之际，正是百合花独艳山崖之时，它那窈窕柔美的身姿，既简单大方，更气度不凡，真可谓“素质盈盈美无度，体态都归海神赋”。人们赞赏它，正是反映了人们对美的追求。正因为有这些可爱的花朵，世界才多姿多彩，我们的生活才五彩缤纷。

2003年3月5日国家邮政局正式发行《百合花》邮票一套4枚，小型张1枚，为花卉邮票又添了生动的亮色。

云裳仙子

锦灯炫耀（卷丹百合）

芬芳花艺

百合栽培景观

独树一枝

百年好合

双星恋情

号声天外

唢呐独奏（药用百合）

21. 美丽娇艳——秋海棠

秋海棠是世界著名的观赏花卉之一，也是中国特有的名花之一，在神州大地已有800多年的栽培历史。因南宋诗人陆游的名词《钗头凤》，所以“断肠花”、“相思草”别名留传至今；元代《瑯环记》呼为“八月春”；因其四季都能开花，又称之为“四季秋海棠”；民间却叫草海棠、岩丸子。为秋海棠科秋海棠属多年生宿根草本植物。

秋海棠原产中国，约有400种以上，分布范围广，从北纬19.6度的广东白沙到北纬40度的北京市郊，处处可见它的倩影，分布在海拔高度100～2900米，集中分布于四川、云南、贵州和西藏等区。长江以南各省也有部分分布。野生多生在树木丛中，或长在岩石缝隙间较浅土层中。四川峨眉山地区野生秋海棠种类十分丰富。全球园艺栽培约有千种之多，是一个名不虚传的“华丽大家族”。中国目前栽种常见的有20多个品种。秋海棠按根型分球根类（有球根秋海棠、天葵秋海棠等）、根茎类（有蟆叶秋海棠、枫叶秋海棠和彩叶秋海棠等）、须根类（有四季秋海棠、竹节秋海棠和银星秋海棠等）三种。以观赏性分观花和观叶两大类。观花秋海棠花色丰富多彩，娇嫩艳丽，有白、淡红、红橙、红、深红、绿白、黄、浅黄、橙黄及各种双色；花型多姿别致，有茶花型、水仙型、康乃馨型、月季型、牡丹型、蜀葵型、皱瓣型和长缘毛型等，尤以重瓣为新奇。有的花色丰富，兼备牡丹、月季、茶花和香石竹等各花姿色；有的花瓣闭合时，仿佛似蚬肉，小巧玲珑，逗人喜爱；有的深红色的花朵成簇下垂，花开十分娇艳，犹如美人倦妆，幽雅无比；有的开花吐蕊，具有芳香，直立向上生长，或侧生下垂，分外窈窕，令人心醉，让人流连忘返。观叶秋海棠，欣赏多变的叶形和叶色，有的叶片绿嫩像天鹅地毯；有的色彩缤纷，不同绿、红色彩间，镶嵌着银、灰白、深紫褐等色斑、环带，构成一幅天然的图画，美丽之极；有的种类叶缘深裂似枫叶，叶脉有浓有浅；有的叶片全缘，宛如荷叶、睡莲叶，叶柄有长有短；有的粗细不等锯齿和波状，具金属光泽；还有诱人的袖珍品种，株形矮小玲珑，叶片秀丽雅致，别具一格，细赏之余，神韵无穷。秋海棠叶片的变化之大，这在观赏植物中也不多见。

美丽娇艳秋海棠，有的赞它花叶芳容妩媚，柔情似水，中华秋海棠就是中国著名的观花与观叶植物，其秀美的叶片，奇异的花纹，斑斓的色彩，优美的花姿态，丰富的颜色，在中国百花园中独树一帜。有的怨它撩人情愫，矮小体型，幽姿冷艳，长于阴湿环境，开花于百花衰败的秋季，真是寂寞可怜，仿佛千斤重担压在心头，欲言无语，倍添悲秋，故清代诗人黄景仁写道："绕篱红遍雁来红，翘立鸡冠也自雄。只有断肠花一种，墙根愁雨又愁风。"但毕竟岁月有序，秋海棠依然按时以笑脸迎人。

秋海棠容易存活，较好种植，有"贫贱骄人"的美德。它与海棠同名，却毫不相关。前者是秋海棠科的草本花卉，后者是蔷薇科的木本花卉。两者的花叶都色韵可人，同被列为花卉上品。近年来，经各国园艺家的精心培育，新品种不断推出，四季秋海棠的花朵越来越大，越开越密，培育周期越来越短；球根秋海棠花朵越开越鲜艳，花色越来越丰富，适应性越强；观叶秋海棠的叶形变化越来越新奇，叶色变化越来越诱人。从而使秋海棠更具有普及性、观赏性和装饰性。世界上一些著名植物园，如美国纽约植物园、英国皇家植物园、法国南特植物园、加拿大蒙特利尔植物园、中国南京植物园，都设有秋海棠专园，以供人们欣赏它的绚丽姿色。同时，秋海棠已成为家庭养花中的一个"亮点"。

在锦绣江南的庭园中，常配植于阴湿的墙角、沿阶处，十分秀丽和谐，可增添园林、庭院的自然景色。明代钟惺作《咏秋海棠》诗："墙壁固吾分，烟霜亦是恩，光轻偏到蒂，命属幸余根。笑泣谁能喻，荣衰不敢论。年年秋色下，幽独自相存。"描述了秋海棠的生态之美，非常深切动人。将多花品种布置于夏秋花坛和草坪边缘，可使景色更加绚烂，且格外醒目诱人。或成片种植形成花繁叶茂的地被，美观新颖，赏心悦目。而不同种类的秋海棠，其色、姿、韵有异。四季秋海棠以粉红、重瓣让人感到愉悦，是理想的小盆栽花卉，适于书桌、案头、商店橱窗、会议条桌、餐厅条桌作为摆设和点缀，十分清新幽雅，小巧玲珑。若装上艺术吊盆，悬挂室内外，楚楚动人，倍觉可爱。蟆叶秋海棠，其叶别致，作为室内美丽的观叶植物，与报春花、君子兰配植，　幽雅无比。当今，国内外的著名植物园都以蟆叶秋海棠为主地开辟专业展览。竹节秋海棠因茎节宛如佛竹节而得名，其花色艳丽，盆栽株形较大，姿态优美，性喜散光，置于楼梯转角处，尤为美观大方。银星秋海棠，叶如蝶飞，茎叶竹竿，摆放案头、书桌、非常典雅大方。南方用观叶盆栽摆放住宅周围，则美观新颖，相得益彰。北方冬季盆栽观花或观叶秋海棠，装点阳台或窗台，艳丽动人，更添节日气氛。在欧美各国，除私人住宅装饰，还切取花、叶制作花篮或花束，是馈赠亲朋好友的佳品。在国内，朋友间馈赠一盆粉红色的秋海棠，寓意亲切，表达诚挚的友谊。

秋海棠除美化园林、庭院和居室外，还可食用并具有较高的药用价值。1871年，普法战争中，法国巴黎城被普军围困期间，秋海棠成为法国居民难得的“佳肴”。欧洲有些国家及中国江南一带也常在山间采摘作蔬菜吃。广东鼎湖山用其叶生产秋海棠茶，有健胃、解酒功效，深受人们的欢迎。全草、根、基叶入药。全草有清热凉血、调经活血，利尿、通淋功效；根的中药名为一口血、红白二丸、金线吊葫芦、岩丸子，有活血化瘀、止血清热之功；茎叶能清热消肿，外敷能治跌打损伤。

秋海棠是爱情之花，苦恋象征。浙江绍兴名园——沈氏园，是中国第一爱情名园，这里又流传着南宋著名诗人陆游与唐婉的苦恋故事：公元1144年，陆游与舅父唐仲俊之女唐婉结婚，陆母怕陆与唐沉醉于两个人的天地中，而影响陆的登科进官，以婚后三年无子为由，逼其与唐婉离婚。别离之时，唐婉送给陆游一盆秋海棠，作为思念之物。陆游问唐婉：“这是什么花？”唐婉凄楚地答道：“这是断肠红。”陆游见状，思绪万千，随口说道：“应叫相思红。今后我将出外，此花还是你替我来护养吧。”十年之后，陆游重回沈园，见园中一盆秋海棠，勾起了阵阵的情思，提笔在沈园壁上题了首著名《钗头凤》：“红酥手，黄藤酒，满城春色宫墙柳。东风恶，欢情薄，一杯愁绪，几年离索。错！错！错！春如旧，人空瘦，泪痕红悒鲛绡透。桃花落，闲池阁，山盟虽在，锦书难托。莫，莫，莫！”表达了旧情难忘又难言的忧伤情愫。唐婉读到此词，心如刀绞，在和词中写到：“世情薄，人情恶，雨送黄昏花易落。晓风干，泪痕残，欲笺心事，独语斜阑。难！难！难！人成各，今非昨，病魂常似秋千索。角声寒，夜阑珊，怕人寻问，咽泪装欢。瞒，瞒，瞒！” 不久，唐婉由于伤心过度与世长辞。秋海棠见证了这对在封建礼教下牺牲的伉俪，陆游还专门吟诗一首《秋海棠》：“横陈锦幢阑干外，尽收红云酒盏中。贪看不辞持夜烛，倚狂直欲擅春风。”以诉愁绪与哀思。

民间也流传着关于秋海棠的传说与典故。据元代伊世珍《琊环记》卷中引《采兰杂志》记载：古时有位妇人怀念心上人，又总不能见面，常在一墙上哭泣，眼泪滴入土中，在洒泪之处长出一植株，花姿妩媚动人，花色像妇人的脸，叶子正面绿，背面红的小草，秋天开花，名曰“断肠草”。《本草纲目拾遗》也记载：相传昔人有以思而喷血阶下，遂生此草，故亦名“相思草”。

秋海棠在中国寓意“相思”、“苦恋”，西方各国喻为美德的象征，法国人民视为真挚的友谊。欧美却视为残废、丑陋、畸形的代名词，但有的花语认为是亲切、诚恳的意思。美国成立了秋海棠协会，英国每年举办秋海棠展览，许多公园开辟了秋海棠专园。比利时每年夏天在洛城举办秋海棠花市，花市期间，人们用秋海棠在街头广场铺成各种各样美丽图案，吸引很多人前来观光。

古今咏赞秋海棠名篇佳句颇多。最早北宋宋真宗赵恒咏诗：“高低临曲槛，红白间柔条，润北攒温玉，繁如簇绛绡。”王安石《秋海棠》诗：“海棠乱发皆临水，君子此处花何似？凉月白纷纷，香风隔岸闻，啭枝黄鸟近，隔岸相应声。随意坐莓苔，飘零酒一杯。”欧阳修《秋海棠》诗中赞道：“深浅红白宜相同，先后仍须次第栽。我欲四时携酒去，莫教一日不花开。”诗人隐约流露出一种自爱自重的人格特征。清代诗人袁枚的《秋海棠》云：“小朵娇红窈窕姿，独含秋气发花迟。暗中自有清香在，不是幽人不得知。”表明秋海棠给人以鲜明的色彩、神韵清香和美的享受。袁逢盛的《和周雪客白秋海棠》：“数枝摇曳玉阶新，不与芳红嫁早春。自恃丰神比秋水，却充白帝掖庭人。”章穗芬《咏秋海棠》：“红粉妆成对夕曛，半偎篱落半墙根。娟娟笑靥西风里，不见当年旧泪痕。”张以宁的《秋海棠》：“软渍红酥百媚生，嫣然一笑欲倾城。不须更乞春阴护，绿叶低遮倍有情。”

在清人咏秋海棠诸作之中，曹雪芹的则又别有特色，在《红楼梦》中，借探春、宝钗、宝玉、黛玉之口吟咏秋海棠。像探春的“玉是精神难比洁，雪为肌骨易销魂”，既写秋海棠，又同这个虽是庶出却又“才自清明志自高”的贾家三小姐的精神世界多么吻合。薛宝钗的“淡极始知花更艳，愁多焉得玉无痕”，正是这个具有“花魁”身份的冷美人才写出来。而贾宝玉的“晓风不散愁千点，宿雨还添泪一痕”，恰如他的性格与身份。至于林黛玉的“偷来梨芯三分白，借得梅花一缕魂”则与其本人一样风流，不同凡俗。

明代画家陈道复的《画秋海棠》中诗：“翠叶纷披花满枝，风前袅袅学低垂。墙根昨夜开无数，谁说秋来少艳姿？”写出了秋海棠的风姿和品格。

革命烈士秋瑾的一首七绝《秋海棠》：“栽植恩深雨露同，一丛浅淡一丛浓。 平生不借春光力，几度开来斗晚风。”诗的风格独特，立意新颖，写出了秋海棠的内在品格特征，堪称是咏花诗中的佳作，中国英豪毕竟不同凡响。

美丽娇艳

笑脸迎宾

四季秋海棠——年年秋色

娇红窈窕

丽格海棠——光彩夺目

幽姿冷艳

22. 春天使者——桃花

桃，别名毛桃、白桃，为蔷薇科李属多年生落叶乔木，是土生土长的中国花，也是中国传统的园林花木。桃花是台湾省桃园市的市花。

桃原产于中国，起源于中国西北的甘肃和陕西等地，是华夏大地最古老的花果树之一，栽培历史悠久。桃在很早就为古人所利用。考古发现，距今约8000～9000年前的湖南临澧胡家屋场、7000年前的浙江河姆渡新石器时代遗址、江苏海安青敦新石器遗址以及河南新郑峨沟北岗新石器遗址都出土过野生桃核，说明那时的人已经开始认识桃了。我国诸多古代文献中也有关于桃的记载：《诗经·周南》中有诗句："桃之夭夭，灼灼蕡实。"《吕氏春秋》中记载："子产相郑，桃李垂于街。"《山海经·海外北经》记载，在距今2500年前，我们祖先就发现桃树的全身均有药用功能，并开始栽培。晋代葛洪《西京杂记》称汉武帝修上林苑，诏君臣献奇花异木，其中有桃10种。这是有关桃品种最早记载。《齐民要术》中对桃的性状、繁殖和栽培管理等有详细记述。西汉《礼记·月令》有"仲春元月，桃始华"记载，由此可知，桃为中国原产，三四千年前已由野生桃利用转为栽培了。公元前140～前88年，汉武帝时，桃沿丝绸之路，由甘肃、新疆经中亚、西亚传入波斯（今伊朗），再经地中海传入欧洲，16世纪哥伦布时传入美洲及日本等地，迄今桃树的栽培已遍及世界各地。

野生种分布于中国西北山区及陕西、甘肃和西藏东部海拔1200米的地带。野生桃统称为毛桃，是现今众多桃的鼻祖。随着人们对桃花喜爱，桃树品种越来越多，并出现了只开花不结果的观赏桃。

桃在中国，除严寒酷热地带外，几乎都有分布。其主产区在北纬25～45度之间的区域。现世界各国多有栽培，品种多达3000余种，中国约有1000种，分为食用桃和观赏桃两大类。供观赏的桃花，有单瓣和重瓣之分；花色有白、粉红、深红、红白相间等。园林中栽培应用多为观赏桃，主要有碧桃、日月桃、鸳鸯桃、紫叶桃、碧仙桃、寿星桃、人面桃等品种。其中以碧桃最为优美，又有红碧桃、粉碧桃、白碧桃、花碧桃和洋碧桃等品种。明代王象晋的《群芳谱》称："桃西方之木也，乃五木之精，枝干扶疏，处处有之。"其品种之多，树姿之优美，花朵之艳丽，娇妍媚人，是庭院早春重要的观花树种。

桃树树形优美，花朵丰腴，色彩绚丽。阳春三月，风和日丽之时，"争春不待叶，密缀欲无条"。桃花带露含羞，在桃叶未展时，抢先怒放，不是一朵两朵，断断续续，羞羞答答，而是"千朵万朵竟妍媚，浓于胭脂烈于火"。密密匝匝地挂满枝头，满树云锦，娇嫩欲滴，迎风摇曳，挺拔傲立。经晨曦洗礼，洒满了露珠，更显得俏丽端庄，姿态俊逸，楚楚动人，却能在料峭的春寒之中，迎着东风，舞出一片春彩，凌朝晖，压晚霞，直叫万物为之侧目，为之动容。它以繁花似锦，烂漫芳菲，带给人们春天的温暖和无限的遐想，同时，让人们领受到它那种生命的律动和激情，以及欣欣向荣的勃勃生机。诗人邵雍将初试春装的桃树，比喻成天真活泼的少女。他在《二色桃花诗》中赞道："疑是蕊宫双姐妹，一时携手嫁东风。"贾思勰说："梅优于香，桃优于色。"那一团团、一堆堆的桃花，红红火火，争奇斗艳。那深红色的，如浓抹的靓女，自有其夺目的光彩；那浅红色的，似淡妆的娇娃，亦不失诱人的魅力。白色的冰清玉洁，摄人心魄。粉艳红色，是桃花最基本的颜色，细腻温情。红白两色的，则别出心裁，独具一格，有着自然天成的别样风情。历代诗词中咏桃花，也多着眼于桃花的红润光泽。王维说桃是"冰上桃花红欲燃"；李贺说"桃花乱落如红雨"；杜甫则赞"红入桃花嫩"；而高适写的就是"桃花点地红斑斑"。

桃花的优美，还在于它以自己的色彩之美和姿态之美，与周围的景物融为一体，形成一种和谐的美。在园林中桃红与柳绿搭配，桃花烂漫，柳枝飘飘，春风拂面，"春风过柳如丝绿，晴日蒸桃出小红"，"碧柳红桃簇簇新，满野芳菲似红云"。和谐中更显出桃花的娇艳和妩媚。将桃花搭配种于湖滨、溪流和道路两边及庭园、草地上，点缀山石，形成春色明媚的独特景观。将桃花片植，构成桃花山、桃花园、桃花林、桃花洞等景观，花开时，凝霞满林，红雨塞途，令人陶醉。桃花与竹配植，"竹外桃花三两枝，春江水暖鸭先知"，颇具诗情画意。先人常把桃、李比喻学成弟子，称之为"桃李满天下"，校园内多植桃李也颇有情趣。于小型庭院的一角，散种桃花数株，选其红白相间，花开时，相映成趣。它与松树为伴，则更能突出桃花的艳丽和优雅，营造出中国园林春季独特景观。

桃花开得热烈而灿烂，大方明亮，一点不暗淡，这是一种非常直爽和泼辣之美。将桃花做成盆景摆于台案，当作切花，插于瓶中供观赏，也会使人感到韵味无穷，春意盎然。

桃树又是抗大气污染，美化环境的好花木。它对硫化物、氯化物特别敏感。种植桃树，能对这些有害气体的污染起到监测作用。

目前，在华夏大地已形成多处春赏桃花的胜地，主要有北京植物园、广州石马、杭州西湖、上海南汇、保定顺平、江西庐山、桂林恭城、四川成都、兰州安宁、湖南桃源与桃花江。北京植物园从1989年开始，已举办11届桃花节。10多年来，以收集、展示和保存中国华北、东北、西北地区桃树资源为主，集科学研究、科学普及和游览功能为一体，为人们认识、了解桃花提供了生动逼真的园地，形成了自己独特的魅力。湖南桃花源在桃源县境内，以其神秘的色彩、幽静的环境和山川的灵气而蜚声海内外。当到处都盛开的桃花，游人在赏花之余，可品尝香茗，喝桃花酒，领略陶渊明笔下“世外桃源”的意境。另外桃花江，江岸盛开的桃花宛如绚丽云霞，倒映在碧水之中，与绿柳辉映，形成了一幅水彩画。自古以来，桃花江以“水清”、“花艳”、“人美”三绝而闻名天下。杭州西湖早在唐代已广栽桃树，桃花间柳花。西子湖畔的碧桃花色娇美艳丽、朵大、色多，光怪陆离，为“桃花中的皇后”。江西庐山，暮春四月，桃花才刚刚开放。站在“花经”中的“景白亭”上，放眼峡谷，桃树成林成片，凝霞铺锦，似红云飘动，撩人心目。

从古至今，人们欣赏桃花，种植桃树，赋予桃花很深的文化内涵，形成了独特的桃花文化。桃花在中国是繁荣幸福、吉祥、美满、和谐、喜庆与热烈的象征，又是明媚春天的使者，是青春的象征。

桃花尽管未入中国传统十大名花之列，却占有很高的地位。人们将桃树视为“五木之精”，能压邪气、驱百鬼，有“总把新桃换旧符” 的说法。将桃花作为美好事物的化身，视为长寿的象征，还以各种桃和桃花的图案寓意福、禄、寿及生活吉祥、幸福美满。人们称赞美女的姣容“艳容桃李”，将桃花馈赠老师，寓意“桃李满天下”，表示对老师的慰问及不忘教诲之恩。将理想的生活环境称为“世外桃源”，太平盛世称为“桃林”。名人墨客以桃花为自己别名：明代著名书画家唐伯虎以“桃花庵”自居，诗人高适自称“桃花渔”，清代淘澎以“桃花渔叟”，还有以“桃花山人”、“桃都漫士”等为号者。《诗经》中名句“桃之夭夭，灼灼其华。”诗人把新娘比作生命力旺盛的桃树，称赞美满的婚姻像桃树一样繁荣昌盛、多子多孙。唐代诗人刘禹锡描写当时民间观赏桃花的盛况时称：“紫陌红尘拂面来，无人不道看花回。”最受人们称颂的是桃花那“嫣然出篱笑，似开未开最有情”的神态，那“千朵万朵竞妍媚，浓于胭脂烈如火”的激情和顽强的生命力。

在桃的大家族中，有一种花为半重瓣粉红色的人面桃，有人称之为“美人桃”。传说，唐代有个书生叫崔护，一次到长安城南郊外春游，来到一个小村庄，见到一位美丽的姑娘站在盛开的桃树旁，正值口渴时，姑娘给了崔护一碗水喝，崔护心中甚是感激，只因萍水相逢又不好意思讲话，便怅然离去。翌年同一天，崔护高中后又来这里，只见双门紧闭，不见姑娘，便在门上题诗：“去年今日此门中，人面桃花相映红；人面不知何处去，桃花依旧笑春风。”

关于桃树的来历，有许多美丽的传说。有人说，夸父逐日时，口渴至死前，弃其手杖，化作桃树，开出了美丽的桃花。还传说，在很古的时候，只有西王母的花园里才种有仙桃，要3000年才开花，3000年后才结果，食一枚可增寿600年。当仙桃成熟时，西王母就举行蟠桃大会，邀请各路神仙到她宫中品尝仙桃。西王母沐浴时用金盆盛水，并喜欢在水中撒些桃花瓣。有一次，侍女为王母娘娘准备洗澡水时，孙悟空见金盆好玩，便用一个纸盆换走了金盆，结果纸盆的底掉了，桃花瓣撒向大地，人间才有了桃花。

曹雪芹在《红楼梦》中多次描写桃花，其中一首哀婉的《葬花吟》，写出了林黛玉不忍看到桃花漂出园外，便将其葬于土冢，供桃花抒发自己气质高洁，不堪忍受命运摆布却又无可奈何的感伤情怀。在《三国演义》中所写到的刘备、关羽、张飞桃园三结义，使桃花又成了友谊的象征。

晋代陶渊明写的《桃花源记》：“忽逢桃花林，夹岸数百步，中无杂树，芳华鲜美，落英缤纷。”多少人幻想着能够找到这样一片桃花盛开的人间仙境。《桃花源记》为人们描绘了一幅和平、安宁、美好、没有世俗烦恼的理想世界的图画，塑造了一个令人遐想和倾心的世外桃源，“桃花源”已成为理想世界的代名词。

《桃花扇》叙述了明朝美艳名妓李香君不失忠贞与高洁、饱受小人凌辱而不屈服，最后“扇破花消”，爱情终成空幻。《桃花扇》更成为李香君反抗奸臣的不屈精神的象征。

大江南北，逐步形成内容丰富的桃文化，许多内涵丰富的诗词、文章应运而生，成为观赏桃的主要内容。梁简文帝咏桃诗：“初桃丽新彩，照地吐其芳。枝间留紫燕，叶底发轻香，飞花入露井，交干拂华堂。若映窗前柳，端凝红粉妆。”将桃花的美描写得十分真切动人。白居易诗云：“一树红桃亚拂地，竹遮松荫晚开时。非因斜日无由见，不是闲人岂得知？寒地生材遗较易，贫家养女嫁常迟。春深欲落谁怜惜，白侍郎来折一枝。”形容了满树桃花盛开时的美丽景致，并以花比红颜，以红颜比人才，爱花要像珍惜人才一样。唐代杜甫《江畔独步寻花七绝句》：“黄师塔前江水东，春光懒困倚微风。桃花一簇开无主，不爱深红爱浅红。”唐代宰相白敏中《桃花》：“千朵秾芳倚树斜，一枝枝缀乱云霞。凭君莫厌临风看，占断春光是此花。”宋代杨万里《东园探桃李》：“有花无叶也孤寒，有叶无花草一般。最是桃花饶态度，醉花娇绿恼人看。”

古往今来，关于桃花的众多诗词歌赋，描述了桃花的千姿百态，融进了种种爱恨情仇、喜怒哀乐的感情，是花文化中的瑰丽珍宝。“桃花文化”使中国的历史及文化更加灿烂辉煌，桃花也必将祖国大好江山装扮得更加美丽妖娆。

密匝满枝头

带露含羞

烂漫芳菲

满野飘红云

红红火火

桃之夭夭

花开春满园

秾芳竞妍媚

23. 娇容三变——杏花

杏，蔷薇科杏属落叶乔木，是中国常见传统名花之一，别名甜果、甜梅，有“北梅”之称。中国是杏的故乡。约在公元前3000多年就有种植。殷商时代的甲骨文中已有“杏”字。公元前685年问世的《管子》一书中记载说：“五沃之土，其木宜杏。”公元前400～250年《山海经》：“灵山之下，其木多杏。”《齐民要术》：“文杏实大而甜，核无文采。”《夏小正》有“正月，梅、杏、杝、桃则华”及“四月，囿有见杏”的记载。自古以来将杏列为“桃、李、杏、枣、梨”的五果之一，是华夏大地最古老栽培果木之一。主要分布北纬44度以南地区，以黄河流域为分布中心，其范围很广，河北、山西、山东、河南、辽宁、吉林、黑龙江、陕西、甘肃、新疆、江苏、安徽以及内蒙古均有栽培。中国素有“南梅北杏”、“十里杏花村”之说，品种品系多达1500多个，著名品种如山东青岛的将军杏、山东济南的金杏、陕西三原的曹杏、河北遵化的香白杏、甘肃东乡的大桃杏、北京的水晶杏和黄魁杏、河南仰韶的黄杏（又称响铃杏）等。杏分为家杏（以食果为主）和山杏（以食杏仁为主）两大类。约在10世纪左右传入中亚，后经希腊传入罗马帝国，被称为“罗马果”，14世纪末传入美国。世界各地均有栽培。叙利亚把杏树定为国树；辽宁省抚顺市定为市树。常见变种和同属种有垂枝杏、斑叶杏、山杏、东北杏。是温带的果树，适应大陆性干燥气候，喜光，适应性强。耐寒力与耐旱力强，能抗−25摄氏度～−30摄氏度的低温，抗盐性较强，但不耐涝。深根性，根系发达，在土层深厚、排水良好之地生长良好，在黏重土中生长不良，易遭病害。作为果树栽培成材快，结果早，定植后4年开始结果，6年后即可丰产，寿命长，有的树龄可达百年以上，是核果类果树寿命较长的一种，且栽培管理技术要求不高。播种、嫁接、分株繁殖。嫁接一般用山杏作砧木。

杏是闹春的五果之一中开花最早的，是春天的代表。北国的早春，多数的果木还未从冬眠中苏醒，而烟霭缭绕的林中，杏独树一帜，早已花蕾绽满枝头，捷足先登，率先迎接春天的到来，给人们以春光明媚的温馨，给大地带来无限生机。农历二月，当杏花盛开时，繁花丽色，如朝霞，如祥霭，“压园林之香气”，“笼门巷之晴烟”。它鲜艳绚丽而不落凡俗，傍水的杏花更是风姿绰约，神韵独绝，占尽春风，远胜桃夭与梅艳，号称“活色生香第一流”，誉为春天的象征。朵朵白花像一团团瑞雪挂满枝头。而那无数粉红的花艳如霞，在灿烂的朝晖沐浴下，与寥廓澄彻的碧空交相辉映，显得格外鲜艳夺目瑰丽多姿，点染得大地春意盎然，美妍喜人。它来到人间，尽管是那样妩媚瑰丽，香气四溢但从不故作多情，自恃邀宠，比起梅花少了些许红艳和傲气，相对桃花又少了几分热烈与奔放。它淡雅中透着温柔，清丽中透着淡淡的质朴，显得随和亲切，引人亲近，让人爱慕不已，无怪乎人们对杏花情有独钟。它花色奇特多变，有“娇容三变”，含苞未放纯红色，杏刚开之际变淡红，待开几日，落花之时全为纯白，花朵越开越妩媚，令观赏乐趣无穷。“杏花飞雪点春波”（元代倪瓒）、“一堆红雪罩轻烟”（宋代王禹偁）。“白白红红一树春”、“道白非真白，言红不若红。请君红白外，别眼看天工”（宋代杨万里），诗人优美的诗篇，点出了杏花变色彩艳丽景象。百花随着杏花的开放而苏醒，农家望杏而开田。杏花开放恰逢清明节，蒙蒙春雨更增加了杏花的魅力与风流，当雨过天晴时走在杏林中，真有红雾湿人衣之感。杏花一旦作别，花带着雨的清亮，雨带着花的清香，便从枝头悄然离去，落得利落干净。雪白的落英铺成满地花絮，恰似“微风吹万舞，好雨尽千妆”，蔚为壮观。花将落时，翠绿的嫩叶就已露头。春末夏初，百花盛开，在那桃李竞艳，万木葱茏的红花绿叶丛中，黄澄澄的杏子纷纷登场了，昂首挺立在艳阳中，累累果实压弯枝头，一派“绿树成荫子满枝”的景象。

杏树这个家族中，“寿星”并不多见。甘肃省环县城镇有颗100余年大杏树高18米，茎围2.5米，从基部分成三大股，最高年产杏果500公斤。树形优美，几乎是贴地面而展，枝繁叶茂，似一座绿色山包，不论是树高、树冠，还是产量，称为“杏树王”是当之无愧的。

杏树是著名的观赏树种，早春先叶开花，繁花丽色，红霞覆树，春色满园，夏日果熟，满枝金丸，令人留恋。如在庭园中成片种植，花开时，一片云霞，配植水边、湖畔，正如“万树江边杏，照在碧波中”。杏极耐寒，能生长在梅不能生长的地区，与松、牡丹、山石配植，有“不待春风遍，烟林独早开”之美。栽在庭前、道旁、墙隅、坡地、或美如天仙，或轻如流云，特别是待到雨乍晴时，娇态艳客更风流。杏老树苍劲，大树垂枝，也很适宜孤植赏玩。如能将杏树傍水依墙而植，每到春暖花开时，则春华映水，红艳出墙，韵味奇出。同时杏树还是沙漠及荒山造林树种。

杏为夏季佳果，鲜甜香糯，是具有抗老延寿防癌作用的保健食品。据联合国卫生组织报告，巴基斯坦罕萨地区、太平洋岛国斐济、美国新墨西哥州道斯印第安人居住区三处没有癌症患者，居民常食苦杏仁，其中最典型的是南太平洋岛国斐济是个无癌和长寿之国，原因是斐济产杏，全国有吃杏的习惯，有的人还把它当作粮食来吃。

杏果生食，具有生津止渴，润燥补肺功效，也可加工制蜜饯、杏脯、杏干、杏酱、罐头。种仁（杏仁）供药用，古医书认为杏仁为“心之果，心病宜食之”，入药以苦杏仁为主，有降气、平喘、止咳、润肠、通便功效，被誉为中医最常用止咳化痰药。甜杏仁有润肺止咳功能，药力较和缓。民谚有“桃饱杏伤人”之说，谓之易上火，又能产生氢氰酸，有毒。所以食用杏不得过量，以保健康。杏有美容作用。用杏花与桃花浸水洗脸，可美容。杏仁是古代的护肤美容药品之一。据说杨玉环小时皮肤粗糙黝黑，她家有杏树，杏熟百吃不厌，后来才出落得十分美貌。

杏仁在食品工业中应用很广，如杏仁蛋糕、椒盐杏仁、杏仁牛轧糖、杏仁糖等，颇为大众喜爱，可制酒、榨油。杏仁油是优质食用油和高级的润滑油，并广泛应用于医药、食品、日用化工等工业。

杏仁制作名菜细嫩、香甜、滑润，是夏令宴席常用时菜，如江苏菜系中“菠萝杏仁豆腐”；鲁菜系中的“杏仁豆腐”等。

杏树是生命、绿色、和平、友谊、安宁、富足的象征。杏花在中国代表吉祥美好。唐代神龙（705～707年）以后，进士及第，宴于杏园，谓之探花宴，人们用“杏林春雨寓意”，“杏林春宴”，祝颂科举高中；杏花园从此被称为“及第花”。春秋时期，孔子周游列国，曾坐在杏坛上讲学，后来便将教师讲台称为“杏坛”含有尊师之意，成为教育界的代名词。关于杏树的来历，有许多美丽传说。相传，三国时吴人董奉为人治病不收报酬，只要求病愈后种几棵杏树。数年后得杏树十万余棵，蓊郁成林，自号“董仙杏林”，杏子熟后，随人拿粮食调换，然后用粮食赈济穷人。后来人们常以“誉满杏林”、“杏林满春”来称颂医德高尚的医生。

另有传说：有一次，张大口老虎跑到董奉住宅，有求救状。经细察，虎喉中被一骨卡住，他冒着生命危险，将骨头取出。为报答救命之恩，老虎甘愿留下看守杏林。中药店堂常常挂有“虎守杏林”的条幅，喻医术高超，其典故来源于此。

又传说，明代翰林辛士逊夜宿青城山道院，梦中遇见一皇姑，密授其方：汝旦旦食杏仁7枚，可致长生不老，耳目聪明。此后，他每日早晨洗脸漱口后，便遵密授，口含7枚杏仁，良久脱去皮，细嚼慢咽，日日食用。数月后，食欲增加，身健面色红润。此法坚持至老年，果然身体轻健，耳聪目明，心力不倦，思维敏捷。

陕北靖边县小河村，毛泽东同志住过的窑洞门前有株山杏是他亲手种的。1947年6月8日，红军转战陕北到达靖边县小河村，时值六七月山杏成熟季节，当地群众闻讯毛泽东住在一户农户家里，好多妇女和小孩带着山杏、大枣等来看望，在树荫下边叙家常、边吃杏，吃完顺手埋在地里。一年后，长出一株葱葱郁郁的山杏树。

古人赞杏树颇具灵性，故寓意“灵性”，又因杏与幸谐意，又寓意“幸运”。难怪自古到今，人们很喜欢用杏花来作街道、村庄及各行各业的雅号，尤其在华夏大地，用“杏花村”命名的地名非常多。20个世纪60年代，电影《我们村里的年轻人》，讲的山西一个称“杏花村”的小村庄里一群年轻人劳动、生活、爱情故事。影片主题歌：“杏花村里看杏花，儿女正当好年华，男儿能吃千般苦，女儿能绣万种花。人有志气人不老，你看那白发的婆婆，挺起腰杆也像十七八……”诙谐的歌词，优美的旋律，深得人们的喜爱，传唱于大江南北，曾经风靡一时。

无独有偶，山西还有一处酿造美酒而驰名中国的地方，也叫杏花村。地处于汾阳的杏花村酒厂，生产佳酿“竹叶青”及“汾酒”，千万年来长盛不衰。唐代杜牧《清明》诗中：“借问酒家何处有？牧童遥指杏花村”中的“杏花村”即指安徽贵池杏花村。

杏花是文人喜欢入诗对象，有则梁启超折花对联的趣事。梁自幼聪颖过人，10岁那年随父做客，时值初春，主人院里杏树蓓蕾初绽，花似香雪，小梁深被杏花所迷，不禁偷折一枝，藏于袖中，欲携家插养。此举被梁父所见，甚感不安，又不便当众训斥，便在宴席前，与众友道：“我出一联，令启超对之，以助雅兴。”言毕，说出上联“袖里笼花，小子暗藏春色。”梁启超听罢一惊，知道父亲以联责怪自己所为，心中惭愧，便对道：“堂前悬镜，大人明察秋毫。”上下联对仗工整，珠联璧合，众人无不喝彩称绝。

杏花美妍喜人，赢得历代文人雅士的青睐，留下了无数歌颂杏树的名篇佳句。北宋诗人宋祁《玉楼春》词中一句“红杏枝头春意闹”被誉为千古绝句，称诗人为尚书，而都官张先《天仙子》中一句“云破月来花弄影”也成为古今绝唱，誉为郎中。宋代叶绍翁《游园不值》诗：“春色满园关不住，一枝红杏出墙来。”被千古传诵为佳作。南宋陆游咏杏名句：“小楼一夜听春雨，深巷明朝卖杏花。”唐代杜牧《杏园》诗：“莫怪杏消损悴去，满城多少插花人。”北周庾信《杏花》一诗中说：“春色方盈野，枝枝绽翠英。依希映村坞，烂熳开山城。好折待宾客，金盘衬红琼。”唐代王维《游春曲》赞道：“万树江边杏，新开一夜风。满园深浅色，照在绿波中。”宋代王安石

《北坡杏花》："一陂春水绕花身，花影妖娆各占春。纵被春风吹着雪，绝胜南陌碾成尘。"朱淑真《杏花》："浅注胭脂剪绛绡，独将妖艳冠花曹。春心自得东君意，远胜玄都观里桃。"温庭筠《杏花》："红花初绽雪花繁，重叠高低满小园。正见盛时犹怅望，岂堪开处已缤翻。情为世累诗千首，醉是吾乡酒一樽。杳查艳歌春日午，出墙何处隔朱门。"宋代杨万里《杏花》："道白非真白，言红不若红。请君红白外，别眼看天工。"杨尧臣《初见杏花》："不待春风遍，烟林独早开。浅红欺醉粉，肯信有江海。"郑谷《曲江红杏》："遮莫江头柳色遮，日浓莺睡一枝斜。女郎折得殷勤看，道曰春风及茅花。"曾为中国文坛留下《长恨歌》、《琵琶行》等千古绝唱的白居易，既是诗界巨擘，还是个花痴，诗中将花比作自己的"夫人"。他以73岁的高龄写下了《游赵村杏花》一诗："游村红杏每年开，十五年来看几回。七十三人难再到，今春来是别花来！"成了诗人留给诗坛最后一首赏花诗。

独树一帜

灿烂朝晖

神韵独绝

24. 南国佳人——鸡蛋花

鸡蛋花，因花瓣洁白，花心淡黄，极似蛋白包裹着蛋黄而得此名，别名缅栀子、蛋黄花、印度素馨、蕃仔花、寺院树、蕃花、占芭花（老挝）、生金树和金塔花（美洲土著）。被佛教寺院定为“五树六花”之一。为夹竹桃科鸡蛋花属落叶灌木或小乔木花卉。它是广东省肇庆市的市花。

鸡蛋花原产于墨西哥、巴拿马、委内瑞拉及南美北部、西印度群岛等地。自1492年被随哥伦布航行的植物学家弗朗吉帕尼发现以来，已成为世界热带及亚热带地区普遍栽培的重要庭园花卉植物。我国栽培鸡蛋花的历史较长。它在我国南方的广东、广西、福建、海南、云南和台湾等地多为地栽，其中云南南部山中有野生的，在华北地区多为盆栽。

鸡蛋花喜阳光充足的高温、高湿气候，生命力甚强。适宜于排水良好而肥沃湿润砂质壤土。能耐干旱、不耐寒。夏季高温，应注意控制浇水量，防肉质茎腐烂。采用扦插和压条法繁殖。一般采用扦插，宜在清明节后选取1～2年生长10～15厘米带3个芽的健壮枝，枝条剪切好后，用清水浸泡2～3个小时，洗净流出的乳汁，放置于阴凉处，待切口干燥后，插于砂床或砂壤土中。经20天左右生根后移植圃地莳养，如进行地栽，幼苗需培育2～3年。若是盆栽，应用较大盆，每年春季，翻盆一次，施有机肥3～4次，冬季落叶后，修剪枝条，促使侧枝萌生，使其植株矮化。

鸡蛋花树姿挺秀，优美潇洒。树冠如华盖，秀美端庄。枝干苍劲，条条肥厚如肉质，清俊幽雅。若遇上狂风肆虐，被摧残的枝丫流出乳白汁液，点点滴滴的白汁，似乎在向苍天诉告遭遇。把它涂在患处，可治风湿病。叶片碧如翠玉，片片如枇杷叶，数十片密布于枝端，就像春天里美丽的孔雀频频展翅，优美怡人。每逢初春时节，老叶随风飘落，秃净光滑的枝丫，自然弯曲，形似梅花鹿的角，宛如群鹿在绿色的田野上嬉闹竞斗。艳丽的五瓣花朵，轮叠而生，像梅开五福，又似手折的纸风车，点缀在青翠的绿叶中，端庄高雅，看上去像朵朵吐芳的出水芙蓉，喷发出沁人心脾的浓郁清香，随风飘溢四处。白色花朵淡素洁雅，风姿宜人；红色花朵，活泼俏丽，生机盎然。因而素有“南国佳人”之称。鸡蛋花从夏开到秋，花期长达4个月之久，日日开花，色香俱佳，深受人们的喜爱。花后1～2天才渐次凋谢。树下，缤纷的落英依然风姿绰约，铺成满地花絮，楚楚动人，芬芳四溢，其形、其色、其香丝毫不逊于枝头上的花朵，恰似“微风吹万舞，好雨尽千妆”，蔚为壮观。

在南方地区，人们常将它置于庭园的墙角、池畔和草地边，非常幽雅别致，也可用于山石旁、湖边及工厂绿化。用幼苗盆栽，适合于窗台、阳台和小庭园作点缀，开花时气氛十分热烈。簇生的鲜花可供插花、制作花束、花篮等。落叶后，多肉的茎干又似盆景，十分美观雅致。在亚热带地区，人们常把它种植于庙宇中，其花朵金光闪闪，香气四溢，更显出肃穆神秘的气氛，又颇耐不良气体。既能美化环境，又能净化空气，是名副其实的“环保”树，人们认为它是一种吉祥、洁净的树种。因此，许多植物园，如昆明世博园、上海植物园温室展览区、天津建设的亚洲最“植物水晶官”、云南西双版纳佛寺和“龙山林”生态区、有 “东肺”之誉的广州龙头山森林公园等，都将它作为必备树种。

鸡蛋花入药。据测，花含鸡蛋花酸、甙类和挥发油，夏、秋时节可采摘其鲜花晒干，泡水饮用，其味甘凉，可预防中暑、肠炎、细菌性痢疾、消化不良、小儿疳积、传染性肝炎、支气管炎等；花还含有芳香油，可熏制香茶，也可提取香精，制成高级化妆品、香皂和作食品添加剂；其花朵也能做成美味佳肴，具有味美和保健功能。叶片捣烂外敷，可治瘀伤或溃疡。树皮及枝叶所含的乳汁有毒，外敷可医治疥疮及红肿等症。据最新报道，鸡蛋花的树液可以治疗一种受HIV感染或抗癌药物及电疗所引起的皮肤病。木材白色，质轻而软，用于制乐器、餐具或家具。

鸡蛋花在中国是吉祥、纯洁、富贵的象征。广东省肇庆市鼎湖山、七星岩一带，有百年以上的鸡蛋花大树，老态龙钟，古朴奇特，别有一番生趣。当地人常以鸡蛋花泡茶招待客人，以示欢迎和祝福。尤其是鼎湖山，被称为“北回归沙漠带”上的“绿色宝库”、“活的自然博物馆”。1979年经国务院和联合国教科文组织执行机构批准，正式加入世界自然保护区网，成立了联合国“人与生物圈”的生态系统定位研究站。1986年，鸡蛋花被肇庆市民选为市花，它也是老挝的国花。

鸡蛋花与荷花、文殊兰、黄姜花、黄缅桂和地涌金莲（干瓣莲花）并称为佛教的“六花”。作为佛树，是赈佛所必备的，也是信众心中象征幸福的花。在每年的泼水节，人们要采摘鸡蛋花放入银钵，供奉于佛像前，祈祷全家幸福平安。人们还用鸡蛋花浸泡成的香水，相互泼洒，表示真诚的祝福。年轻人向老人洒香水，表示感谢长辈的养育之恩。在南太平洋的拉罗汤加岛、塔希提岛和莫雷阿岛的波利尼西亚人，跳舞时常用鸡蛋花朵串成大大小小的花环，戴在头上，挂在脖子上，或围在腰上，表达节日喜庆的气氛。当地用花做花环赠送恋人，表示“纯洁爱情”。也把花串赠送给来访的贵宾，以示对客人的尊敬。美洲印第安人认为，鸡蛋花是“富贵的源头”和“富贵的精聚”，妇女还常用鲜花直接薰香头发和服装，或制作成饰品。在印度和缅甸，多将鸡蛋花植于寺院，故有寺院花之称，人们认为此花是纯洁、高贵的花，常把它采摘下来敬供在佛像前，祈求神灵保佑和赐给幸福。鸡蛋花在美国夏威夷有“夏威夷节日”的象征，人们常将鸡蛋花串成花环，献给贵宾，或作为节日佩戴的装饰品。

中国云南西双版纳傣族村寨的佛庙寺院内均有种植。每到夏秋季节，朵朵鸡蛋花飘逸着阵阵清香，傣家少女总爱摘下几朵插在发髻上，洁白的花朵象征着少女的纯洁、美丽和高雅。若是到傣家竹楼做客，傣族咪涛（傣语：大妈）沏的一杯鸡蛋花茶，清香可口，沁人心脾。有时你甚至还能品尝到香甜爽口的佳肴——炒鸡蛋花，真是一种美的享受。

大丽花，又名天竺牡丹、大理花、西番莲、大西菊、山芋花和地瓜花。为菊科大丽花属多年生草本球根花卉。它是塞外名城河北省张家口的市花。

黄花映水宫

浓香飘溢

华盖好乘凉

红絮吹万舞

霞韵

五瓣开五福

25. 异国花宾——大丽花

大丽花，又名天竺牡丹、大理花、西番莲、大西菊、山芋花和地瓜花。为菊科大丽花属多年生草本球根花卉。它是塞外名城河北省张家口的市花。

大丽花原产于北纬15°～20°度中美洲南部地区的墨西哥及危地马拉一带，多数种类分布在海拔1500米以上的亚热带高原和山地。最初被用于动物饲料或药用，自从1789年传入西班牙，从此被广泛引种栽培，并得到迅速的发展，逐渐形成了现代大丽花体系，栽培品种多达3万余种，成为世界园艺品种最多、花色最丰富、最艳丽的花卉之一。中国栽培大丽花始于19世纪末，只有百余年的历史。目前，大丽花在中国东北、西北和华北等地区栽培较盛，并已在甘肃自成体系，栽培区域覆盖全省，其中以甘肃矮种大丽花较为著名。如今，中国园艺工作者通过辛勤栽培，已培育出适应性强、适于大江南北自然条件的品种，并筛选出不少符合爱花者观赏喜好的优良品种，成为花坛和盆栽不可缺乏的重要花卉之一。其中辽宁、吉林、河北、天津、山东和甘肃等地栽培的独本大丽花，尤显华丽高贵，并具有浓厚的传统色彩。一些地区的矮生盆栽大丽花，已步入了规模生产。中国引种的大丽花，虽只有几十年的历史，却发展很快，已广泛应用于花坛摆放，花境、盆花栽培。

大丽花性喜高燥、凉爽，不耐寒，忌暑热，生育适温为白天25℃左右，夜间15℃左右，在30℃以上的高温及10℃以下的低温发育迟缓，冬季休眠。昼夜温差大利于生长。喜充足光照，但忌强阳光照射与荫蔽的环境；喜湿润忌旱涝，要求通风良好，富含有机质、中性、排水良好的沙质壤土，忌浓肥与重黏土；喜深大盆忌浅小轻盆。只要掌握好大丽花的生长习性，栽培较简易。

大丽花是舶来花卉。传入中国后，其名称音译为“大丽”。大丽与“大利”谐音，逢佳节或庆典，送上大丽花，有“大吉大利”、“大喜”之兆。另“丽”又有“艳丽”之意，这与它喜庆的花色花姿十分默契。当它盛开时，花朵硕大，姹紫嫣红，花姿丰满，雍容华贵，色泽艳丽。花开从夏到秋，连绵不绝，深受人们钟爱。可最初，它的花朵并不引人注目，充其量当动物饲料，一个意外让大丽花闻名于世。那是在1872年，荷兰的贝尔克从墨西哥带了装有大丽花块茎的盒子回国。由于长途跋涉，块茎大都受损，只剩下一块好的用于杂交。结果出现了奇迹，开出了一种全新的、独特鲜红色的管状花瓣，从而为大丽花赢回了在育种领域的一席之地。随后人们便利用这个新种和其他种类不断杂交，逐渐培育形成了今日庞大的园艺品种群。经细胞学研究证实，它们为异源八倍体，遗传基因复杂而丰富。

大丽花花瓣有重瓣和单瓣之分。重瓣的雍容华贵，富丽堂皇，有种千瓣花，白花瓣里镶着红条纹，宛如玛瑙，娇艳非凡，堪同牡丹媲美；而单瓣的，如“红世纪”品种，花瓣虽少，却显得简单朴素，别有一种情趣。它的体态高低，各有千秋。矮株者，不足一筷高，枝叶丛生，花小叶繁茂，十分精微，迷你可爱，在花坛上大显风采。高株者，与大缸齐同，体态婆娑，枝长挺拔，瓣质厚硬，剪下作切花，置于厅堂，风流大方。大株型的，花姿端庄，富丽堂皇，上盆独木栽植，宛如单鹤亭立，楚楚动人，可爱之极。它的花冠大小各异。硕大如唐彩碗，有的形似绣球，有的又像睡莲，细小如玲珑棋子。每朵花常由数十枚花瓣所构成，排列得异常工整，远远望去，真像个多情少女明澈的眼眸。

它的花态丰富多彩，扭曲的花瓣，恰似仙女轻盈起舞。形似菊瓣的，犹如秋菊斗寒傲霜。瓣大花多的，似牡丹雍容华贵；平铺舒展的，形如葵花大方自然；密集内卷的，好似绣球富贵喜庆。它花色艳丽奇特，除有红、黄、橙、白、粉、紫和墨色外，还有复色及洒金色。红色与白色相间，像只大花猫；橙黄色的，如金蜂在蜂巢酿蜜；朱红色的像鲜艳的红羽绒，姿韵极佳；白色的，冰肌玉质，娇美异常，洒金上还镶有红点，姿色迷人，风韵不凡。“大理生西番，仪态压群艳。红黄橙紫白，搅得春满园。”

大丽花与其他传统花卉文化一样，含义丰富。大红色表示热情而有魄力；紫色表示勇气、毅力和浪漫；金黄色表示福气和毅力；粉红色表示有生命力、幻想和重情感；橙色表示祝福及生活甜美快乐；七彩的表示追求丰富多彩的人生，广泛欣赏事物的情趣。若为花束，视朵数与花色不同，而含义有别。一朵代表“好味道”；两朵代表“分享”；杂色意味着“我一直念着你”；白色可表达对父母的感激；黄色寓意“你的爱令我快乐”；粉红的表示“我的心充满喜悦”；微型的有“为人精细而气魄非凡”的含义。

大丽花作为洋花落户在华夏，只有400年的历史，却变成了华夏的乡土花、“宠儿花”和“骄子花”。现已拥有近千个品种。从大江南北至长城内外，到处可见它的倩影。它绚丽娇艳，花型、花色都极富变化，无论露地栽培或花坛点缀皆宜，且大丽花对于氧化硫、氯气、氟化氢等有害气体有一定的吸收作用，又易莳养和繁殖，是改善城市生态环境，美化、净化市容的极佳材料。

通常小花型品种，枝叶丛生，花朵繁茂，盆栽置于厅堂、几案之上，可呈现一派生机勃勃、喜气洋洋的气氛。高型品种最适宜于花境布置，花坛、庭前丛栽，或与各类灌木配植，可营造形式、色调多样的，集绿化、美化、香化于一体的多层次绿化景观，也可与观叶植物搭配，创造优雅静谧的氛围。还可作切花瓶插，又是制作花篮、花束、花圈、花牌的最佳花卉之一。中矮型品种成片群植，易形成色块，十分适合展览之用，或作为花带效果也非常好。或将高、中、矮品种搭配在一起，充分展示大丽花的丰富与靓丽，既具有强烈的吸引力，又能使人赏心悦目，心旷神怡。有人盛赞它在百花园中，如“嫦娥飘万舞，西子尽千妆”。

大丽花不仅可赏，而且可用。据医学资料和民间经验，其全草可入药，性苦辛微寒，无毒，有清热解毒、降血压、降胃火之功效。用于上焦虚火头昏、头痛、牙痛、舌肿、高血压、糖尿病、腮腺炎、胃火腹痛等。花可美容，又可做风味幽香的饮料，鲜花可治火烫伤。叶含消化酶等物质，可用作家畜饲料；又有清热解毒作用，主治疔疮肿毒。块根含“菊糖”，在医药上有与葡萄糖相似的功效；还含有蛋白质、果糖、酪胶酸、柠檬酸、硅酸、锰等物质，是生产果糖浆的良好资源。经中国科学家研究，大丽花配合其他药物可对艾滋病治疗产生一定的作用。

富丽堂皇的大丽花是墨西哥的国花。它作为墨西哥民族的象征，体现了墨西哥人民热情、开朗、宽厚和大度的民族性格。传说，很久以前，墨西哥中部土著民族中有个女神，总是戴着用头骨串成的项链，穿着由毒蛇缠绕而成的裙子，她掌管土著族人的生与死。女神一向崇拜一只神鹰，常向它请教关于天上之神的知识。有一天在拜访途中，遇上一只野兔，嘴里含着8个红色大丽花花瓣，众神让她用龙舌兰的刺穿串成大丽花圈，佩戴在胸前，第二天睡醒，却得到一个已经长大成人的儿子，这就是土著族的战神。他率领土著族英雄抗击外族的入侵，捍卫了领土与传统文化。由此，人们更敬仰与钟爱大丽花。

还有则有趣的大丽花故事。拿破仑的妻子约瑟芬曾经最爱大丽花，她在巴黎郊外的阿尔梅森花园里种满了大丽花，声称她的花别人不得栽种。后来或许是园丁把球根盗卖给了波兰贵族，此后波兰也盛行栽培大丽花。约瑟芬知道后非常生气，从此，再也不种大丽花了。这就是大丽花“转移兴趣”这一花语的由来。

大丽花“大红大紫喜盈盈，绚丽娇妍最动人”。它是世界公认的名花，被花迷捧为花卉中的“宠儿”，在中国为吉祥美好的花卉。在国外，寓意感激与感谢、尊严与高贵、误传与曲解、新颖与新意，也表示壮丽、优雅、不坚定或转移兴趣之意。甚至还相信大丽花有提高头脑灵活、做事细心的力量。它含蓄而神秘，艳丽而不落俗套。它扎根于文化，来源于生活，不愧是花文化领域上的一朵奇葩。1986年，它被塞外名城——张家口市选为市花。张家口人对它有着特殊的情意，不仅喜爱它色泽的艳丽，接连不断的长花期，更酷爱它那适应山城环境的“皮实”劲。每年花开之际，遍地繁花似锦，万紫千红，形成了酷暑盛夏时山城独有的美丽风光和特色，为这座塞外名城锦上添花。张家口人还为它举办花展，制作了徽章，谱写了《可爱的大丽花》歌曲，真是人情花情两相宜。

异国花宾

风流斗秋菊

花脸明澈

金黄祈福

锦上添花

玲珑大花猫（双色大瓣）

26. 花红似火——石榴花

石榴，别名安石榴、丹若、若榴、金庞、金罂、无浆、涂林、楙榴、山刀叶和海石。为石榴科石榴属植物，落叶小乔木或半常绿灌木。石榴也是陕西省西安，安徽省合肥，河南省新乡、驻马店，湖北省黄石、十堰、荆门，山东省枣庄，江苏省连云港和浙江省嘉兴等市的市花。

石榴原产于伊朗和阿富汗等中亚地区。生长于海拔600～1000米山坡向阳处或栽培于庭园。据《群芳谱》记载，石榴“本出涂林安石国，汉代张骞使西域得其种以归。故名安石榴。”公元1世纪前传入中国，至今已有2000多年栽培历史。有诗云：“采搓使者海西来，移得珊瑚汉苑栽。”《齐民要术》中就有石榴繁殖和栽培方法记载，并有“石榴裂破丹砂粒粒，水火晶珠”的描述，到了唐代，栽培达到全盛时期，武则天十分推崇它，封石榴为“多子丽人”，以致出现“榴花遍京郊”的盛况，她赋诗道：“开箱验取石榴裙”，足见对石榴的偏爱和重视。中国长安（今西安）为汉唐帝国之京都，几千年来，丰富的食文化，为中华民族医药及石榴栽培加工留下了宝贵的文化遗产，其中西安临潼石榴闻名国内外，秦始皇陵石榴园更是旅游线上的一道亮丽景观。“五月榴花似火，八月石榴吐珍珠”，它的文化历史融入了中华文明史中。一般都认为石榴是汉时从西域引进的。但是，从马王堆古墓出土的医书中得知，早在西汉之前我国即有石榴。又据查，位于西藏澜沧江两岸的芒康、盐井现存有以石榴为主的天然林，这里地貌多石，与伊朗产石榴地况相同，且在同一纬度上，因此学者认为，芒康、盐井也是石榴原产地之一。现广布于大江南北，现有60多个品种，分观赏、食用、巨型、微型若干品类。主产于江苏、陕西、湖南、山东、四川、湖北、云南、安徽、河南及新疆等省，以陕西临潼最有名，著名品种大红甜、净皮甜、三白甜等。在年极端低温平均值−19℃度等温线以北不能露地栽培，一般多盆栽。印度及亚洲、非洲、欧洲沿地中海各地均作为果树栽培。

石榴，初春新叶红嫩，入夏花繁似锦，仲秋硕果高挂，深冬铣干虬枝，被盛赞为“天下之奇树，九州之名果”。它以其独特魅力，深受人们青睐。它树冠丛状浑圆，枝繁叶茂，可谓美树艳木。

春天，石榴新叶初绽，既红又嫩。红花石榴，叶片如秋后霜叶，红艳欲滴；而白花石榴的叶片则如绿宝石般的碧绿，让人心醉。摘下刚抽嫩芽，制成甜茶，芳香止渴又防病。春天骄阳普照，叶转浓绿，枝上绽露点点红蕾。在满树碧绿中，团团凝红如火光霞焰，鲜艳耀眼。远远望去，有一种“万绿丛中一点红，动人春色不须多”的感受，为庭园增添了热烈欢乐的情趣。进入初夏，满树繁花似锦，红的如火，白的晶莹剔透，真是“榴花开欲燃”，花照翠树，美不胜收，给人以热情、奔放和美的感受。摘上一朵簪发，美丽极了，“一朵佳人玉钗上，只疑烧却翠云鬟”。石榴花还是止血乌发妙药，“阴干为末，和铁丹服一年，变白发如漆。”

盛夏酷热，石榴毫不畏惧。它昂首挺立在烈日中，落去的花变成了果实，红色、黄色等，点点朱金，悬挂在枝头，一派“绿树成荫子满枝”的景色。

到了收获的秋季，石榴果也笑开了口，露出了红色如玛瑙般的籽粒，光彩夺目，白色的似水晶莹光透亮，向人们显示着丰收的喜悦。深秋之际，叶子变为金黄色，若遇强风袭击，金灿灿叶子随风而下，犹如天女散花一般。

冬至，万木凋零，果实仍高挂在有力的枝干上，如同盏盏红灯，十分可爱，如不摘，可延至春节。逢有来拜年的亲朋好友，赏玩了盆景之后，再品尝一下美味石榴，别有一番滋味。昔日老树桩，在能工巧匠们手中，经修拢成型，配上玛瑙、翡翠，制成工艺盆景，重新吐红绽绿，生机盎然，别有一番情趣，令人赞叹不已。

石榴树姿优美，叶片碧绿光泽，花色艳丽花期长，秋果累累，是园林绿化的良好材料。“春花落尽海榴开，阶前栏外遍植栽。红艳满枝染月夜，晚风轻送暗香来。”它是夏季绿化四种夏花之首（另外三种为紫薇、荷花和百合），最宜丛植于茶室、露天舞池、剧场及游廊外或民族形式建筑所形成的庭院中、垂花门前及园林自然风景区。

园林“三多”布局，即以“牡丹多福、松柏多寿、石榴多子”的配植形式，用于布置庭园、花台，寓意“福禄寿喜”。栽植于假山、怪石旁，也十分得体，自然成趣。在草坪一角孤植或丛植，以绿色的草坪为衬底，其红花、橙果显得更加美丽。栽于竹林外缘，当石榴花盛开之际，红花绿叶相映成趣，也呈现调和之美。矮生石榴品种，可作绿篱、花篱。夏季花朵盛开之时，绿叶红花，看上去犹如花墙，雅致非凡。有些小叶品种，修剪成球状，孤植、丛植在草坪一角、边缘也非常适宜。石榴是净化空气的能手，对有害气体二氧化硫、氟化氢、二氧化氮、硫化氢、氯气的抵抗能力较强，是污染地区良好的绿化、净化树种，也是家居环境污染的良好净化器。

石榴花枝、果枝剪下，制作插花，瓶插寿命较长，可供室内长时间欣赏；其种子榨油可食用，对人体健康有广泛功效；果实榨汁作饮料，具有消暑解渴和保健作用；此外，花、果、果皮、叶、根均可入药，有润燥、收敛、杀菌之功效，能治疗多种病症。美国《营养学》期刊指出，石榴中含有一种天然抗氧化物，可以对抗骨关节炎的发生，还有助于预防前列腺癌复发，也可对抗动脉硬化。

石榴花开热烈似火，丹葩洁秀，朱实星悬。古往今来，人们把火红的石榴作为朝气蓬勃、充满活力的象征，把“千房同膜，十子如一”的石榴果作为繁荣昌盛、和睦团结与喜庆吉祥的佳兆，也是多子、多福、多寿的象征。因石榴兼花果之胜，与兰花、蝴蝶兰、海棠花合称为“四季花”，并称为农历五月的“花中盟主”。古往今来，人们留下了许多关于石榴的美丽传说。它被当做女人的象征。古代妇女所穿百褶长裙，以石榴猩红之色衬托其服饰之优雅，姿容之娇丽，称为石榴裙。传说，杨贵妃不但爱吃荔枝，还非常喜爱穿绣有石榴花的裙子。唐明皇特意命人在华清池西绣岭、王母祠等地遍栽石榴，供她观赏。石榴有醒酒功能。每当杨贵妃醉酒时，唐明皇一边欣赏她妩媚的醉态，一边剥榴籽喂她。朝中大臣极为不满，每每见她侧目而视，拒不跪拜，杨贵妃心里十分不快。一次她给唐明皇弹琴时，故意弄断琴弦，诉说大臣对她的不恭，司曲之神为其鸣不平，故而弦断。唐明皇随即降旨，凡见贵妃娘娘不行跪拜之礼者，格杀勿论。此后，大臣们见到这个爱穿绣有石榴花裙的娘娘，便诚惶诚恐，拜倒在地。过后，大臣们私下用“拜倒在石榴裙下”一句话来解嘲。

相传，杨贵妃在西安骊山华清宫栽植不少石榴树，故称“贵妃石榴”。现存于华清池亭前一株1200多年古石榴是她手植，迄今为止生长健壮，年年开花结果。白居易写诗：“闲折两枝持在手，细看人间不似有。花中此物是西施，芙蓉芍药皆嫫母。”

传说很久以前，织女的妹妹檀香，羡慕人间生活，常偷偷下界，帮助织女纺纱织布。有一年，王母娘娘举行蟠桃会，孙悟空拎出一堆碗口大小、圆滚滚东西，众仙谁也不懂叫什么，哪吒抓一个掰开，露出红彤彤、水灵灵的籽粒，像宝石，似珍珠，晶莹透明。众仙品尝后，连声叫好，孙悟空哈哈大笑说：“此乃波斯石榴也。”王母娘娘唤檀香将石榴种藏好，日后种在蟠桃园内。檀香趁众仙醉后偷了些石榴种被王母娘娘发现，传令雷公电母，将檀香捉拿归案。檀香驾云匆匆离开，忽听电闪雷鸣、风雨交加，知道事情不妙，将石榴种从天上撒下，散落在附近山坡上，自己却被雷电击死，化作一座青山落到人间。织女见檀香被害，悲痛欲绝，哭喊向东跑去，在泪水洒落之处，所长出的石榴树，结的果子都是酸。王母娘娘派天兵天将将织女押回天界，划簪为河，只允许每年七月初七和牛郎相会一次。

石榴果在中国传统文化中也有着深刻的象征意义。《北齐书·魏收传》中载：文宣帝太子安德王延宗，娶赵魏收女为妃，魏收之妻献石榴两枚，文宣帝不解其意，魏收起身施一礼笑曰："恭喜陛下，石榴多子，太子新婚，以此喻王室兴旺多子多福。"文帝闻之，龙颜大悦，赏锦两匹。后人以石榴喻子孙满堂，后继有人。这个比喻沿袭至今。民间还有以石榴图案祝子孙繁盛的习俗。人们常用"连着枝叶，切开一角，露出累累果实的石榴"的图案，以象征多子多孙，谓之"榴开百子"，是新婚时窗花、帐幔、枕头等新房陈设中常见的图案。每逢新婚大喜、孩子降生之际，亲友们总要送上绣有石榴花的枕头以示庆贺，如今它成了"团聚合欢"的象征。

石榴在世界其他地区也有多子的象征。在希腊神话中，天帝宙斯之妻赫拉是主管婚姻和生育的女神，她的形象是右手握权杖，左手执石榴。印度佛经中繁育子孙的保护神河梨帝母的形象，是左手抱一个孩子，右手执一个石榴。波斯宗教中，专司人类繁衍的女神雅娜希塔的手上也托着一个装着石榴的钵子。西班牙人和利比亚人认为石榴花是富贵和吉祥的象征，并尊其为国花，广为种植。西班牙国徽的图案下方是一朵石榴花，象征格拉达王国。人们喜欢红色，视其为吉祥、热烈的象征；喜欢黄色，视其为高贵和明朗；喜欢黑色，以黑色象征庄严；在西班牙国土上，不论是高原山地，还是市镇乡村，或是海滨城市公园，处处栽植石榴，充分发挥了石榴观赏与美化功能。

山东枣庄峄城石榴园始建于西汉元帝年间，由丞相匡衡从皇家御花园"上林苑"引石榴于家乡栽培，到唐代形成了林网，元代时连接成园，明初发展成为万亩石榴园，迄今已发展为10万亩，500余万株，成为世界上最大的石榴园。人们把这座世界罕见的石榴园称为冠世榴园，还被上海吉尼斯总部选取入世界吉尼斯纪录。

历代文人墨客对石榴喜爱有加，留下了许多优美的赞石榴花艳果美，抒发炽热爱情的诗词歌赋。唐代皮日休《石榴歌》："蝉噪秋枝槐叶黄，石榴香老愁寒霜。流霞色染紫驾粟，黄蜡纸裹红瓠房。玉刻冰壶含露湿，斓斑似带湘娥泣。肖娘初嫁嗜甘酸，嚼破水晶千万粒。"唐代杜牧的《山石榴》绝句："似火山榴映小山，繁中能落艳中闲。一朵佳人玉钗上，只疑烧却翠云鬟。"唐代李白《咏邻女东窗海石榴》："鲁女东窗下，海榴世所稀。珊瑚映绿水，未足比光辉。清香随风发，落日好鸟归。愿为东南枝，低举拂罗衣。无由共攀折，引领望金扉。”唐代韩愈《榴花》：“五月榴花照眼明，枝间时见子初成。可怜此地无车马，颠倒青苔落绛英。”诗人借榴花兴怀，自喻坎坷仕途。金代元格《榴花》称赞石榴之美：“山茶赤黄桃绛白，戎葵米囊不入格。庭中忽见安石榴，叹息花中有真色。生红一撮掌中看，横写虽工更觉难。诗到黄州隔千里，画家辛苦费铅丹。”宋代杨万里《石榴》：“深著红蓝染暑裳，啄成纹玳敌秋霜。半含笑里清水齿，忽绽吟边古锦囊。雾縠作房珠作骨，水精为粒玉为浆。刘郎不为文园渴，何苦星槎远取将。”表达诗人对石榴的钟爱并描绘它冰清玉洁和非同凡品的美味。元代杨维祯《题张十一旅舍三咏》（其一）：“密幄千重碧，疏中一拶红；花时随早晚，不必嫁东风。”元代张弘范《榴花》：“腥血谁教染绛囊，绿云堆里润生香。游蜂错认枝头火，忙驾薰风过短墙。”写的是石榴花香引蜂采蜜，但见红如腥血染成的鲜花，竟错认为枝头着火，吓得慌忙乘风逃到墙那边去了。故五月石榴红如火，实非虚言。元代马祖常《真中丞折枝石榴》：“乘槎使者海西来，移得珊瑚汉苑栽。只待绿荫芳树合，蕊珠如火一时开。”诗人不仅道出了石榴来源，也描述了开花时节并赞颂花朵之优美。元代刘铉的《乌夜啼·石榴花》：“垂杨影里残红，甚匆匆。只有榴花全不怨东风。暮雨急，晚霞湿，绿玲珑。比似茜裙初染一般同。”词人高度地概括了榴花的非凡品质。古人描绘石榴花的美态、赞美石榴花的品格的诗词，至今读来依然脍炙人口。

含苞待放

榴花火红

风华正茂

27. 英雄之花——木棉花

木棉为木棉科木棉属落叶大乔木，果内絮丝白如棉，故名木棉。其树高大，开花殷红如锦，有英雄气概，又称英雄树；其花开在枝梢近端，又名攀枝花；其花红色宛如亿万华灯，烧空尽赤，又名红棉、烽火树。木棉花是广东省广州、广西壮族自治区崇左、四川省攀枝花和台湾省高雄等市的市花。

木棉是典型的热带、南亚热带指示性植物。原产于中国南部，以及亚洲其他热带地区到澳大利亚的广大区域。它喜生丘陵或低山次生林中，也散生于村边、路旁。木棉在中国已有悠久的栽培历史。尤其在珠江三角洲栽培历史久远。最早记载见于晋代葛洪的《西京杂记》：西汉时，南越王赵佗向汉帝进贡烽火树。它分布于广东、广西、福建、台湾、云南、四川和贵州等省、自治区，尤以广西左江、右江一带及海南省最多，是热带特有的木本花木。在印度、马来半岛、泰国也有分布。木棉为优良的园林风景树和行道树。

木棉是南方第一名树，四季壮观的园林花木，被誉为“南土群芳之主”，自古以来就享有很高的声誉。在众花木之中，是难得的“男性之花”。它四季变化丰富，季节特征分明。阳春2～3月份，它先叶开放，繁花满树，硕大而红艳的花朵缀满枝头，如火如荼，气势磅礴，花开时似万盏华灯齐放光芒，又好似天边火烧云，红似彩霞，映红了天空，有“落叶开花飞火凤，参天擎日舞丹龙”奇伟壮观。又像是一个个穿着火红战袍的威武战士，顶天立地，英姿勃发。那朵朵大花，气势熊熊，火色灿灿，蕴含的奇特壮采，充满了生命力，让人觉得犹如一把灿烂的火炬，所向披靡，无往不胜，一派春潮澎湃、激情汹涌的景象。睹之真叫人喜不自禁，无比振奋。它的花可入药，与金银花、菊花、葵花和鸡蛋花合成“五花茶”，在湿热天气饮用，清热利湿，解暑除疾。

盛夏，它挺拔耸立，高大的树干中正笔直，上面密布着千枝万条，像松树那样，遒劲伸向天边，奔放昂扬，给人开阔舒展的感觉。它又不像众花那样献媚争妍，而是如古人所称颂的“烈烈轰轰，堂堂正正”，自有英雄气概，艳花之后展露出那半透明的嫩绿新叶，十分清新怡人。丰厚的红花绿叶，挺拔雄伟的树姿，带给人们的宏大伟岸感觉，那不是一般花卉所能媲美的。当酷热的夏日降临，暑气袭人之际，它绿荫蔽日，在烈日酷暑中给人们带来一片阴凉。人们在绿荫浓密的木棉花树下品茶休憩，油然而生的阴凉清爽雅净之感，是难得的独特享受。更令人诧异的是那可爱的果实，竟能自然开裂，使带有棉絮的黑色种子，随风四处飞扬，让人以为是夏天偶降小雪，蔚然奇观。

金秋，木棉树浓郁的叶片逐渐转黄，与花朵一道，慢慢落回生它养它的大地，大大方方，干脆利落，从不拖泥带水，大有雄冠天下的英雄气概。寒冬腊月，光秃的干身和枝丫仍傲然挺立，伸展在蓝蓝的天宇中，展现出顽强的生命力，让人备觉它的峻伟与气势。这是其他落叶植物少有的威严，可歌可敬。当人们吃传统的冬至汤圆时，它绿莹莹的娇嫩花芽正默默地孕育着，期待着经过春光雨露的沐浴，可以展露其柔美多情的新芳容。木棉树一年四季干高树郁，顶天立地，英姿勃勃，不愧是美名远扬的英雄树。

木棉花具有热带植物特有的活力与朝气。它的花冠由五片厚实、鲜嫩与宽大的花瓣组成，肉质红火，均匀分布在花托的四周，从上往下俯视，很像一颗五角星，又似五个着红色连衣裙的少女伸展的腰肢。丝绒般的花瓣，很有质感，让人想起一句形容它的话：“你选择天空，却不能忘记大地，美丽是种矛盾，徘徊也有结果。”其树干通直挺拔，树干苍劲，傲然挺立于大地天宇之间，直冲霄汉，无比威严。充满阳刚之美。在闽南、岭南随处可见这充满阳刚之气的树。广东省肇庆市鼎湖山庆云寺旁有两株奇特亲如连理树的人工种植木棉（高22米，胸径61厘米）和自生龙眼（高12米，胸径31厘米），它俩相依相偎，人们称“姻缘树”。沐浴雨露阳光，伴随岁月消逝，各自的茎枝不断茁壮长大。终于木棉宛如平伸的手臂将龙眼紧紧地拥入怀抱，进而“耳鬓厮磨”、“相亲相爱”。论亲缘关系，非近亲近邻；从生理特性相去甚远，但木棉和龙眼却能巧妙结合，和睦相处，正所谓“树因有情两相依，愿似连理结姻缘。”一些追求浪漫、甜蜜爱情，向往幸福美满婚姻的游客至此，仰望姻缘树，触物生情，情更浓。

木棉生长迅速，寿命长。广东省新会市有株高28米，胸围6.28米的木棉树，由明朝何文懿尚书之父手植，树龄已400年，仍苍劲挺拔，枝繁叶茂，1988年被新会市定为保护古树名木。

将木棉种在广场，列植于行道旁或庭园，令人感觉它好像铁塔金刚，威风凛凛地守卫着属于自己的神圣领地，生活在它的旁边，无比地安全，无比地心静，且别有一番南国风光，深受人们赞赏。木棉对烟尘、有毒气体抗性强，又有隔噪、滞尘、净化空气作用，且光合作用强，是一种防污染绿化植物，为街道、庭园、公园、路旁及工矿区理想的栽培树种，又是具有多种用途的经济树种。木材纹理通直，木质轻软，不翘裂，易加工，为轻工业用材，多作包装箱、浮子、火柴、胶合板、救生设备以及隔热层板等。棉絮不扭曲，无胶合性，松软而不易压实，耐水力较强，可作床、椅、枕头等垫褥物和救生圈、救生衣及其他浮水物的填充材料；还可用于填充电冰箱内壁；木棉籽含油率20%～35%，可食用或制润滑油、油漆和肥皂等。花、根、皮均可入药。花有清热、利湿、解毒、祛暑、止血功效，主治泄泻、痢疾、血崩、疮毒。皮清热、利湿、活血、消肿，外用可治腿膝疼痛、疮肿、铁打损伤。根有收敛止血、散结止痛之功，主治慢性胃炎、胃溃疡、赤痢、瘰疬、产后浮肿等症。

南国的人们把木棉视为热情、奔放、报春的象征。广州人特别喜欢木棉花，称木棉树为英雄树，称木棉花为英雄花。至今还流传着一个悲壮的传说。1840年鸦片战争爆发，广州水师提督关天培奉命镇守虎门关，和英国侵略军展开血战。1941年2月25日，关将军又率领守军顽强奋战，虎门关终因寡不敌众而失守。在侵略者狂轰滥炸中，中方守军全部壮烈牺牲。据说，关将军当时依托着一棵高大的木棉树，使用火炮和敌人战斗。那尊铁炮被战斗毁了，但那株高大的木棉树在硝烟中却巍然屹立。

南史谓林邑国出吉贝花，即木棉花。相传宋代文学大师苏东坡被贬谪海南儋州，黎族人们曾赠给他吉贝布衣，抵御风寒，这使他万分感激，赋诗回赠道："遗我吉贝布衣，海风今夕寒。"

在海南，关于木棉还有个动人的传说。从前五指山有个英雄，叫吉贝。他多次率领黎族人民抵御外敌，后因叛徒出卖，被敌人围困在大山上。他身中数箭，屹立山巅，身躯化为一株木棉，箭翎变为树枝。后人为纪念他，遂称木棉为英雄树。正如清代陈恭尹《木棉花歌》："覆之如铃仰如爵，赤瓣熊熊星有角。浓须大面好英雄，壮气高冠何落落。"木棉由于春天花先叶开放，花时无叶，花朵硕大，如无数朱丹的花朵汇成连天的彩霞，恰似绫幔，宛如锦云，满树殷红，映红了天空。另有一诗："十丈珊瑚是木棉，花开红比朝霞鲜。天南树树皆烽火，不及攀枝花可怜。"宋代诗人杨万里在《三月十一雨寒》诗中写道："姚黄魏紫向谁赊，郁李樱桃也没些，却是南中春色别，满城都是木棉花。"生动描绘了南国木棉闹春的绚丽景色及春色奇特神采。宋代刘克庄《潮惠道中》："几村半天红似染，居人云是木棉花。"清代惠老琦《韩江》："木棉开遍芭蕉展，肠断春风风水头。”广东诗坛领袖张维屏《东风第一枝·木棉》：“烈烈轰轰，堂堂正正，花中有此豪杰”，“尽众芳，献媚争妍，总是车皇臣妾”，“丹心要优蛟龙，正色不谐蜂蝶”，“似尉佗，英雄难消，喷出此花如血”等，把木棉的宏伟气魄，描写得淋漓尽致。已故广州市市长朱光曾赋词：“广州好，人道木棉雄，落叶开花飞火凤，参天擎日舞丹龙，三月正春风。”

清末爱国台湾籍诗人丘逢甲在甲午战争日寇侵占台湾时，挺身而出，组织全岛民众奋起抵抗，是位民族英雄。他写了许多诗，《东山木棉花盛开坐对成咏》就是赞美木棉花开时火红热烈及其英雄气概：“亭亭十丈霭春烟，冠岭真同火树燃。闰位群芳惭紫色，交柯余淡烛丹渊。天扶赤运花应帝，人卧朱霞梦亦仙。绝世英雄儿女气，不嫌绮绪更缠绵。”海南及岭南一带的人们都喜欢木棉树，当地许多歌曲都唱到木棉，如流行在广西一带的民歌唱道：“红棉花儿开，红万里，红水河畔歌声起，歌声起，千歌万曲歌唱毛主席，唱唱我们壮族人民的一片心意。”歌中提到了木棉树开花时的壮观场面。

木棉花火一样红，因此人们常用它来象征革命和进步，它也是与革命者的英名和英雄事迹连在一起。1986年是广州起义60周年的前一年。就在这一年里，当年广州起义的领导者之一，也是解放后任广州市第一任市长的叶剑英元帅去世。按照老人的遗愿，他的遗体被安葬在他曾经战斗过的地方，广州起义烈士陵园墓地旁边，人们依旧为他这位英雄种上了一棵木棉树。在人们的心目中，“矢志共产宏图业，为花欣做落泥红”的叶元帅，将与木棉长存，成为永世的英雄，“热血点燃英雄花，年年岁岁木棉红。”

人们至今不能忘记“刑场上的婚礼”这壮丽的一幕。当年陈铁军（24岁女共产党员）与革命伴侣周文雍在广州建立共产党的地下联络处，他俩从相识到相爱，因工作特殊，没机会举行婚礼。他俩被捕后，在敌人的酷刑下，坚贞不屈。就在他俩被敌人杀害生命的最后时刻，他们共同宣布了震撼人心的刑场婚礼，新郎周文雍将一朵火红的木棉花作为表达爱情的礼物，别在新娘子陈铁军的头上。倒在血泊里的新娘子，直到生命的最后一息，手里还牢牢地握着一朵鲜血一样殷红的木棉花。广东省歌舞剧院将这一悲壮的生命之歌，创作成《风雨木棉》的戏剧，演出50多场，场场叫座。2004年在第七届中国艺术节上，摘取了中国舞台艺术最高奖——第十一届“文化大奖”的桂冠。

木棉“深根扎大地，雄拔仰高风”，“正直不斜倚，光明倍所宗”，“但求天下暖，尽瘁济时功”，“举头迎旭日，不作恶邪躬”的高风亮节，令人肃然起敬。这种精神鼓舞着人们不怕万难，不怕牺牲、艰苦奋斗，勇往直前，不断创造人间奇迹。

木棉花梢

红灯照高空

熊熊飞火凤

殷红如锦

红花如彩霞

花朵烈于火

28. 与恐龙共荣——苏铁

苏铁是中国传统观赏树种之一，清朝陈昊子编著的《花镜》中就有："凤尾蕉一名番蕉……叶长二、三尺，每叶细长，瓣如凤毛之状，色深青，冬亦不凋……人多盆种庭前，以为奇玩"的记载。别名凤尾蕉、避火蕉、凤尾松、凤尾棕、铁甲松、金边凤尾、铁树等，为苏铁科苏铁属，系地球上最古老的孑遗植物，是最为原始的种群之一，也是种子植物中最原始的种群，曾与恐龙同时称霸地球，被誉为"植物活化石"。素有"植物界的大熊猫"之称，被列为世界上最珍贵的一类重点保护的濒危植物之一。它起源于古生代的二叠纪，于中生代的三叠纪（距今2.25亿年）开始繁盛，侏罗纪（距今1.9亿年）进入最盛期，几乎遍布整个地球，因而有把中生代称为"苏铁植物时代"。至白垩纪（距今1.36亿年）时期，由于被子植物开始繁盛，才逐渐走向衰落。到第四纪（距今250万年）冰川来临，北方寒流南侵，苏铁科植物大量灭绝，但由于中国青藏高原、秦岭等阻隔，在四川、云南等地有部分苏铁科植物幸免于难。现存3科11属约270多种。分布于亚洲、非洲、大洋洲和美洲的热带、亚热带稀疏林下。原产中国的苏铁仅1科1属（苏铁属），约有25种，其中不少还是中国特有种，大多是形体优美的观赏树种，主要分布于福建、广东、广西、云南、台湾、海南、四川、贵州、湖南等地。分布地域广阔，生态环境多种多样。在四川省渡口市的崇山峻岭里，就发现了大面积的苏铁林。日本、印尼也有。早在1000多年前，唐朝已有栽培，现各地多有栽培，因其四季常青、外形庄严肃穆、富贵博大、生长缓慢、寿命很长，深受国人的喜爱。深圳市仙湖植物园自1989年开始引种栽培苏铁，开辟了苏铁专类园。

1993年开始着手建立国际苏铁迁地保存中心，已引入国内外苏铁10属100多种。此外，中国已建立了云南禄劝县普渡河苏铁自然保护区，四川攀枝花市攀枝花苏铁自然保护区，台湾省也建立3个苏铁自然保留区。1996年第四届国际苏铁生物学会议由中国主办，会址设在亚洲最大和分布最北的野生苏铁林及丰富苏铁种质资源的四川省攀枝花市。

苏铁树形独特，古朴优美，婆娑多姿，风流潇洒，终年大型而美丽的叶丛苍劲翠绿，颇为壮观，极富热带色彩，给人以庄严、刚劲之威，犹如卫士威风肃穆。它树冠宛如一把倒挂的绿色大伞，潇洒飘逸，大型羽叶坚挺舒展，油绿生辉，更加显得雄姿勃勃，英武不凡；片片如凤尾，数十片簇生于茎干的顶端，就像春天里美丽的孔雀频频展翅，优美怡人独具风格，给人一种清新秀丽的气派。它树干粗壮，一副铁骨之躯，有的老态龙钟，有的英姿勃勃，有的姿态娇美，虽没有鲜艳夺目的花朵，然而它以千姿百态的树形、树干、叶形和青翠碧绿的色彩，使人赏心悦目。树干也不止“铁柱”一根，有分叉的，有卷曲的，也有匍匐在石穴里，像出洞的蟒蛇，干上还披着层层宿存叶痕，色泽质朴，显得苍老醒目，给人一种历经沧桑而稳重的感觉。瞧那宝塔形的雄花，挺立于青绿的羽叶中，黄褐色花球，金光灿灿，内含昂然生机，外溢虎虎生气，傲岸而庄严，蔚然壮观；而雌球花仿佛一枚淡黄色大型绒球，如淡泊宁静的处女安详而柔顺地接受宇宙间阳光雨露，熠熠生辉，美丽之极，花开之时，花球上的金褐色羽片“含苞欲放”，宛如一个个艳丽的鸟巢。待到秋冬收获之际，核桃大、红彤彤数十粒硕大圆润的种子镶嵌于密集的大孢子叶之间，好比一窝金灿灿的蛋，俗称“凤凰蛋”，光彩夺目，更富艺术的韵味。种还可供药用，《本草纲目拾遗》称“无漏果”能“消食宽中，除痰止嗽，益气润颜，久食令人肥美”。

苏铁铁骨铮铮，孤芳自妍，十天半月甚至一个月浇一次水，它仍然会生长旺盛，即使不给任何营养，它也会毫不吝啬地向你奉献满目的苍翠，显出无比生命活力，健康向上，自古以来赢得了人们的钟爱。苏铁树形坚韧挺拔，气势雄伟，充满生机活力，富有南国情调，在园林绿地上应用范围十分广泛，且景观效果特佳。在南方地区，可孤植、对植、丛植或列植于风景区、园林绿地、街心行道、海滨、河岸或土丘山冈、岩石边等地。最能体现南国风光，是优美的风景林；与宫殿、庙坛、府第、教堂、古塔、古城等古建筑的庭园配置既非常和谐，又充分体现苏铁外形外貌的苍劲，且可加深古建筑物的历史感及其旺盛生命力。它株形美丽，叶片柔韧，在室外中心花坛和广场、宾馆、酒楼等公共场所摆设，枝叶苍翠，相互衬托，相得益彰，美观大方；又可室内观赏，是理想的室内绿化装饰观叶植物，可增强室内环境的表现力和感染力，使室内气氛活跃怡人。若点缀宽敞居室内、走廊、过道、阳台等处，浓郁葱绿，叶影摇曳，给人以静谧、安详之感，且又显得格外庄重而有气魄；若摆在会场内，则庄严隆重，充满生气；若在豪华门厅两侧摆上，则更加气宇轩昂。叶油润光洁，是作切花配置花束、花篮、花圈的高档材料。近年，欧洲应用其嫩叶加工成色彩鲜艳的干叶，成为新型的插花材料。其卷曲的嫩叶，可作蔬菜食用；茎髓提取的淀粉叫“西米”，可加工成各种味道鲜美的甜品。根、茎、叶、花均可入药。叶性微温，味甘酸，有小毒，有理气止痛，益肾固精，用于遗精、妇女白带、经痛等症；果可消炎止血，用于痰多咳嗽、肠炎痢疾、消化不良、支气管炎、呃逆等症；种子可降压、舒肝。根有祛风活络、补肾，可治筋骨疼痛、风湿麻木等症。种子、根及茎顶心含有苏铁苷和大查米苷，有毒性，须慎用，孕妇和小儿忌服。

“铁树开花”比喻事物非常罕见或难以实现。其实，这是误识，它在热带地区，长到一定年限后即可年年开花，只是到长江流域或北方很少开花，若在温室里，给予一定温度条件，也有可能开花，所以在北国铁树开花才是罕见。铁树在中国是吉祥长寿之树，自古以来视铁树开花为吉祥如意、自由幸福的象征。其韵为庄严、风强，象征着高贵与权势，暗喻着神圣、庄严、公正与铁面无私，政府执法部门如公安、武警、法院、海关等于大门两侧对植树形优美的苏铁，寓示着国家法律与主权尊严的神圣与至高无上。

民间传说，哪户人家铁树开了花，这户人家就会福禄临门，将会大富大贵，生活幸福。古时，人们常将要开花的铁树，移至堂上，饮酒欢庆，吟诗称贺，有诗曰：“流水下山非有意，片云归洞本无心。人生若得如云水，铁树开花遍地春。”现代人喜欢向亲朋好友赠送铁树盆景，寓意吉祥如意、财星高照；向老人和长辈祝寿时赠送，象征铁骨铮铮、健康长寿、生活幸福；向乔迁新居朋友赠送，寓意根基如铁，兴旺发达；向有难处人赠送，寓意铁树开花，即使极难办的事，只要有信心定会成功。

铁树是斯里兰卡的国树，人民对它情有独钟，在形容美女时，爱用奇特比喻，说她们的芳唇像铁树一样迷人，因当地铁树嫩芽不是鹅黄，而是鲜红，十分明艳。

相传，宋代著名文学家苏东坡与铁树有一段不解之缘。苏东坡能诗善画，为人刚正不阿，得罪了朝中权臣，官职一再被贬，直贬到海南岛。海南老乡很尊敬他，有位老者送给他一株铁树，并讲述一则动人故事：说有一只金凤凰被一个官家逮住关在笼子里，想让它唱歌跳舞，金凤凰宁死不从，被燃起大火烧死，大火熄灭后，在灰烬中长出一棵像铁打一般坚硬小树，人称作铁树。苏东坡听后十分感动，鼓起了生活的信心和勇气。经他精心抚育，不久铁树便开了花。后来朝廷赦免了苏东坡，他将那棵铁树带回中原，并在中原大地繁衍开来，人们就称之为“苏铁”。

铁树寿命很长，20世纪40年代在澳大利亚布利斯本砍伐的一株高7.5米的铁树，竟活了15000岁，当地人称它为“彼得老太祖”。中国南方古铁树可列一串清单。福建省福州市鼓山涌泉寺有一雄一雌两株苏铁。据记载，其中一株系五代梁开平二年（公元908年）

时栽种，至今有1088年，树形巨大奇特，闻名东南。福建省漳州市长泰县陈巷镇后坊村上庙林，一棵古铁树，经专家测得，树龄已4000余年，树高6米余，重近20吨，树头胸径1米多，需两人合抱，树干胸径约80厘米，是目前已知福建乃至全国最古老的铁树。江西省南昌市人民公园南大门两株1500多年古苏铁，系一雌一雄，犹如一对恩爱夫妻，朝朝夕夕，世世代代长相厮守，不少年轻人谈恋爱或结婚，喜欢到此成双成对照相留念，以示"铁了心"、"白头偕老"。

广西壮族自治区贺县铺门镇梵安寺的凤尾草（四川苏铁）植于北宋宣和年间，至今已870多年，其主干形如龙身，叶如凤尾，郁郁葱葱，占地达30多平方米，每年四、五月，凤草便长出无数形如翠鸟的嫩叶，吸引国内外众多游客前往游览观赏，前人赋诗："千年凤草世间稀，历雪经霜志不移，最爱三春新蕊发，游人赞赏续新诗。"古代先民为纪念治水英雄大禹建立黄陵庙，东汉末年，诸葛亮入川经过此地时，亲手在庙内种下一株苏铁树，迄今有1700余年。前国家领导邓小平故居，在古朴灵秀的三合庭院前，挺立着一雌一雄两棵苏铁，其茎干浑圆，枝叶似羽，铺盖如伞。奇异的是，这两棵铁树从小平同志第三次复出，年年含苞，岁岁吐蕊，竞相绽放20载，吸引无数中外游客参观。1980年，新西兰著名作家路易 艾黎首访小平故居，赋诗赞颂铁树："树干不高，壮实挺拔，直立不阿，叶生茎顶，类若凤尾，花开树巅，黄英灿烂，玉心离离，香远溢清。"

罕见一树开3朵雄花

雌花绒球熠熠生辉

盆景古朴气势磅礴

植物界的大熊猫

珍稀仙湖苏铁

29. 东方爱的象征——竹

竹为东方通称，西方通称Bamboo。中国是竹子之国，研究、培育、栽竹、用竹历史悠久，自有文字记载，便有竹的叙述与传颂，如《易经》、《书经》、《诗经》、《周礼》、《尔雅》、《山海经》等书中都有竹的记载。在7000年前浙江余姚县河姆渡原始社会遗址内发现竹子实物。殷商时代的甲骨文（公元前16世纪～前11世纪）中就有多种用途的竹制品记载，其中竹简的使用，使东汉以前大批珍贵文献如《尚书》、《礼记》和《论语》等得以保存和流传，而竹笔的发明揭开文化史上开拓性的一页。周代（公元前1066年～前256年）已普遍栽竹，亦研制乐器七类之多，至今已有3000多年的历史。秦始皇就把竹子作为观赏植物栽植于咸阳宫廷的园林内，有2000多年的历史。汉代以后竹子应用更为普遍，从马王堆出土珍贵古籍《孙子兵法》即为削竹制成，到9世纪用竹造纸，再到湖南洞庭湖发掘新石器遗址中，发现竹墙的残迹，说明先人以竹为原料建筑房屋了，通过这些，可以看出生活在中华大地的远古劳动人民就与竹结下密不可分的关系，这就是促使先民们必然产生了崇尚竹、热爱竹的思想。生活在云南山区布朗、景颇和独龙等少数民族直至20世纪50年代仍使用竹锄、竹刀、竹棍等大量制作技术简单的竹制农具。从竹筒开始到竹纸出现，竹在文化发展史上始终占有重要的地位，这对于促进中国文化的发展与繁荣，形成中华民族源远流长、光辉灿烂的历史文化起到了直接和间接作用。

竹子为世界上分布最广泛的植物之一。全世界竹类植物共有70多属，约1000多种，中国竹类植物有31属300余种，占世界竹子属、种1/3强。主要分布在受季风气候影响、水热条件较好的热带及亚热带地区的亚洲、美洲和非洲，少数属、种分布在温寒乃至亚寒带地区及海拔高达4500米山区。亚洲的竹资源尤为丰富，一般生长于海拔1000米以下，形成竹、针、阔混交林群落。中国是世界竹子分布中心之一。亦是世界上最主要产竹国，种类，面积蓄积量及竹材、竹笋产量都雄踞世界首位，素以“竹文化国度”享誉世界。

中国竹类自然分布区很广，主要分布在北纬40度以南地区，北自辽宁，南迄海南，东起台湾，西达西藏，除新疆、内蒙古、黑龙江外，其他各地（北部和西部地区）有少量分布或引种。竹子集中生长区为安徽、浙江、福建、台湾、江西、湖北、湖南、重庆、四川、广东、广西、贵州、云南等地。

竹子历来深受人们喜爱，虽无花无香，也无牡丹富丽雍容华贵之姿，松柏之伟岸气势轩昂，桃李娇艳脂粉之态，兰草之芳香楚楚动人，却挺拔、中空、有节、有丹青之貌，俏丽文雅，温不增华，寒不改色，霜雪不凋，四季常青，“一夜千尺拂青云”的优美风韵，被誉为“东方美的象征”。

竹之美，堪称与众不同，内外兼修，具有“根生大地，渴饮甘泉，未出土时便有节。枝横云梦，叶拍苍天，及凌云处尚虚心”的气节。它枝干高大，可达十丈，坚挺潇洒，亭亭玉立，婀娜多姿，直伸天际，有玉树临风之态；体矮者竟不盈尺，玲珑别致，秀丽端庄，风姿绰约，优美怡人，使人感到轻松愉悦。竹子无论或高或矮，不在“风刀霜剑严相逼”下屈服，也不在“万紫千红总是春”中争宠。当它们尚未出头，地位低下时，能够保持节操，不卑不亢。当它们 “一夜千尺拂青云”时，依然虚心到底，不趾高气扬，目空一切。每届风雨大作，它们毅然与之搏击，发声铮铮，仿佛千军万马，气势磅礴；也不管阴晴霜雪，都是劲节凌云依然，枝叶稠密，郁郁葱葱，婵娟挺秀，枝干相扶，生不离本的自然状态，有如母子相依，“不孤根以挺耸，必相依以擢秀”，如此朴实无华，高风亮节，外柔内刚，虚心向上的精神，自古常被喻作高雅风格和坚贞品质加以歌颂。它的秆节奇特，古朴典雅，有的节间短缩隆起，犹如老人脸、孩儿面；有的如坐禅罗汉；有的如爬杆小乌龟；有的像佛祖念珠，祭坛上花瓶等等，奇异可观；有的下方上圆，呈四四方方，很有特色，被誉为“竹海珍珠”；有的突出隆起呈盘珠状或节间作强“之”字形、“S”形，各具神韵，十分生动有趣。它枝干色泽则是异彩纷呈，有青绿色，有从墨绿、翠绿到黄绿，更有杏黄、粉绿、亮绿、紫斑、紫黑及至镶玉、嵌金者，五彩缤纷，令人心旷神怡，赏心悦目。它叶色靓丽，有的叶片嵌有众多条纹，或黄、或白、或紫；有的叶缘镶以白边，色彩缤纷，状极优美。它叶姿潇洒，阔叶宛如翠带；线叶似麦门冬、萱草，秀美纤巧；长叶酷似长剑指天，刚劲峻拔；短叶像出鞘的短剑，雄健有力，观之令人心潮起伏，惊异于这大自然的杰作。因此，竹能陶冶情志，激励斗志，有益身心健康。

一场雨后，一声春雷，唤醒了竹林，新生竹笋如伏下的奇兵，突兀而起，争先恐后，破土而出，竹笋箨箨片似刀枪，箨上披着靓丽红色，缀在绿色的林地上，像彩云间点点的红星，灿烂绮丽，难得“雨后春笋”的独特景观，给人以美之感；更惊奇的是一根竹笋竟能掀翻压在它上面重达一二百斤的大石板，甚至能顶穿坚硬的水泥路面，这种蓬勃的生命力，倔强的性格和热烈向上的精神，令人敬佩，使人回味无穷，成为中国传统审美观念中众多美好事物的象征，亦因此博得千古雅士的赞美。

竹笋已在两三千年前，在中国饮食领域中崭露头角，占据了一席之地。“宗生族茂盛，天长地久，万抵争盘，千株竟创。”这是唐代诗人王勃对竹林自然状态生动描述。杜甫有“青青竹笋迎船出，白白江鱼入馔来”的佳句，郑板桥“江南鲜笋趁鲥鱼，烂煮春风三月初”，是对竹笋的高度评价。

竹类形态端庄挺拔，茎秆秀美，枝叶婆娑，四季常绿，古往今来，为园林风景中必不可少的重要成员，已在中国庭园中被广泛应用。正如明代著名造园家计成在《园冶》中写道：“栽梅绕屋，结茅竹里。”在园林造景应用上，可依竹的特性和对环境与造景的要求，或丛植、或片植、或行植、或盆栽无不相宜。《红楼梦》中林黛玉住的潇湘馆，几竿翠竹将浓重的荫凉送入这位可怜的贵族小姐的卧室，其人其物，其情其景，融为一体，何其贴切。大中型观赏竹，以群植或片植形式创造独立的竹林景观，如设置于幽篁夹道，绿竹成荫小径，便让游人领受深邃、优美的意境；或与亭、堂、楼、阁及建筑物配置，可衬出建筑物的秀丽，如在建筑角隅处配置矮生竹，与玉兰配合，起到衬托与遮挡主体建筑的作用；或将丛竹配置于景墙之前，竹丛与景墙和谐搭配，营造素雅清新的景观，令人赏心悦目，若能侧重将竹丛与松、梅、桃等具有文化底蕴的名树名花配合与呼应，将会使景观文化内涵更丰富多彩；或在较小局部范围内，如窗前、屋隅、天井、墙脚、空地、或境界边缘，连片栽种，既营造幽静美好环境，也为居室带来“日出有清明，月照有清影，风来有清声，雨来有清韵，露凝有清光，雪停有清趣”之妙境，还可挡风避寒、消声滞尘、净化空气、吸收有害气体。还可利用部分竹类（如孝顺竹、凤尾竹、佛肚竹、黄金间碧竹）高雅的形态、细致叶片、奇特的茎秆，孤植给予足够的空间，显示其特性，形成“独”、“秀”、“美”的意境，亦可以竹种各异点缀春夏秋冬景观：春景用挺拔雄伟的刚竹，它瘦劲孤高，豪迈凌云，竹枝青翠，枝叶扶疏之间几枝石笋破土而出，好似雨后春笋带来春的信息；夏景用纤巧柔美水竹，与玲珑剔透观赏奇石相配，渲染了夏景之清丽秀美；秋景用不耐寒的四季竹造园景，寒风枝叶飘零，“秋风扫落叶”，似乎真的秋天已来临；冬景以斑竹又叫湘妃竹为背景衬托观赏石，呈现“斑竹一枝千滴泪，竹晕斑斑点泪光”冬季凄惨悲凉之感令人油然而生。此外，还可盆栽、盆景或作地被观赏，将它摆在几案上，或用于厅堂、廊亭、馆榭作陈设，可四季如春，潇洒别致，为人们生活增添无穷情趣，给人以美的享受。用灵山秀石、古松修竹组成盆景艺术，堪称中国一绝，誉为“无声的诗，立体的画”。

竹是重要林业资源，被誉为“第二森林”，为用材、经济林、风景林三者兼于一身。它具有加工容易，收缩性小，高度刈裂性、弹性好、性能稳定、抗性强度大，约为钢材的3～4倍，其纤维纹路直、密度小，易破劈加工，成语中就有“势如破竹”之说，被广泛应用于建筑、交通、生活日用制品、劳动工具、造纸及制作精美竹器、竹雕、乐器、花架和屏风等工艺品和装饰材料。宋朝大词人苏东坡对竹子的用途做过最形象的概括：“庇者竹反，载者竹筏，书者竹纸，戴者竹冠，衣者竹皮，履者竹鞋，食者竹笋，焚者竹薪，真所谓不可一日无此君。” 竹叶还可制斗笠、船篷等。竹的用途是极其广泛的。竹可入药，竹叶清凉解毒，消咳止疾，疗喉炎、热喘等症；火烤新竹沥出的汁液叫竹沥，治痿阻窍络，中风、癫狂及痰热咳喘等；淡竹去表层绿色刮成的薄带状片称竹茹，治虚烦口渴，清热止呕，涤痰开郁；节孔中因病而生块状疙瘩名天竹黄，治痰热壅塞，中风惊痫、热病神昏谵语，咳嗽等；竹根补心血，止渴下乳，亦作艺术根雕；竹子种实，俗称“竹米”可食用、酿酒。

“竹爆平安”，“节节高升”，竹充满吉祥、长寿、幸福寓意。台湾省当地土著以竹子有节暗示新娘要坚守贞操，带叶的有头有尾的竹子则象征着新人白头偕老。而有“工作狂”之称的日本人，以竹子作为他们奉献的标志；在佛教和道教中，笔直修长的竹子和它的中空结构，蕴意无穷，以“空”、“心无”等形象化于教义中；在非洲，竹子称“生命之树”具神圣的地位。中国先人根据竹的品格，将竹与顶霜傲雪、坚贞不屈的松、梅合称为“岁寒三友”，把竹与梅、兰、菊合称为花中“四君子”。

有关竹子的趣闻很多，最富传奇色彩的是斑竹。一代伟人毛泽东的“斑竹一枝千滴泪”就是引用了晋代张华《博物志》中记载的一个典故：传说，在5000多年前的远古时代，尧皇让贤于舜帝，并将爱女娥皇、女英许舜为妃。后来舜南巡途中病死，葬于湖南宁远县城南的九嶷山。二妃寻舜到洞庭湖畔，得知噩耗，攀竹恸哭，泪水洒在竹子上留下点点斑痕，最后相继投水徇情。这就是斑竹来历的传说，先人又称为“花斑竹”、“湘妃竹”。发生在上古时代这个缠绵悱恻的爱情故事，为产于湖南君山的斑竹蒙上了一层浪漫主义面纱，让它在竹的大家园中一枝独秀，成为古往今来众多诗人雅士竞相歌咏的对象。

在千姿百态的竹子世界里，有众多珍奇的竹种，花果山金镶玉竹便是其中之一。关于此竹的来历，还有一段美好的故事：相传，过去花果山仅有桃树，每到冬季，桃叶凋零，怪石裸露，满目苍凉。取经归来孙悟空十分怀念西天仙界的乔松古桧、翠柏修篁。于是，来到南海普陀珞珈山，向观世音菩萨索借净瓶中的竹枝，用以点化老家花果山的山色。观世音熟知孙悟空刁滑，婉言拒绝其要求。悟空见索借不成，略施小计偷得竹枝，情急之下顺势将竹枝插在花果山屏竹禅院门前，竹枝入土后即生根，笋发丈余，长成了“金镶玉竹”，从此观世音手捧的净瓶中只剩柳条却不见竹枝。悟空自偷得竹枝后吩咐巡山猴兵好生看护，如珞珈山来人讨要竹母，一株也不给。观世音无奈，只好引种几丛紫竹栽在珞珈山上，所以，今日普陀山上仍没有金镶玉竹的自然分布。1993年6月，中国邮电部发行一套《竹子》邮票，共4枚，小型张“毛竹”1枚，其中第二枚选用江苏连云港市花果山上的竹。

从古到今，中国众多名人雅士、诗人、画家赏竹、爱竹、吟竹、画竹，与竹结下了不解之缘，写下了无数歌颂竹的诗词。唐代白居易在《题窗竹》留下佳句：“千花百草凋零尽，留向纷纷雪里看。”杜甫也对竹的感情甚深，在成都种竹写诗：“平生憩息地，必种数竿地”。苏东坡一生热爱栽松种竹，写下了“宁可食无肉，不可居无竹”的名句，对竹情有独钟。清初扬州八怪之一郑板桥与苏东坡一样，精于书画，诗作流畅，他爱竹甚至到了“无竹不入居”的地步，他在竹画上题诗“衙斋卧听萧萧竹，疑是民间疾苦声。些小吾曹州县吏，一枝一叶总关情。”表达了他关心民间疾苦，为百姓做好事的情怀，被人誉为“爱民诗”，广为流传。他的《题竹石》一诗“咬定青山不放松，立根原在破岩中。千磨万击还坚韧，任尔东南西北风”，“秋风昨夜度潇湘，触石穿林惯作狂。唯有竹枝深不怕，挺然相斗一千场。”描述了竹坚韧不拔、顽强拼搏的精神，并借竹喻人，表明做人要讲气节，有骨气，有顽强的毅力。英烈方志敏抒怀诗篇：“雪压竹头低，低头如沾泥；一轮红日起，依旧与天齐。”叶剑英元帅《题图诗》：“彩笔凌云画溢思，虚心劲节是吾师；人生贵有胸中竹，经得艰难考验时。”前国家主席董必武1965年游广州兰圃时留下的楹联中写道：“竹自具五好，兰有其四清。”还写了一首动人咏竹诗：“竹叶青青不肯黄，枝条楚楚耐寒霜。昭苏万物春风里，更有笋尖出土忙。”

此外，竹与民俗文化有着千丝万缕的联系，在饮食起居中有傣族的“竹筒饭”、“竹楼”；婚姻民俗有瑶族“拿篮子”；时令节气民俗有汉族“舞龙灯”、“跑旱船”、瑶族的舞青牛、黎族的“跳竹竿”；服装衣饰民俗有毛难族青年爱戴花竹帽，这些民俗文化传统明清时颇为流行，有的一直传承至今。由上可知，中华民族与竹结下不解之缘，中国文化浸透了竹子的印痕，没有哪一种植物能像竹子一样对人类文明产生如此巨大的作用和深远的影响，成为中国传统文化一个不可分割的重要组成部分，不仅深深滋润着一代又一代中华儿女，竹也是世界文化史上的一颗璀璨夺目的明珠。

成立于1997年的国际竹藤组织，是第一个总部设在中国的政府间国际组织，其宗旨在于促进竹产业的发展和进步。竹类必将在新一轮的城市人居环境建设中大放异彩。

笔直宁折不弯（青竹）

斑竹一枝千滴泪（花斑竹）

千尺拂青云（珍稀麟兰竹）

不孤根以挺耸（紫竹）

必相依以擢秀（糯米香竹）

难得花开一博

彩云喷泉一枝独秀（匍匐镰序竹）

佛祖念珠（大佛肚竹）

霜雪不凋（金镶玉竹）

节节高升（撑杆竹）

高风亮节（大眼竹）

30. 百结之花——丁香花

丁香，别名紫丁香、百结花、情客、鸡舌香、支解香、如宇香、百里馨和华北丁香，国外又称“王子的羽毛”。早春开花，花香浓郁，是中国特有的名贵香花之一。

中国是丁香的故乡，丁香广布于中华大地，已有1000多年的悠久历史。早在北魏，贾思勰《齐民要术》中有记载，称之为“丁子香”。宋代周师厚《洛阳花木记》（1082年）已有丁香记载。明代高濂《草花谱》（1591年）提出栽培繁殖是“接种俱可”。清代陈淏子《花镜》（1688年）阐明“畏湿而不宜大肥”的习性，繁殖是“接分俱可”。吴其濬《植物名实图考》（1848年）提出丁香栽培分布“北地尤多”。据近代考古家报道，汉代马王堆中发现的未腐烂的2000多年前的西汉古尸手中就握有丁香。花叶丁香通过丝绸之路，经波斯（伊朗）传入欧洲、土耳其、法国和英国。从19世纪起欧美各国以引种中国的丁香为主，在当时就有21种之多。1906年，傅礼士将云南丁香引入美国栽培，现广传于欧美各地，被认为是园林中不可缺少的花木。全世界丁香属植物约有27种，主要分布在亚洲的东部、中部、西部及欧洲的东南部。中国的丁香原产种类约有24种，中国是本属植物的主要产地和自然分布中心，也是丁香栽培的起源中心。在中国，北起黑龙江，南到云南，东自吉林和辽宁，西至川藏，跨越15个省、自治区，都有丁香分布，其中以分布在川藏及西北地区的种类最为丰富。丁香大多分布在海拔800～3800米的山地，生长在山谷、河滩及阳坡、半阴坡之山地林缘、林下或灌木丛中。现已在中国科学院植物研究所植物园建起了国内第一个较为完备的丁香属种质资源基地，并在此基础上进行了新品种培育的研究。北京市还建起了中国第一个丁香专类花园，并于1990年出版中国第一本丁香专著。

目前，丁香品种已达2000个以上。中国主栽的丁香以华北紫丁香、白丁香、暴马丁香为主，还有关东丁香、蓝丁香、花叶丁香、北京丁香、四季丁香。丁香属分为长花冠管组及短花冠组。前者下分顶生花序、巧玲花系、欧丁香系，羽叶丁香系；后者有两个种，一个变种。

丁香为阳性树种，性喜冬暖夏凉气候，耐寒性极强，多数种类耐零下20摄氏度的低温，个别种类能耐零下30摄氏度或更低的低温。喜阳光充足，较耐阴，少数种喜半阴。喜湿润，耐旱力极强，畏惧夏季持续高温及潮湿。对土壤要求不严，耐瘠薄，除强酸、强碱性土壤外，它在各类土壤上均能正常生长。忌大肥，以在排水良好、疏松、含腐殖质丰富的中性或偏酸、偏碱性土壤上生育最佳。忌低洼积水地栽植，萌蘖性强，耐修剪。丁香对烟尘、氟化氢及二氧化硫等有毒气体，具有抗毒和净化空气作用，是环保型绿化好材料。

丁香是一种婉约的美丽植物，千百年来，丁香花以它那强健的植株、花繁叶茂的姿态与芳香宜人的花朵，蜚声于世界，已成为欧洲、美洲和亚洲等众多国家园林中不可缺少的著名花木。中国于1988年在《中国花经》中将它列为中华重点名花之一。它那翠绿欲滴的姿容，高大挺拔的姿势，迎风雪屹立的英雄气慨，“傍檐结密人难折”，令人见了感到可歌可敬；那田园上一片片、一丛丛的婆娑玉树，远远望去，好似碧波万顷的草原上镶嵌着一块块晶莹的绿宝石。它柔枝纵横交错，“一树百枝千万结”，犹如一层软厚的棕垫，俨然一张镶满珍珠的网络。郁郁葱葱的嫩叶上，被覆着柔软的浮毛，给人以纤细滑腻的质感。它刚绽露洁白花瓣、含苞欲放时，宛如天空点缀着繁星，自显出风流高洁的姿容。清晨瞬间是它展艳的美好时刻，千万朵紫色的、洁白的花瓣一齐怒放，像美丽的朝霞铺布枝头，在绿叶托衬下，玲珑剔透，十分可爱。清风徐来，万籁俱寂，仿佛听出丁香花像玉铃铛般发出清脆的丁冬声，袭人的花香四处漫溢，飘散得很远很远，沁人心脾，使人们的心情平添了许多幽然的清新和舒畅，称它为朴素内秀的花中君子。又喻之为愁思百结不解，先人以“结”为意，写下无数妙语连珠的诗篇。它还具有一种顽强不屈，坚韧不拔的精神，于时有黑龙江省哈尔滨市、青海省西宁、内蒙古自治区呼和浩特和宁夏回族自治区石嘴山等四市推举为城市的市花。

丁香种类繁多，生性强健，是我国北方园林中不可或缺的名贵观赏花木。它以其花丛团扶，芬芳袭人，色调优雅和姿态秀丽，博得人们的钟爱。在园林配置中，可将它孤植于窗前，有“雨枝琼枝占一庭”的诗意；对植，与其他乔灌木配植作花篱，更构成诱人的景色，使小环境内从春季到夏、秋季，都充满生机；丛植于路、草坪角隅、林缘、庭前或与其他花木搭配，在幽静的林间空地栽植，盛花时清香扑鼻，引人喜爱；如以各种丁香营造的丁香园，亦具特色，可形成美丽、清雅、芳香的青枝绿叶，花开不绝的景区，效果极佳，若在曲径游步道旁点缀，别有风致，另构一格；也可修剪成小乔木，作行道树，充作净化空气、美化环境的优良花卉。它是切花的良好材料，也可栽成盆花，置于厅堂，使堂内花香馥郁，清新舒适。但是，丁香花对患有高血压、冠心病的老人有刺激，不宜放在居室内。

丁香不仅花香，而且实用价值很大。丁香花可直接食用。菜肴或羹汤有丁香花调味，可使人胃口大开，如丁香鸭、丁香羊肉、丁香酸梅汤、丁香姜糖。丁香有营养又能疗胃、肠炎，消化不良，饮酒前嚼一粒丁香，可增加酒量，不易喝醉。其根、皮、枝与果实均可入药，《本草经疏》写道：“丁香，其主温脾胃、止霍乱壅胀者。”在中药里属温祛寒的药物，传统上用于治疗胃寒呕吐、呃逆，以及肾阳不足所致的阳痿、脚弱等症。干燥花蕾、叶或梗可提炼丁香油，其主要化学成分为丁香油酚和齐墩果酸等，现代药理研究证明：丁香油能促进胃液分泌，对多种皮肤癣菌（头癣、体癣、股癣和手癣等）亦有较强抑制治疗作用，还具有抗菌、抗病毒、抗真菌的作用，特别是对痢疾杆菌，金黄色葡萄球菌、结核杆菌有明显的抑制和止痛作用，是制造药品的原料，又是制造香水等高档化妆品的重要原料。著名法国香水香奈儿的“可可”及圣罗兰的“鸦片”都用丁香作主调成分。丁香花散发出的香气中含有丁香酚等化学物质，杀菌能力比石炭酸强5倍以上，能够净化空气。夏天其香味还能驱蚊虫。嫩枝可代茶。木材坚韧，供制农具及器具。

丁香花在中国是爱情和幸福的象征，有“爱情之花”、“幸福之树”美誉；在欧洲，认为丁香是高贵身份的象征。红色丁香花表示勤勉，有首童谣说道：“平民男子只要拥有一棵，国王的女儿都会来亲近他。”在英国，紫色丁香花表示初恋，白色表示少年天真无邪。在法国，丁香表示纯洁，以紫色表示我的心属于你，白色表示让我们相爱吧！并将白丁香花视为青春的象征，只有美丽的姑娘才佩戴白色的丁香花。

日本《和汉药考》中称丁香“百里馨”、“瘦香娇”、“如宇香”等雅名，并称为“札幌之花”，每年6月丁香花盛开之际，要举行“丁香节”。日本以白色丁香表示“彼此相爱吧”。迄今许多地方仍把“春天女神之花”视为珍品。云南崩龙族和傣族人民，每年丁香花开之际，都要举行传统的“采花节”。青年男女身着节日盛装，争相上山采摘丁香花，赠送给自己的恋人，表示以丁香为“结”，寓意对爱情的坚贞不渝。一些地方将丁香作为定情之物。男女定亲后，女方若同意出嫁，托人送束丁香花给男方。男方将花束放置在即将成亲的洞房，不等花朵凋谢，就要选定成亲迎娶的良辰吉日。还有的地方将丁香作为催办婚事的信物。在西宁，每当丁香花开时节，人们总喜欢采上几束丁香花，插在厅堂的花器中。一些青年妇女，把丁香花插在头上或别在胸前，步移花摇，芳香四溢，楚楚动人。

鲁迅先生曾于1924～1926年居住在北京阜成门内官门口西三条胡同一个小四合院。1925年4月5日亲手在院内种植两棵白丁香树。它伴随着鲁迅先生在不眠的长夜里，奋笔疾书，写下了很多著名的杂文，像一把把犀利的匕首和投枪，刺向罪恶的封建制度，刺向北洋军阀政府的魁首及其走狗。这两棵白丁香树经历70多年的风风雨雨后，依然充满了青春活力，枝繁叶茂。每到仲春之际，白花满树，如银似雪，芳香袭人。

丁香在诗歌、绘画、文学作品和民俗等文化领域中，都有丰富的记载与传说。相传，古时京城一厨师为报复刁县官的虐待，趁春节宴会之机，跪献一壶冷酒说："水冷酒，一点二点三点，点点在心。请大人对下联。"县官对不出，当众丢尽面子，不久便气死了。来春，其坟上长出一株丁香，同僚大悟，说：他在阴间终于对出了下联，"丁香花，百头千头万头，头头是道"。也许正是县官之死，给人以启示，不可恶紫夺朱，仗势欺人，要清白明志，淡泊官禄。

传说，我国历史上的东汉时期，达官晋见皇上，口要含丁香，让口气芬芳，以示对皇帝的尊敬。而据历史记载，14世纪挪威兼瑞典女王的遗产清单里，有丁香750克。说明古人早已懂得利用芳香植物来净化环境，美化自身。

北京法源寺的丁香很有名，据传是明代遗物。自清代开始，诗人常相聚于寺内举行"丁香大会"。当时的盛景与《红楼梦》里海棠诗社的情形可以相媲美。1924年4月26日，印度诗人泰戈尔由徐志摩陪同也曾前来赏丁香。在中国西北的甘肃、青海等地，因高原气候的影响，佛教弟子就选用暴马丁香代替菩提树，人们称它为"西海菩提树"、"吉祥树"。青海省乐都县瞿昙寺里一棵暴马丁香树，相传是明朝洪武年间修建该寺时栽植的，距今已有600多年的历史。

丁香素雅洁净，幽香醉人，在文学作品中，作为高洁、冷艳、哀婉与愁怨的象征，被我国古今诗人广为吟咏。早在唐代，诗圣杜甫在《丁香》诗中说丁香之芳香可以与兰花、麝香相比："丁香体柔弱，乱结枝犹垫。细叶带浮毛，疏花披素艳。深栽小斋后，庶使幽人占。晚堕兰麝中，休怀粉身念。"他既赞美了丁香花的美丽高雅，又告诫人们在安居中勿失晚节。陆龟蒙的《丁香》："殷勤解却丁香结，纵放繁枝散诞春。"可谓用丁香花抒怀，寄寓情思。唐代诗人李商隐《代赠》："楼上黄昏欲望休，玉梯横绝月如钩。芭蕉不展丁香结，同向春风各自愁。”表达了年轻女子思念情郎的情愫。南唐国主李煜的《摊破浣溪纱》词：“青不外信，丁香空雨中愁。”更是明确描述了丁香伴着绵绵细雨，散发阵阵幽香的妙景。清代邹升恒的《丁香和韵》：“春空烟锁缀星星，两树琼枝占一庭。交网月穿珠络索，小铃风动玉冬丁。傍檐结密人难折，拂座香多酒易醒。只恐天花散无迹，拟将湘管写娉婷。”描绘了白丁香花白璧无瑕、玲珑剔透的形态，流露出诗人对名花怜爱之情。清代陈至言《咏白丁香花》：“几树瑶花小院东，分明素女傍帘栊。冷垂串串玲珑雪，香送幽幽篦簌风。稳称轻奁匀粉后，细添薄鬓洗妆中。最怜千结朝来拆，十二阑干玉一丛。”诗人把白丁香的洁白颜色和高尚品格，概括而形象地表现出来。全诗艳美香幽，令人读来口齿生香，美不胜收。元人元好问《赋瓶中杂花》也是咏丁香的佳作：“香中人道睡香浓，谁信相丁香嗅味同。一树百枝千百结，更应熏染费春工。”明代许邦才《丁香花》则有诗人特点：“苏小西陵踏月回，香车白马引郎来。当年剩绾同心结，此日春风为剪开。”诗人通过遐想，把昔日美女苏小小与名卉丁香花联系起来，富于情韵。清人刘大櫆在诗中热情歌颂：“君不见，此花含吐如瓶瓶，欲开不开殊有情。一夜东风起萍末，纷纷霰雪铺檐楹。”

丁香耐寒、耐旱，有极强的生命力，即使在零下40摄氏度的严寒里，它也不会折失，被中国呼和浩特市定为市花。呼和浩特市又名青城，清朝初期就栽培丁香，历史久远。西里图昭觉寺院西殿门前的4株丁香树约有80多年的树龄，其地径达26厘米，现在仍枝繁叶茂。每当春夏之交，丁香开放，绿叶婆娑，繁花似锦，幽香袭人，为塞外青城的春天平添了一派盎然生机。青城的城标是千里马，市花是丁香花，青城人所信奉的正是千里马与丁香花所具有的那种顽强不屈、坚忍不拔的精神。

百结之花

紫璧无瑕

初显风流

繁星朝晖

镶满珍珠

怒放展艳

绽露洁白

31. 祥瑞之花——瑞香花

瑞香，在古籍中又称睡香、麝囊、瑞兰、露甲、千里香、紫风流、蓬莱紫、风流树、夺香花，还称瑞香为“闺客”。为瑞香科瑞香属常绿灌木。是中国古老的传统名花之一，以芳香闻名。

瑞香原产于中国长江流域。生于暖温带山坡阴面的溪谷、山坡丛林和林缘。中国栽培瑞香已有1000多年的历史。北宋陶谷《清异录》提到，庐山僧舍有麝囊花一丛，色正紫，类丁香，号紫风流，江南后主诏取，植于移风殿，名蓬莱紫。此处所指的花卉，便是瑞香。可见，当时瑞香已为君主所重视。此外，全国各地多有瑞香的记述。据《本草纲目》载，瑞香在宋代已广为传播。人们认为瑞香酷烈，夺百花之香凝聚一身，呼之“花贼”。远在战国时代，屈原就在《楚辞》中称其为“露甲”。明代陈诗散《灌园史》和明代王志坚《表异录》等书均认为《楚辞》所载的露甲当是瑞香。“庐山瑞花，始缘一比丘，昼寐盘石上，梦中闻花香酷烈，及觉求得之，因名睡香。四方奇之，谓为花中祥瑞，遂名瑞香。”张翊著《花经》将花木以九品九命分成九等，最佳者为一品九命，他认为属于一品九命的植物有瑞香。它与长春和尚君子兰、日本五针松被推崇为园艺三宝，在国内与君子兰、茶梅、苏铁列为盆景之首。瑞香分布于江西、湖北、浙江、湖南和四川等省，北方地区多盆栽。

瑞香属植物约80种，主要分布于欧洲、非洲北部、大洋洲，以及亚洲的温带和亚热带地区。中国约有35种，是该属植物主产地之一，种质资源丰富，大部分产于西南和西北部。目前在庐山、天目山一带仍能见到野生瑞香的生长。作为观赏植物栽培的有金边瑞香、毛瑞香、白瑞香、凹叶瑞香、蔷薇瑞香、橙黄瑞香、短瓣瑞香、甘肃瑞香。以金边瑞香被视为珍品，从明代流传至今。它以其“色、香、姿、韵”四绝而载誉花谱。

瑞香喜半阴半阳，早晨与傍晚需一定光照。喜冬暖夏凉的通风环境，耐寒性差，畏涝，怕干旱，忌高温高湿，不耐肥。喜排水良好，富含腐殖质的微酸性土壤，忌积水。萌芽力强，耐修剪，易造型。

繁殖瑞香，以扦插为主，也可压条、嫁接或播种。扦插易成活，选一年生枝条春插，或用当年生枝条夏插或秋插；插条要3～4节，入土2～3节，土面保留1～2片叶子，插后注意保湿，适当光照，1～2个月后即能生根，移栽后2～3年开花。

瑞香树态优美潇洒，自然圆整，茎枝柔雅婆娑，叶厚碧青。自古有“瑞香以金边最良”的说法。它深绿色的叶子饰有金黄色的镶边——金镶玉质，像一群少数民族少女，穿着锦绣彩裙翩翩起舞，令人欢心愉快。冬末初春，兰花尚未收青，梅花却已凋谢，万卉未苏之际，惟有瑞香喷芳。它冲破残雪，毅然冒寒吐彩，向人间报道春天的信息，预示整个新年里的祥瑞。它花蕊外紫内白，朵朵紫红色的细花点缀在层层叠叠青翠欲滴的绿叶之中，看上去就像一床灿烂而又轻暖的“云锦被”。浓烈的芳香从其间发放出来，犹如妙龄少女身上散发出青春气息的芳香，人们以为它夺百花之香凝集一身，故称其为“花贼”。明宣宗《瑞香花》诗注说瑞香花，叶如织，其叶非一状，花开亦殊色，或如玛瑙之殷红，或如玉雪之姿容，或含浅绛，或深紫。又有诗人吟咏：“庐阜当年春睡浓，花名从此擅春工，紫葩四迸呈鲜粉，如梵仙香透锦笼。”足见瑞香是以异香而闻名于世的。它神韵高洁，天然而成；祥瑞如意，一心奉献；凌寒竞开，坚贞顽强；瑞气缭绕，芳香袭人，因而得到历代文人和百姓的欣赏与称颂。

金边瑞香在地冻天寒的春节，映雪盛开，姹紫嫣红，给人们带来美的享受。也因为有了它的美，便给传统佳节带来喜庆祥瑞。它树姿优美，花韵潇洒，四季常绿，早春开花，芳香扑鼻，为著名的园林常绿花木。将它散植于公园的绿化区和大型花坛，浓郁的芳香和青翠碧绿的枝叶，使环境更增添无限的优美与高雅。它也常被植于建筑物、假山与凉亭的阴面，显得幽趣洒脱，风姿绰约，景色清新。它枝干婆娑、韵味潇洒，条柔叶厚，易于盘扎，是制作盆景赏玩的上品。若春节在室内放置数盆，非常富有雅趣和意境，则瑞气盈门，吉祥喜庆。还可切花插瓶装饰，为农历正月插瓶主要花卉。与山茶搭配，瑞香芬烈，山茶鲜艳，能相得益彰；与梅花、迎春等共插，也很适宜。

金边瑞香不仅花香飘逸，而且很有实用价值。花、叶、根和树皮，均可入药，含有白瑞香素葡萄甙、伞形花内酯等。性温，味甘、咸，有消淡解毒、消肿止痛、祛风活血之功，花主治咽喉肿痛，牙痛、风湿痛。茎、叶外敷或煎水熏洗能治疮、无名肿痛及蛇咬伤，跌打损伤。根皮或树皮能治坐骨神经痛。瑞香有麻醉性，内服宜慎，要在医生的指导下进行。

瑞香花可用于饰发，也可提炼芳香油，用于制作化妆品，还可食用，糖渍后成瑞香蜜饯，其味甜美芳甘，十分爽口，含食可清利头目。树干皮部纤维质优，是制作高级用纸的材料。

瑞香在中国素有“祥瑞之花”的美称，是吉祥如意的象征。宋代《清异录》里记载了瑞香出自庐山的一则典故。有位尼姑，一日在磐石上打坐，迷蒙中闻到浓烈花香，醒来循着香气寻找，在枯草丛中寻得一株奇花，将其移入山寺中，供于佛前，名曰“睡香”。香客闻之，顿觉心旷神怡。寺院进香者日益增多，都认为“睡香”此花为祥瑞之物。为纪念山寺香火旺盛，而将此花改名为瑞香，流传至今。宋代王十朋的《瑞香花》诗：“真是花中瑞，本朝名始闻；江南一梦后，天下仰清芳。”就是这个典故的写照。

据传，唐玄宗李隆基有一年游江西庐山，看到风景秀丽，便萌生在此找妃子的念头。手下人看中漂亮的瑞香，但瑞香誓死不愿进后宫。她趁夜色迷蒙，匆匆逃到舅舅家躲藏起来，但她没来得及通知情人樵哥。樵哥满山遍野地寻找，总不见她的踪迹。他在山头唱山歌。歌声被在泉边洗衣的瑞香听到，她以歌作答。二人终于重逢。不料，歌声同时惊动了官府差人，他们一拥而上，打伤樵哥。瑞香在脱身无望的情况下，一头向山石撞去，鲜血四溅，命归黄泉。樵哥醒来一看，鲜血处已变成一朵朵白花，芳香四溢。人们认为那花是瑞香的化身，便称它为瑞香花。

在欧洲，传说瑞香花是河神女儿达莱尼的化身。太阳神阿波罗爱慕达莱尼的娇美艳丽，千方百计地追求她，在遭到严词拒绝后仍穷追不舍。达莱尼被追得筋疲力尽，仍无法脱身，便求助于众神。众神将她变成一株瑞香花。此后，瑞香便成了人们心目中贞洁女性的象征。

据说马克思生前最爱瑞香花，也许瑞香花象征着无瑕的心灵，高洁的情操，斗争的精神吧。

在战国时，瑞香就已成为中国的名花，深受人们的喜爱。此后，历代诗人对它都有不朽的赞美诗文。宋代苏轼《瑞香花》：“幽香结浅紫，来自孤云岑。骨香不自知，色浅意殊深。”赞颂了瑞香的香美。另一首《西江月·真觉赏瑞香》：“公子眼花乱发，老夫鼻观先通。领巾飘下瑞香风，惊起谪仙春梦。后土祠中玉蕊，蓬莱殿后鞓红。此花清绝更纤秾。把酒何人心动。”诗人描写瑞香花香，写得极有情趣。宋代范成大的《瑞香花》：“万粒丛芳破雪残，曲房深院闭春寒。紫紫青青云锦被，百叠薰笼晚不翻。酒恶休拈花蕊嗅，花气醉人浓胜酒。大将香供恼幽禅，恰在兰枯梅落后。”赞颂瑞香神韵风采。宋代张孝祥在《浣溪沙·瑞香》一词中道："腊后春前别一般，梅花枯淡水仙寒。翠云裘著紫霞冠。仙品只今推第一，清香元不是人间。为君更试小龙团。"赞颂瑞香优雅的品性。宋代陈造《瑞香花》："钩窗玩孤芳，残月衣上明。紫囊拆兰麝，小风弄初晴。"曾巩有"风雨离披枝叶瘦，可怜终不减清香"，杨万里有"香中真上瑞，兰麝敢名家"等名句以赞美瑞香。赵彦端作《点绛唇》："护雨烘晴，紫云缥缈来深院，晚寒谁见，红杏枝头怨。绝代佳人，万里沉香殿，光风转，梦余千斤，犹恨相逢浅"。以上吟咏诗句足见古人对瑞香的酷爱。

1985年11月，南昌市选金边瑞香为市花。每到早春，成千上万的金边瑞香临风斗雪，争妍盛开，那丛丛青枝，簇簇鲜花，象征着南昌市百业兴旺，繁荣昌盛，一派祥瑞气象。

祥瑞如意

金镶玉质

彩裙翩舞

32. 花中神仙——海棠花

海棠属蔷薇科苹果属落叶小乔木，别名海棠花、梨花海棠、女儿棠、海红等。中国是海棠的起源中心，已有2000余年的悠久栽培历史，源远流长，在历代史料和诗词中就有关于海棠的记载，最早见《诗经·召南》篇有“蔽芾甘棠，勿剪勿伐”句，始知古称海棠为“甘棠”，又称赤棠、杜梨、彤棠、棠梨等。大约南北朝以后，海棠的观赏价值才逐渐被人重视。唐代已作为观赏花木在宫苑大面积栽培。宋朝时海棠被评为“名花十友”、“名花十二师”，专著有《海棠记》、《海棠谱》等。唐代贾耽的《花谱》一书称海棠为“花中神仙”，并传至日本和朝鲜半岛。于18世纪传到欧洲。

海棠花为著名的早春观赏花木之一。原生于海拔2000米以下的山区平原，迄今野生资源已不易见到。常见的有四种，又称为四品，即西府海棠、垂丝海棠、贴梗海棠和木瓜海棠，皆为木本，虽都属蔷薇科的春花树种，但并非同属植物。贴梗海棠和木瓜海棠系木瓜属；西府海棠与垂丝海棠系苹果属，这两种为中国历史传统名花之一。苹果属植物全世界共有35种，分布于北温带，中国有24种，50余个品种，多数是观赏类。广布于大江南北，陕西秦岭、甘肃、辽宁、河北、河南、山东、江苏、浙江、云南、四川等地均有分布。四川盛产海棠，古巴蜀人最早将野生转家种成为庭院观赏名贵花卉之一，故海棠又称“蜀客”、“蜀花”，古时被誉为“天下奇绝”。唐代薛能认为：“四海应无蜀海棠，一时开处一城香。”宋代沈立诗：“岷蜀地千里，海棠花独妍。”陆游也写过：“成都二月海棠开，锦绣裹城迷巷陌。”

目前经园艺工作者不断搜集和选种、杂交育种，栽培出众多深受欢迎的品种，约有200个以上。

中国海棠植物资源比较丰富，本种常见栽培的变种有：红海棠与白海棠。城市中常见的栽培种有：垂丝海棠、重瓣垂丝海棠、白花垂丝海棠、湖北海棠、西府海棠等。

海棠性喜光，不耐阴，宜植于南向之地，对严寒的气候有较强的适应性，其耐干旱力也很强。多数种类在干燥的向阳地带最宜生长，有些种类还能耐一定程度的盐碱。但以土壤深厚肥沃，pH值5.5～7.0的微酸性至中性黏壤土中生长最盛。忌水涝，萌蘖力强。可采用嫁接、分株、扦插、压条及播种繁殖。海棠一般地栽，以早春萌芽或初冬落叶后为宜。出圃保持根系完整，大苗带土球，小苗留宿土。植后加强莳养，保持土壤疏松肥沃。亦可作桩景盆栽。盆栽主要取材于野生苍老的树桩，于春季萌芽前采掘，带好宿土，护根保湿。经1～2年养护，树桩成型后，清明前上浅盆。初栽根部多留泥土，以后再逐步提根，配以拳石，便成具有山林野趣的海棠桩景。

海棠花自古以来是雅俗共赏著名观赏花木之一，早有“国艳”之誉，素有“花中神仙”、“花贵妃”、“花尊贵”之称，与牡丹、梅花、兰花被称为“春花四绝”。它经隆冬的孕育，在初春阳光雨露的沐浴下，窈窕于春风前，不以其娇艳的姿色与桃李早春争艳，待到晚春才含苞绽放，怡然自乐，不事张扬，让人们从海棠身上感悟升华出平静质朴，自重自爱的自律品格。它虽无梅花素净，却比它丰满。“其株翛然出尘，俯视众芳，其花甚芳，其叶甚茂，其枝甚柔，望之绰然如处女，非若他花怡容不正者可比。”虽不及桃花娇艳，但又较它淡雅。“虽艳无俗姿，太皇真富贵”，其鲜媚温柔却不娇气，平和质朴却有超群绝类之势。它虽荣耀花坛较晚，然而仍凌空舒展，亭亭玉立，英姿焕发，充满生机，使人浮想联翩。它花朵虽较小，但花团锦簇，楚楚有致，重葩叠萼，跗眩朝日，一树千花。有的花梗上举，姿态潇洒；有的铁杆虬枝，刚劲挺拔；有的群葩倒悬，在绿叶间时隐时现，似少女掩面，脉脉深情，有羞涩之感，引人入胜，令人陶醉。海棠最美最动人之处就在含苞欲放之时，当花蕾刚着雨珠而又在“欲开时”，片片花瓣经春雨的洗礼，尘垢洗尽，分外滋润、明丽，花色显得分外光洁鲜红艳丽，美如处女含羞的红晕，又像是初醒睡起的佳人，精神饱满，晓妆均匀，娇腮生辉，娇娆而妩媚，真叫人神魂颠倒。难怪惹得唐代诗人郑谷为之销魂，禁不住要携酒对赏，赋诗称赞道：“秾丽最宜新著雨，娇娆全在欲开时。”当那花初开时，炎红中有白，白中泛红的花花色，好似少女的唇颊，一簇簇的，三五朵一簇，缀满枝头，花姿明媚动人，楚楚有致。“盖色之美者，惟海棠，视之如浅绛外，英英数点，如深胭脂”，开后则渐成缬晕明霞，独具风韵，比之于日本樱花，繁密虽不及，但其娇红颜色，远远过之。“海棠妙处有谁知？今在胭脂乍染时。”（南宋刘克庄）。盛开时，如“云蒸霞蔚”；花落时又像宿妆淡粉；宋克庄诗：“海棠妙处有谁知，今在胭脂乍染时。”它以艳丽不俗著称，在细雨下更显得娇艳奇绝，即所谓“艳丽最宜新着雨，妖娆全在半开时”。其花娇美绝伦，因此，宋代陆游诗：“若使海棠根可移，扬州芍药应羞死。”秋季成熟果实，玲珑可观，红黄相映，高悬枝间，恰似红灯点点，随风荡漾，别具风姿。加以叶茂枝柔作映衬，确实娇妍动人，惹人怜爱，就连道学先生也不能不为它倾倒。宋代理学家朱熹的老师刘子翚面对海棠，也由衷叹道：“幽姿淑态弄春晴，梅借风流柳借轻……几经夜雨香犹在，染尽胭脂画不成……”形容海棠似娴静的淑女，集梅、柳优点于一身，妩媚动人，雨后清香犹存，花艳难以描绘。每当岁末，大雪纷飞，大地一片银装裹，庭园内有几株挂满小巧玲珑果实的海棠树，既为冬季的园林增色不少，也为鸟类提供了食物。

海棠种类繁多，树型多样，树态古朴奇特，茎干坚韧，铁骨铮铮。枝条伸展自如，翡翠叶片，浓绿光亮。叶茂花繁，丰盈娇艳，占尽春风，已在中国众多城市中大量应用，特别是古典园林中无园不植海棠。古典园林中将玉兰、海棠、牡丹、桂花、竹、芭蕉、梅花配植，广泛应用于庭园，称为庭园名花八品，其寓意为“玉堂富贵、竹报平安”。现代园林以群植、片植地栽装点园林，可构成壮丽的自然景观，形成一种浩然浑厚的气魄，最能发挥海棠的群体美。可在门庭两侧对植，或在亭台周围、丛林边缘、水滨池畔布置，最宜植于水边，犹如佳人照碧池。若在观花树丛中作主体树种，其下配植诸如贴梗海棠、金丝桃、金丝海棠这样的春花灌木，其后以常绿树为背景，则绰约多姿，妩媚动人。或在公园游步道旁两侧列植或丛植，亦具特色。海棠对二氧化硫有较强的抗性，宜适用于城市街道绿地和厂矿区绿化。茎干古老奇特，是园艺中制作盆景的很好材料，所制作盆景置于客厅亦十分悦目。海棠还可作切花供瓶插及其他装饰之用。此外，海棠花枝条柔软，可随任意整形盘扎，用细绳绑扎后，盘成各种图形，侧枝上开花时显出美丽图案，非常别致富有情趣。海棠花的图案处处皆是，落地长窗、洞窗、塑窗、门洞、铺地等构图，常常是用美妙的海棠图案。如厅堂斋馆中的海棠窗，给人春满厅堂的感觉；又如铺满海棠图案的院子，自然产生春色满园的美感。

海棠具有药用及其他经济价值。海棠花气味芳香，可制茶、提取香料。花含蜜汁，是很好的蜜源植物。种子含油量达30%，榨油能食用，也可用于制肥皂。果加工成蜜饯、果脯。木瓜海棠果中药名为光皮木瓜，贴梗海棠果中药名为皱皮木瓜，两种均具有祛风湿、平肝舒筋、驱风止痛的效果，常被制成木瓜药酒。其木材可做家具、农具和新炭等。

中国古代将海棠等花木的果实和美玉一起作为友好往来、相互馈赠的礼品。中国名花繁多，各有其美的特色，令人对花相视而笑的唯海棠，在当今社会应酬中，赠送一枝海棠给新婚夫妇，祝贺新婚快乐，姻缘美满；将海棠花与玉兰一起赠送给亲朋好友，寓意玉堂富贵，祝愿亲友家庭生活幸福、美满。现代人常在自家庭院种上海棠，除为观赏外，还取其吉祥、繁荣、兴旺和快乐之意。

中国古往今来都十分喜爱海棠。唐明皇用海棠花比作宠妃杨太真。据《杨太真外传》：唐玄宗李隆基偏宠杨贵妃而冷落六宫粉黛。一日，游览沉香亭，奇花异葩，姹紫嫣红，不觉心旷神怡，遣人召之。贵妃见皇上有诏，不及梳妆匆匆赶来，见她醉容桃红，残妆依留，钗横鬓乱，发垂如瀑，胜似雨后海棠，出水芙蓉，如娇似怯，楚楚动人，唐明皇不禁笑曰：“海棠春睡，尚未醒乎？”将一个睡眼惺忪，酒意未退，秀色可餐的佳丽比喻成海棠春睡，确是惟妙惟肖，妙趣横生。

诗人爱海棠更是如痴如醉。陆游爱海棠，恐与他中年旅居蜀中近十年有关，写了许多有关海棠的诗，且笔底生花，声情并茂。有人说陆游爱海棠当与爱情悲剧有关。陆游与唐琬本是一对恩爱夫妻，举案齐眉，相敬如宾，后因母亲逼迫，夫妻离异，抱憾终身。在陆游看来，海棠便是泪与恨。他的《海棠》诗：“蜀地名花擅古今，一枝气可压千林。讥弹更到无香处，常恨人言太刻深。”

北宋杰出女词人李清照也十分爱海棠，《如梦令》脍炙人口，广为传诵：“昨夜雨疏风骤，浓睡不消残酒。试问卷帘人，却道海棠依旧。知否？知否？应是绿肥红瘦。”李清照与赵明诚婚姻美满，伉俪情深。后北宋南迁，丈夫在金陵去世，李清照深感孤苦飘零，在词中她借海棠尽情抒发一个无依无靠的寡妇之哀愁。

苏东坡为四川人，自然对海棠情有独钟。在贬谪黄州时，他居所附近有株海棠，竟无人识得，他感慨万千，喟然命笔，题一长诗，诗首注：“寓居定惠院之东，杂花满地，有海棠一株，土人不知贵也。”此诗自认得意之作，曾多次书之赠友。据说，这首诗石刻竟有五六种版本广传民间：“朱唇得酒晕生脸，翠袖卷纱红映肉。……嫣然一笑竹篱间，桃李满山总粗俗。”把海棠色韵之美描写得淋漓尽致，跃然纸上，海棠因此亦顿时身价百倍。

蜀中海棠闻名天下，杜甫在成都写了许多咏花草诗，但却独漏了海棠，苏东坡因此抱不平：“此花本出西南地，李杜无诗恨遗蜀。”王十朋更有“杜陵应恨未曾识，空向成都结草堂”的惋惜。

北京中南海的西花厅，每当入春之际，海棠花盛开如火如荼，艳丽照人，似乎是在怀念钟爱海棠花已故的周恩来总理。周总理日理万机，繁忙之余总喜欢在海棠花前停留，即使在夜晚。有一年，周总理去日内瓦参加会议，正值西花厅海棠满树鲜花，邓颖超大姐特意剪了一枝娇美海棠花压在书本里，托人带去日内瓦。江苏淮安有关部门在周总理故居引种了几十株海棠，以表示对人民的好总理永久怀念之情。

著名作家梁实秋与他的祖父和父亲都爱养花。在他的《槐园梦忆》中写道：西府海棠“翌年即繁花如簇，如火如荼，春光满院，生气盎然。”每当写作评著之余，便漫步于花丛之中。1966年，梁实秋从台湾省国立师范大学退休后，更有空闲料理花卉，当友人从大陆送去花卉，夫妇俩便激动万分，抚花思乡。

海棠的风姿艳质，惹得历代众多骚人墨客纷纷咏赞，留下了赞赏海棠脍炙人口的诗句。陆游诗：“猩红鹦绿极天巧，叠萼重附眩朝日。”形容海棠花鲜艳的红花绿叶及花朵繁茂与朝日争辉的形象。宋真宗诗：“高低临曲槛，红白间柔条；润比攒温玉，繁如簇绛绡。”苏东坡的咏海棠的名句：“东风袅袅泛春光，香雾空蒙月转廊。只恐夜深花睡去，故烧高烛照红妆。”曹雪芹《咏白海棠》（其一）：“斜阳寒草带重门，苔翠盈铺雨后盆。玉是精神难比洁，雪为肌骨易销魂。劳心一点娇无力，倩影三更月有痕。莫道缟仙多羽化，多情伴我咏黄昏。”更是把海棠的娇柔之态勾画得惟妙惟肖。

双姐妹相视而笑

艳丽照人

娇腮生辉

玲珑祥果红黄相映

白玉凌空舒展

繁花凌空玉立

33. 馥郁可人——白兰花

白兰，别名白玉兰、白兰、把兰、缅桂、白缅花、黄桷花和玉兰花。为木兰科含笑属常绿大乔木花木。它是广东省佛山、肇庆，四川省乐山三市的市树。

白兰原产于喜马拉雅山南麓，马来半岛和印尼爪哇森林之中。引入中国虽只有百余年，但芳迹遍及华南各地，在海南、广东、广西、福建、云南、台湾及浙江南部等地，广泛栽植于庭园和街道。长江流域以北及华北，白兰花多盆栽或桶栽。

白兰性喜日照充足、暖热、湿润和通风良好的环境。不耐阴，也不耐酷热和日灼。畏寒，其生长环境冬季温度不低于5摄氏度。最忌烟气。根系肉质、肥嫩，不耐旱又不耐湿，尤忌渍涝。喜富含腐殖质、排水良好、疏松肥沃、微带酸性的砂质土壤。木质较脆，枝干易被风吹断。有抗大气污染和吸收有毒气体的功能。在江南地区，一年抽发三次新梢。第一次在清明至谷雨期间，第二次在梅雨期，第三次在立秋前后。花期长达150天，陆续开放，以6～7月份开花最盛。秋花最香。冬季5摄氏度时停止生长，−3摄氏度时会受冻害。白兰花多数不结实，有白、黄两种。树龄能逾百年。繁殖常用嫁接和高压法，嫁接繁殖常以紫玉兰或黄兰作砧木进行靠接。

白兰花为著名的香花，与茉莉花、栀子花并称“盛夏三白”。它是民间普遍喜爱的木本花卉，中国南方园林的骨干树之一，极好的庭园行道树。

它高耸通直的躯干，姿态端庄高雅，优美洒脱。不管是雷雨大作，还是狂风肆虐，它仍挺直腰杆，如雪松气势，令人赞叹不已。春来春去，繁茂常绿的枝叶，像一把巨大的伞，早已笼盖一庭。它盛夏送阴凉，三秋送气爽，更带来了缕缕清香，给人以舒适恬意之感。它嫩绿的秀叶，光洁俊美，用手摸叶面，连手也感到有香气。

当其他姐妹娇艳欲滴的花朵，忍受不了炎夏酷阳，垂头凋谢，玉兰却悄悄地来到了人世间，瞧它简洁的花瓣，流畅的线条，洁白似玉，宛如南国女子一身洁白婚纱，淡雅素净。它既不争姿斗艳，也没有姹紫嫣红，然后却静静地躲藏于碧绿叶下，幽幽地散发出阵阵的芳香，如兰的浓郁气味，沁人心脾。它虽没有牡丹的富贵，也比不上玫瑰的妩媚，更无海棠的娇嫩，却有着超凡脱俗的超然之美。盛花时节，在翠绿叶丛中，朵朵呈线形的小白花，或半含宛如"犹抱琵琶半遮面，大株小珠落玉盘"的歌女；或待放像是从大漠归汉时轻吟胡笳十八拍的蔡文姬；或盛开巧似"回眸一笑百媚生，六宫粉黛无颜色"的杨玉环。虽娇媚婀娜，姿态万千，惟一不变的其芳香依旧。花开之后，花瓣向外翻卷，宛如仙女裙带在徐徐微风中飘惑，另有一番生趣。观赏白兰花开放，最适宜的时间是在一场夏雨之后。这时满枝脂玉般的白兰花含满水珠，清亮欲滴，香气四溢。

在南方城市，白兰树为园林的骨干树种之一，人们常将它群植或疏植于园内、行道旁及屋畔窗前，使之四季常青，花香迷人，给人以清新幽雅的感受，别有一番南国风光的情趣。花坛、花境中孤植，与百花互衬，更增添了幽雅恬静的气氛。公园中散植，阵阵清香能祛闷热暑气，使人亲临其境时备感舒适。阶前室隅，陈列数盆经培植出树身矮、造型美、花期长的白兰花树形盆景，开花时节芬芳四溢，备觉温馨优雅，这时"绰约新妆玉有辉，香生别院晚风微"，就连邻居也能感到心旷神怡。用白兰花作室内瓶花，可维持室内一周芳香不息。将它的花佩戴在胸襟或发辫上，或藏于手绢中，既可香身，又显高雅。

白兰花含有芳香醇、苯乙醇和甲基丁香酚等成分，可提取昂贵的玉兰油、玉兰浸膏和玉兰香精，花朵可作胸花、头饰，现今市场上不少白兰香型的香水、润肤霜、雪花膏都常用白兰花为配料，还可窨制名茶，其香味远比茉莉花茶浓而醇，为花茶之珍品，还能酿酒。白兰花的花瓣厚实，清香，能食，又有较高的药用价值。白兰花味苦辛而性温，具有化湿解暑，利尿化浊，止咳去痰功效，主治慢性支气管炎、前列腺炎、白带过多等症。根皮含生物碱等成分，能治便秘。白兰花树对氯气、二氧化硫等有毒气体反应敏感，抗性差，对环境污染具有监测作用。其材质优良，可制作家具。

白兰花是圣洁、幸福的象征，深受人们的喜爱。在云南省的东川大地，每逢白兰花开花时节，未见其花与树，却已清香扑鼻。进入市内，可见妇女们争相将这玉琢牙雕般的白兰花佩戴胸襟，或插于发髻，以此展示了东川女子的魅力，更平添一份优雅妩媚，也使得满城溢香，因而增添了不少情趣。有的喜爱将白兰花串成花环，挂在室内，顿时满堂飘香。未全开放的白兰花，放置几天之后，仍然鲜活如初，即使变成曲卷焦褐色的干花，也仍然芳香如故。20多年来，东川儿女在荆棘丛生的乱石沙滩上，用双手建成整洁协调、清洁宁静的文明城区。他们精心引种培育的优良白兰花树种，历经干旱、霜雪、风沙之侵袭，酷暑严寒的考验，获得了成功。 有“缅桂城”之称。1982年8月2日，市人民代表大会选白兰花为东川市的市花。花开季节，游人如织，购花商贩络绎不绝。1998年12月6日，国务院批准撤销地级东川市，设立昆明市东川区。但是，东川人民对白兰花的喜爱，依然有增无减。云南河瑶族自治县一带，气候酷热，雨量充沛，生态环境接近原产地，白兰一年四季花开不断，被称作“四季缅桂”。

危地马拉是古代印第安人玛雅文化中心之一，是中美洲人口最多和土著民比例最高的国家。白兰花冰清玉洁，清香淡雅的特质，深受危地马拉人民的喜爱，被尊为国花。

有则与白兰花相关的寓言典故，颇耐人寻味。唐代扬州名刹惠照寺木兰院，院中种满了白玉兰树。穷困的读书人，常寄住该院，与僧众共餐，膳费自觉缴纳。有位贫苦孤儿王播，好读书，喜诗文。但是膳费时有时无，时间长了，当家和尚忍不住，便对僧众说：“饭后鸣钟，大家饭吃完再敲钟。”于是，王播闻钟声去就餐时，饭已吃过。因此，他时常饿肚皮，或是吃点残羹剩饭。王播遭此冷遇，更加勤奋学习。有时在壁上题几句木兰诗，抒发忧闷，后人常说“饭后钟”典故即由此而来。后来王播赴京应试高中，得以显贵。20年后，他出镇扬州。寺僧惶恐，便在王播昔日写的壁诗上，以碧纱笼护之。王播访旧至木兰院，见旧诗上都蒙了碧纱，又题二绝句。这故事载于唐代王定保《摭言》，改写为杂剧《碧纱笼》。后人以碧纱笼作典故，慨叹世态炎凉。

北京有首民谣赞颂《白兰花》芳香：“白兰花儿白又香，摘下扎对挂襟上。夏季香味驱汗臭，更给人们送清香。”郭沫若生前十分喜爱白兰花，赋《白兰花》诗一首：“小白兰花倒没什么新奇，清甜的香韵可和春兰相比。淡青色的叶子经常湿得鲜腻，护着花朵怕无端受了风雨。上海姑娘喜欢在街头叫卖，那卖花的声音真正十分可爱。‘白兰花呢！’清脆得比我们香甜，因此，使我们的香韵增添了一倍。”他把白兰花的优美和卖花姑娘叫卖声的清脆联系在一起，使白兰花的形与香，让人们更加感到深刻难忘。

玉人羞笑

仙女飞天

英姿高耸入云

芳香华盖一庭

多姿多态

34. 玉树临风——白玉兰

白玉兰，别名木兰、玉兰花、玉树、迎春花、望春花、应春花、玉堂春和女郎花等。因花先叶开放，白色微碧，香味似兰，故有“木花树”之称。为木兰科木兰属落叶乔木。白玉兰花是上海市的市花、浙江省的省花，玉兰是中国传统的名贵花卉。作为名花，它始于秦汉，发扬光大于唐宋，到明清，更受名士推崇。

白玉兰，原产于中国黄河流域以南至广东北部，西南至云南的广大地区，至今已有2500年的栽培历史。木兰属共有90多个种，中国有30多个种，广布于热带、亚热带至温带地区，云南、贵州、四川及广东、广西，是本属现代分布中心，也可能是起源中心。野生分布在北纬24度50分至35度，东经105度至121度30分，垂直分布于海拔500～1800米的山地。今江西庐山，安徽天柱山，浙江天目山，贵州雷公山，湖南骑田岭，湖北神农架等处，仍多野生白玉兰大树。南朝梁任昉的《述异记》载：春秋时代“木兰洲在浔阳江中，多木兰树。昔吴王阖闾植木兰于此，用构宫殿。”浔阳即今九江市北，当时所栽木兰即玉兰（先人将木兰和玉兰统称木兰，直至明代才分开）。各地常见栽培的品种，有紫玉兰、荷花玉兰、天目玉兰、宝华玉兰、天女花和二乔玉兰等。它为优良的木本花卉和园林风景树，是中国古典园林中最具传统特色的树种之一。白玉兰大约在唐代传至日本，后又传入欧洲，深受外国人民欢迎。

白玉兰喜光、喜温暖湿润的气候和侧方遮荫的环境。适应性强，耐寒，耐旱。它对温度较为敏感，从南到北，花期相隔四五个月。在晴朗天气里，花开持久，遇风雨或寒冷，陷入“风雨摧残花夭折，遍地玉片溅入泥”的境地。在零下20摄氏度低温下能越冬。

喜肥，尤嗜氮而忌贫瘠土壤，适宜在中性偏酸、富含腐殖质、排水良好的砂壤土地区生长，微碱土也可以，但不耐积水。低洼地与地下水位高的地区，都不宜种植白玉兰。肉质根系，主根较浅，侧根发达；枝条愈伤能力较弱。“一朝孕蕾，长期怀胎”，寿命可达千年以上。白玉兰抗大气污染能力强，并能吸收有毒气体和灰尘，净化空气。可用播种、扦插、压条、嫁接和组织培养繁殖，多以嫁接法，可用辛夷、紫玉兰或山玉兰等作砧木。

白玉兰在木兰科大家族中，以英姿雅质赢得人们厚爱，应用最普遍 。它也是富有中国园林民族传统特色的早春花木，有春天的“寒暑表”之称。寒冬之际，它枝干青苍遒劲，微风吹拂，显出蓬勃生机，迷人体态艳美绝伦。早春，春寒未尽，其他花木尚未开放，它却不叶而花，在春光明媚的日子舒展怒放，开出比雪花还要洁白的花朵，待到满树繁花时，散发出夺目光辉，如玉树雪山排空而出，临风摇曳，暗香浮动，呈现出雄奇壮观的美景。那朵朵白花亭亭束素，犹如千万只玉杯竖立枝头，又好似洁白的雪绒堆满枝顶，将周围映得亮亮堂堂，皎洁艳丽；那瓣瓣花瓣如羊脂美玉，色泽晶莹，毫无微瑕。那缕缕如兰的清香，沁人心脾。肥硕丰盛的花朵伴着幽远典雅的清香，似玉雪香脂的贵妇一般的优雅，从容向世人展现着它美丽的芳容。此外，还有粉色、红色、紫色等多种颜色的玉兰花，宛如玉圃琼林，给人们带来春天欣欣向荣的信息，有“堂前一株玉兰树，花开时节一树玉。未种幽兰飘香，迎来满园玉堂春”的新景象。

赏玉兰，赏蕾和赏花各具韵味。赏蕾，是看重它含苞待放的那份神秘；赏花是看它盛开似朵朵白莲，亭亭玉立的那份成熟。

白玉兰花易开易谢，为期仅一旬，就落英满地，仿佛雪片纷飞，地面一片洁白，恰似“微风吹万舞，好雨尽千妆”，颇为壮观。它在微风和细雨中的百媚千姿，着实令人浮想联翩。待经几阵春风吹拂，玉花虽随风而去，却留下那芳芬的幽香在空气中游荡，到时嫩绿的新叶也随即顶出了树梢，只几日时光满树葱葱绿绿，让大地又重新变得生机勃勃。花后结出菠萝似的果实，不能吃。当果熟蓇葖自裂时，红色种子吐露出笑脸，一条白色丝状种柄将两者相连，若即若离。红色种子在微风轻拂下，晃晃悠悠，一眼望去赏心悦目。它丽质动人，矢志不渝，年年都在这冬、春之际，同风雪的搏斗中盛开，乐观无畏，高尚坚贞。而它的姊妹紫玉兰虽不香，然而其素艳的风韵让人久久不能忘怀。

玉兰满树繁花，晶莹剔透，香气似兰，蔚然壮观，其色香和体态无与伦比，是著名的早春花木，花先叶开放有“木花树”之称，是历史传统名花之一，唐代以来就被引入园林栽培。先人以其淡雅清香而广植于风景胜地、寺庙、庭院及显要之处；在古典园林中常在厅堂前、院落后种植，寓意“玉兰堂皇”，与海棠、迎春、牡丹、桂花配植，谓之“玉堂宝贵”；春能赏花，夏能遮荫，秋可观果，冬有阳光；对植于纪念性建筑及道路之前，则有“玉洁冰清”象征品格高尚和具崇高理想；丛植于草坪角隅、亭台前后、漏窗内外、洞阁之旁、庭园栏杆旁和浓绿色针叶树丛之前或蓝天碧水陪衬，则能形成春光明媚景象，给人以青春喜悦和充满生气的感染力；玉兰对二氧化硫、氟化氢、氯气等有害气体有较强的抗性，是工厂、矿山和污染重区绿化树种。

花含芳香油，可提制昂贵玉兰油、浸膏作化妆品香精，花瓣敦厚清香，糖浸或油煎后可食用，《花镜》、《养小录》和《广群芳谱》中都有香脆玉兰片的记载：用甘草煎汁调和面粉、麻油剪炸，不仅味更鲜美，且增加润肺止咳和调节机体免疫力的作用。也可窨制名茶或做糕点、果脯，花蕾入药称“辛夷”，有祛风通窍、降压、镇痛、杀菌的功能，可治疗鼻炎、头痛、疮毒等多种疾病；树皮有除风散寒，通窍理气的功效；种子可榨油；木材极细、纹理直，结构细密，不翘不裂，具花香，可做家具，车厢室内装饰、雕刻、玩具及包装箱等。在古代，秦始皇建阿房宫，用玉兰木做梁。汉武帝建上林苑，在水上建艘龙舟，龙头是用玉兰木刻成的。

白玉兰是春天与纯洁、刚毅的象征，它代表着吉祥与富贵。民间最熟悉的要数玉兰富贵图。2005年4月28日，中国国民党主席连战率领“和平之旅”应中国共产党总书记胡锦涛邀请来北京访问，下榻北京饭店。北京市委书记刘淇在18楼的会见厅会见了连战一行。大厅布置非常精美，体现了浓厚的文化古韵。会客厅正面墙上悬挂着一幅怒发的玉兰图，洁白饱满的玉兰花与雀跃枝头的小鸟，令满屋生辉。客人显然被春意盎然的图画所感染，当宾主在玉兰图下合影时，连战多次回头端详，对刘淇赞道：“真漂亮！”

据说白玉兰是报恩花，有则传说富有中国传统的民间故事色彩：很久前，深山里住着三姐妹，芳名依次为红玉兰、白玉兰、黄玉兰。有一天，一起下山游玩，见村里一片死寂，非常惊异，打听后得知，秦始皇赶山填海杀死龙虾公主，从此，龙王爷就跟张家界成了仇家，锁住盐库，不让张家界人吃盐，导致了瘟疫发生，死了好多人。三姐妹十分同情，用自己酿制的花香迷倒了守盐仓的蟹将，趁机将盐仓凿穿，将仓盐全都投入海水中，村里人从而得救，三姐妹却被龙王变作花树。后人为纪念她们，于是将此花称作“玉兰花”。

白玉兰寿命极长，可以活到上千岁。北京的大觉寺内有株树龄300多年，号称北京的“玉兰王”；湖南衡山南山岳藏经殿前有株500多年的古玉兰树；江苏连云港市东磊风景区有4棵白玉兰树，其中一棵为全国最大的，高17米，树龄近千年，花期长达一个多月，花开似拳头般大小，洁白的花朵缀满整个树冠，远远望去，像挂在山间的白云，美不胜收。每天吸引成群结队的中外宾朋前来观赏。湖南省溆浦县大华乡新胜村有株白玉兰，开花能预测当年水稻收成。树冠那边开花多，那边的水稻就能丰收；全树鲜花盛开，当年必是水稻大丰收年。据说，这种预测已有300多年验证历史。《溆浦县志》（1762年）就有记载：“……其花开多少与岁收丰歉相应，见之屡验。”

广西壮族自治区蒙山县武庙有一株白玉兰，1852年太平军领袖洪秀全在这株树下分封诸王，建立农民政权，定国号为“太平天国”，并审判叛徒，颁布永安突围诏令，将那场令咸丰皇帝坐卧不安的农民运动推向全国。400多年的历史过去了，如今古玉兰依然枝繁叶茂，花香四溢，成为太平天国这场轰轰烈烈农民运动的历史见证。

中国自古以来就有不少赞颂白玉兰的诗词字画。唐代白居易写两首木兰诗，其一是《戏题木兰花》：“紫房日照胭脂拆，素艳风吹腻粉开。怪得独绕脂粉态，木兰曾作女郎来。”其二是《题令狐家木兰花》：“腻如玉脂涂朱粉，光似金刀剪紫霞。从此时时春梦里，应添一树女郎花。”诗人把玉兰比作替父从军的花木兰。明代沈周《题玉兰》：“翠条条力引风长，点破银花玉雪香。韵友自知人意好，隔帘轻解白霓裳。”诗人以一种动感姿态描绘出玉兰优美春意。明代文征明赋《玉兰》诗：“绰约新妆玉有辉，素娥千队雪成围。我知姑射真仙子，天遣霓裳试羽衣。影落空阶初月冷，香生别院晚风微。玉环飞燕元相敌，笑比江梅不恨肥。”诗人以花喻人，称白玉兰美如天仙。明代丁雄：“玉兰雪为胚胎，香为骨髓”，赞颂了白玉兰的纯洁和高贵。清代赵执信的《大风惜玉兰》诗：“池烟径柳漫黄埃，苦为辛夷酌一杯。如此高花白干雪，年年偏是斗风开。”赞美了白玉兰无所畏惧，顽强斗争的精神。鲁迅先生曾称赞白玉兰有“寒凝大地发春华”的刚毅性格。

白玉兰花的美丽形态也成了国家明信片常见的题材。中国邮电部曾于1986年出版发行一套三枚邮票加小型的“珍稀濒危木兰植物”的邮票，首次向世人展示中国特有的华盖木等五种珍稀木兰科树种。韩国也曾在1997年发行过单纯表现白玉兰的邮票。可见亚洲人对木兰植物的珍视。至于通俗文化方面，可能要数人名了。从古至今，以玉兰为名的人，不可胜数。尤其是农村，生个女儿，取名玉兰，叫来顺口，听之亲切。玉兰的形象常见于装饰品，如木雕、玉雕、窗花、剪纸、刺绣和陶瓷器等。玉兰花蕾形的路灯，除首都天安门前外，很多城市都可见到。而玉兰的商标、招贴画、宣传画及各种展览场馆的会标，在上海更是屡见不鲜，司空见惯。从文化艺术角度来宣传白玉兰，从中领略中华花卉文化的意境，宣扬祖国文化的博大精深，源远流长。

自古以来，中国人民就喜欢栽植玉兰树。乾隆皇帝六次下江南，每次都要观赏玉兰花，觉得非常好，他和母亲都非常喜欢。于是，在他为母亲祝寿建清漪园时，从全国各地重金买了很多名贵玉兰树，栽在乐寿堂的周围，形成玉香海的景区。1860年，侵华英法联军烧毁了玉兰堂。到1886年慈禧重修颐和园时，发现玉兰堂外的两株古玉兰在被烧毁的枝干上，又重新发枝吐绿。慈禧发布旨令，说这是祖先遗留下来的生命树，先保护好再建宫殿。劫后余生的玉兰树，至今尚存，每年春天繁花累累，成为游人喜爱的特殊景观。

1986年10月25日，上海市第8届人代会决定白玉兰为上海市市花，象征上海人民有着白玉兰一样的美好品质，有白玉兰一样的一尘不染，挺立向上，开拓进取，朝气蓬勃的精神风貌及顽强奋发向上的精神。

白鸽云集

春色初染玉兰枝

紫红木笔（紫玉兰）

云天玉鸟

雪绒缀满枝头

紫房日照胭脂（紫玉兰）

35. 火焰之花——刺桐花

刺桐，别名海桐、火焰花、象牙花、鹦哥花、青桐木、山芙蓉、梯枯、空桐树、鸡公树和刺青桐木。为蝶形花科刺桐属落叶乔木。刺桐花是福建省泉州市的市花。

刺桐原产于亚洲热带及亚热带地区，在世界各地同纬度地区都有分布，在中国南方地区广为栽培。主要分布于福建、广东、广西、台湾、云南、湖南和浙江等地，而福建泉州更以刺桐闻名。刺桐树是庭园风景树和行道树。常见的刺桐栽培观赏树种有滇刺桐、金脉刺桐、龙牙花、鸡冠刺酮、鹦哥花等。

刺桐性喜光，喜高温湿润气候，适应性强。耐干旱，颇耐寒，耐海潮。抗风，抗大气污染。栽培不择土壤，植于全日照或半日照、排水良好的砂质壤土上，均能生长迅速。性强健，萌发力强，生长快。枝性扩张，可行适度短截。北方盆栽，冬季室温应保持4℃以上。以扦插繁殖为主，也可人蘖或播种繁殖。

在百花争艳的大观园里，有种花期持久，嫣红欲醉，璎络流苏，鲜艳夺目，极为美丽的观赏花木，这就是如红霞，似火焰的刺桐花。

刺桐树姿扶疏，雍容大方，枝叶茂密，碧绿荫浓。其奇丽的羽状复叶，葱绿浓密，潇洒飘逸，微风吹拂，阵阵清爽，沁人心脾。相聚在刺桐树下，一边尽情品茶，畅饮美酒，一边聆听孩儿边唱儿歌边蹦跳，此情此景，让人精神为之振奋，是生活中难得的一番情趣。

它与具有南国风采的木棉、洋紫荆一样，花先叶开放，像是仙界下凡，静默无声的天火，点缀着南方春日风光无限。那花开得艳丽无比，难怪好奇的文人墨客怀疑它是火凤凰从炎帝深宫里衔来人间的仙木。在花期，秃净的枝条上所开的花，是一簇一簇的红色华美的花朵，整树没有绿叶，只有一片红，好像树上停满了红色的鹦鹉。乾隆帝有首诗，诗中有两句写道："树头树底花楚楚，露中几只红鹦鹉。"刺桐花大如手掌，花序颀长，近视恰如把把火炬，远望酷似一串串熟透的红辣椒，斑斓成一片红霞，把大地装点得烂漫辉煌，极富热带色彩。那鲜红的颜色在夏日骄阳的热烈，让人精神为之一振。那鲜红的花瓣如血涌动可与熊熊烈火媲美，花色浓艳得自然胜过朱槿，又像鸟儿燃烧的翅膀。刺桐花开总让人想起《诗经》里的硕人巧倩兮，美目盼兮的美好姿态。"南国清和烟雨辰，刺桐夹道花开新。"早在唐代刺桐就被作为南国的行道树装点旧时那些古朴的大街了。

刺桐树，盛夏叶茂荫浓，总状花序，朵形似象牙，开花呈蝶状，美丽可爱，宜作庭园风景树和行道树，在园林中列植或群植均具独特的景观效果；它能抗风防潮，为南方沿海地区绿化树种之一。刺桐不仅对多种有毒气体抗性强，而且能吸收毒气，是工厂、矿山和污染区绿化的重要树种，又是城市隔离噪声和防护林的优良林木。它周身是宝。植株上可放养紫胶虫。其木材色白质地轻软，可作各种用品、细工用材及造纸；嫩叶可食；花、皮、根可入药，花研末外敷可治金疮和止血；叶、树皮和树根有解热和利尿的功效。《广州植物志》记载：刺桐，印度人用（树皮）以退热及治胆病。

刺桐花是中国24座历史文化名城之一的福建省泉州市的市树。刺桐与泉州结下了千年不解之缘。早在中世纪，泉州就以刺桐城驰名欧洲、非洲和中东诸国。因古时泉州种植刺桐蔚然成风，五代时晋江王拓建泉州，环城遍植刺桐，遂称"刺桐城"或"桐城"。宋代诗人王禹偁写诗送一位朋友去闽南："刺桐花下宅"。宋代诗人吕造《刺桐城》诗："闽海云霞绕刺桐，往年城郭为谁封。"还有一句："刺桐花下学兰亭"。诗句反映了刺桐花和泉州人的生活是多么密切。泉州市依山面海，四季如春，风光如画，又名"温陵"。城形似鲤，故又名"鲤城"的别号。该城古人盛赞为"山川之美为东南之最"。传说赤帝（神仙）曾经到泉州这个海湾来旅游，他的3000名仪仗队队员，全都是红色打扮，把整个泉州城都染红了。而与仪仗队相互辉映的刺桐，则是天上的神树种到了泉州这个地方，更使整座城映成了一片灿若云霞的红色海洋。

宋朝诗人陈陶咏泉州的诗曰："海曲春深满郡霞，越人多种刺桐花。"泉州在历史上是中国海上"丝绸之路"的一个起点。宋元时就为"东方第一大港"。马可 波罗在他的《东方见闻录》中，以他亲眼见到的情况，说明当时泉州港比埃及的亚历山大港更为繁荣，把泉州写成"宰桐"。宰桐就是指刺桐，在阿拉伯语中的含义是"橄榄树"。泉州也称为"刺桐港"。泉州是中国著名的侨乡，也是台湾省同胞的主要祖籍地。据说有330多万祖籍泉州和港澳的华人，分布在世界上90多个国家和地区。明末，郑成功收复台湾，将刺桐带到岛上名为“刺桐城”的半月城，广为栽植。如今，刺桐花依然在台湾岛上盛开，演绎着一衣带水的亲情。

明嘉靖初年，祖籍厦门的林希元升任大理寺丞，返乡来大嶝（厦门英雄三岛之一）田乾探望母舅郑撞迟，发现大嶝岛上风沙为患，村民贫苦，遂发动村民于海滨沿岸及林中大造刺桐等防风林。迄今矗立于镇中心4棵刺桐古树即当年所植，树龄已480多年，仍苍劲挺拔，成了英雄三岛一道亮丽景观。

刺桐是阿根廷国花，被认为是吉祥如意的象征。该国多水灾。相传，只要有刺桐花的地方，就不会被洪水淹没。所以，阿根廷人特别喜欢它，把它看成是保护神的化身，四处广为栽培。每逢元旦，人们将很多刺桐鲜花瓣撒向水池里，全家跳入水中，用花瓣搓揉自己的身体，以表示去掉污垢，得到吉祥，新年有好运。

中国也有根据刺桐开花早晚来预测年景好坏的风俗。北宋进士丁谓在993年，到福建考察，路过泉州时，写了这样一首诗：“闻道乡人说刺桐，花如后发始年丰。我今到此忧民切，只爱青青不爱红。”泉州当地的花谚道：刺桐先长叶子后开花，来年一定五谷丰登。苏东坡有诗写道：“记得城南上已日，木棉花落刺桐开。”说的是刺桐的开花季节。

刺桐也曾被一些地方的人们看作时间的标志。有史料记载在300多年前，台湾的平埔族山里的同胞们没有日历，没有年岁，而是以山上的刺桐花开为一年，过着逍遥自在的生活。日出日落，花开花谢又一年。这样自然美丽的时钟带着淳朴的乡趣，也是人们心中的图腾。

泉州人爱刺桐花，把它作为“瑞木”，寓言吉祥如意。历代文人骚客留下不少吟诵刺桐花的佳句。跟刺桐花结下了不解之缘，最有名的是宋代诗人王十朋。他在泉州做太守时，曾写过刺桐花的诗。有两句诗写得很形象：“初见枝头万绿浓，忽惊火伞欲烧空。”可见刺桐花开花时的壮丽景象。唐代李珣《南乡子》诗：“相见处，晚晴天，刺桐花下越台前。暗里回眸深属意，遗双翠。骑象背人先过水。”唐代诗人王毂的《刺桐花》诗：“南国清和烟雨辰，刺桐夹道花开新。林梢簇簇红霞烂，暑天别觉生精神。秾英斗火欺朱槿，栖鹤惊飞翅忧烬。直疑青帝去匆匆，收拾春风浑不尽。”诗人将刺桐的优美展现如画，并寄托了深厚的情感。宋代诗人李郢写过：“回望长安五千里，刺桐花下莫淹留”两句诗送给要到泉州的朋友，告诫千万不要被“桐城”美丽的刺桐花迷住了，再也不回家啊。而诗人韦庄的一首词与这首诗异曲同工之妙。他说：“绿窗人似花，劝我早归家。”讲家中美人等候你，千万要早返家，但是无奈桐城的刺桐花留住了异乡人的脚步。郭沫若的著名《刺桐花赋》：“刺桐花谢刺桐城，法界桑莲皆大赢。石塔双擎天浩浩，香野独剩铁铮铮。”诗中歌颂古城辉煌历史，道出作者对花城的挚爱。

刺桐是古城泉州历史的见证，也是古城泉州的特殊标志和象征。被诗人赞为“丹凤新街出世来”的刺桐花，于1986年10月当选为泉州市树。刺桐伴随着泉州的腾飞，越来越展示出“忽惊火伞欲烧空”的旺盛生命力。

火把燃烧

灿烂使者

红象牙

侨乡古宅檐上刺桐

红雀闹枝

凌空

36. 花锦百日红——紫薇花

紫薇，花色艳，有紫白、粉、红和紫堇色等多种，花色主要为紫色，以紫为正色，故称紫薇。花开从夏到秋，花期百日以上，又叫百日红、千日红、满堂红。其树干光滑，用手轻轻触摸，可见树身摇动，又称怕痒花、痒痒树、怕痒树。树龄越老越莹滑，又俗名“无皮树”、“猿滑树”，还有佛相花、宝幡花等别名，为千屈菜科紫薇属落叶灌木或小乔木。紫薇花是贵州省贵阳，台湾省基隆，湖北省襄樊，陕西省咸阳，四川省自贡，河南省安阳、信阳和江苏省徐州八市的市花。

紫薇原产于中国长江流域及以南地区。生于海拔500～1200米向阳、湿润的溪边和缓坡林缘，是华北地区重要的秋季观花植物。同属植物有50余种，中国有16种，已有1500多年栽培历史。自唐朝以来，帝王宠臣就将紫薇栽于皇宫、官邸，并被认为是天上的花木落入人间。《群芳谱》中有“唐时省（内阁办公处）中多植此花”的记载。又据《唐书·百官志》载：唐开元元年（公元713年）紫薇成为中书令和中书侍郎官职的代名词。到了宋代，紫薇的栽培已十分盛行。中国为紫薇分布中心，除过于严寒的长城以北地区外，几乎全国均可露地栽植紫薇。在河北、江西、湖南、四川和浙江等地的低海拔山地及林缘地带，至今仍有紫薇野生种。在昆明、苏州和成都，至今仍保留有500～700年的古紫薇。日本、朝鲜等国也有栽培，美国和西欧一些国家近年有引种，发展很快。

常见的紫薇栽培品种有大花紫薇、银薇、红薇、翠薇。其他尚有浙江紫薇、福建紫薇、广东紫薇、绒毛紫薇等。紫薇性喜阳光充足、温暖湿润气候，稍耐寒，耐半阴，耐旱，不耐涝，抗大气污染。喜肥沃、湿润而排水良好的壤土或砂质壤土。萌芽力和萌蘖力强，生长缓慢，寿命长，可达数百年。花芽形成在新梢停止生长后，高温少雨，有利于花芽分化。单朵花期5～8天，全株花期120天以上。在中国南北均能栽植，其适应性强，且不择土壤，立生易长，极好栽种。紫薇对二氧化硫、氟化氢和氯气等多种有害气体有较强的抗性，并有一定的吸收能力。每千克紫薇叶能吸硫10克左右。紫薇吸滞粉尘的能力也是很强，每平方米叶能吸滞粉尘4.4克左右。因此，它是良好的环保花木。常用播种、扦插及分株法繁殖。扦插易成活。播种可育成大量健壮而整齐的苗木。

紫薇不仅树姿优美秀丽，而且树干光洁挺立而奇特，生命力强，即使干材大半烂空，形似绉瘦透漏之怪石，依然嫩枝新吐，花开烂漫。它枝干逐年长大后，外皮自动纵裂，自然脱落，宛如脱衣剥壳般褪去，显出细腻光滑的青灰色肌肤及筋脉，老干嶙峋，莹滑光洁，如雕琢过的玉石一般，古朴可爱。紫薇树树龄越老越光滑，俗称“无皮树”、“猿滑树”，意指连猿猴般的爬树高手，也会因树干滑溜而爬不上去，这在植物中实属罕见。更有趣的是，若以手指轻轻地一搔树干，它似乎有几分害羞，就全树枝叶颤抖，好似怕痒的人被人一搔就笑得全身发抖一样，因此博得人们的特殊怜爱，称它为“痒痒树”和“怕痒树”。“紫薇花于微风之中，妖娇颤动，舞燕惊鸿，莫可为喻。”（《群芳谱》）“藻肤痒不胜轻爪。”它“怕痒”，虽为自然现象，却引人好奇，戏弄以娱。郭沫若在《百花齐放·紫薇》对其 “怕痒”的特点是这样描写的：“我们是紫薇花，又名叫百日红，秋高气爽绰约的枝条迎风。点画出红霞成阵，千重万重，皮上轻轻一搔，全身都会动。”

它枝条虬曲柔软，可拧在一起，几年后能互相愈合，浑然一体，合成一棵奇形“独干”树，真是巧夺天工。尤其是百年老枝，古朴典雅，宛如蟠龙，有着苍劲之状，奇险之美。它的叶片或大如掌，或小如指头。早春刚落叶，春末夏初又萌新芽嫩叶，红润宜人。绿叶扶疏潇洒，像碧绿的笼裙，衬托着成簇的紫色花朵，显得柔和协调，使人感到幽雅而宁静。在夏秋两季里，百花大都凋谢了，它却繁英满枝，花开不断，数十朵花簇生于嫩枝梢，恰似精巧的花篮，婀娜多姿，远望有如红霞覆树，近看那六枚带皱褶的花瓣风姿绰约，娇艳无比，动人情怀。正如古人所赞：“夭桃因难匹，芍药宁为徒。”紫薇花从夏开至秋，有的开花期近140天。

在西风逞威，众花凋谢的8月份，紫薇仍然繁花满枝，色彩缤纷，花姿烂漫，绮丽动人，给绿色大地增添了色彩。因此，它有“百日红”、“千日红”的美称。难怪宋人杨万里赋诗称赞它：“似痴如醉弱还佳，露压风欺分外斜。谁道花红无百日，紫薇长放半年花。”它具有坚韧不拔的风韵，随遇而安，谦逊挺立，在萧瑟之秋默默送芳。它不与群花争春，在秋天一花独秀，自古以来深受钟爱。紫薇萌芽力、萌蘖性强，耐修剪，易整形，叶细，枝密，干粗，根露，是制作盆景桩头的佳品，十分有韵味。苏灵在《盆景偶录》中，把紫薇与虎刺、枸杞、杜鹃、木瓜、蜡梅、天竹、山茶、石榴、翠柏、吉庆、梅、桃、六月雪、罗汉松、凤尾竹、栀子花和西府海棠，并列为“十八学士”。“不学妖桃姿，浮华在俄顷。”学士气度不凡！盆栽的紫薇，枝干虬曲，花容妩媚，苍劲中兼含秀丽。

紫薇树干光洁，仿若无皮，玉肌润肤，与众不同，风韵别具。它花瓣皱曲，艳丽多彩，且花期长，是极好的夏季观花树种，秋叶也常变成红色或黄色，适于庭院、门前、窗旁配植；亦可孤植或丛植于公园中；还可作行道树栽培，与针叶树相配，具有和谐之美。将它配植于水溪、池畔，则有“花低池小水平平，花落池心片片轻”的景趣。若配植于常绿树丛中，乱红摇于绿叶之间，则更加绮丽动人。如植于山石、立峰之旁，其老干虬然如蟠龙，与透漏怪石相呼应，古趣益臻。在草坪中散点数株，则气氛柔和，色彩明快，平添趣味。紫薇对有害气体及各种粉尘有较强吸收能力，对城市中的光化学烟雾及不良的生态环境有较强的适应能力。日本和西欧一些国家的工矿企业有大量的种植，以防止和减少污染。

紫薇枝条柔软，可任意蟠曲，所蟠扎编制的花瓶、花篮和牌坊等各种装饰物，为庭园药圃大增美观；经整形修剪，制成桩头盆景，其树干鼓突如肱，刚劲有力，古色古香，妙趣横生，实为上等艺术佳品。

紫薇花、叶、根均能入药，性寒，味微酸，具有清热解毒、止血、止痛、止痢之功。根、枝叶可抗过敏和止痒，用于顽固性荨麻疹、湿疹及止牙疼、偏头痛；花治疗胃出血、吐血、便血，用醋调敷可治痈疖肿毒。

紫薇在中国是吉祥、幸福之花。人们认为，紫薇花是紫薇星的化身，能避邪，紫薇神手中执有一枝紫薇花。民间修建新房，对联中往往有“竖柱喜逢黄道日，上梁正遇紫薇星”的颂词。民间有许多关于紫薇花的传说。相传远古时代，有一种凶恶的野兽名叫年，它伤害人、畜无数，而没有人能制服或消灭它。后来，紫薇星下凡，将它锁进深山，一年只准它出山一次。紫薇星则化为紫薇花留在人间，这就是紫薇花的来历。在《老学庵笔记》中有则故事：余姚有一个穷和尚，过春节腰无分文，心里郁闷。他看见门前有一株无皮紫薇树，便诙谐地写了一首打油诗：“大树大皮裹，小树小皮缠。庭前紫薇树，无皮也过年。”

中国种植紫薇有悠久的历史。相传三国时，诸葛亮隐居隆中“三顾堂”庭院就栽两株紫薇。今虽已泯灭，而近代在其旧地重植两株，亦有碗口粗细，枝健叶茂，花繁似得天地之灵气、诸葛之遗风。千百年古紫薇屡见不鲜，在中国各地多有发现：陕西西安市南五台斗母官院有株1000多年古紫薇，树干像拧成的麻花，高过人头即分杈四面散开。干上几乎看不到树皮，像涂一层清漆，光滑如柱。树冠嫩叶葱绿，每到炎夏红花满树，香气袭人，花期长达3个多月，又称“百日红”。云南昆明东郊太和宫，庭间有2株为明万历年间（公元1573～1620年）的遗物，虬枝龙蟠，古趣盎然，花繁叶茂，生机勃勃，十分可爱。陕西勉县定军山武侯墓后寝宫旁，一株紫薇已有500余年，武侯祠旁有一旱莲，并称“陕南双绝”。苏州怡园有一棵紫薇为明初所植，已有600年历史。

紫薇是传统的花卉，文人墨客留下许多歌颂紫薇的佳作。唐代白居易《见紫薇花忆微之》：“一丛暗淡将何比，浅碧笼裙衬紫巾。除却微之见应爱，人间少有别花人。”“独占芳菲当夏景，不将颜色托东风。”杜牧的《紫薇花》：“晓迎秋露一枝新，不占园中最上春。桃李无言又何在？向风偏笑艳阳人。”宋代欧阳修的《紫薇花》：“亭亭紫薇花，向我如有意。高烟晚溟濛，清露晨点缀。岂无阳春月，所得时节异。静女不争宠，幽姿如自喜。将期谁顾眄，独伴我憔悴。而我不强饮，繁英行亦坠。相看两寂寞，孤咏聊自慰。”中国现存第一部花卉总集《全芳备祖》编撰者南宋陈景沂，称誉紫薇为花之圣，他的《点绛唇》词：“古今凡花，词人尚作词称庆，紫薇名盛，似得花之圣。”明代薛惠《紫薇花》诗：“紫薇开最久，烂漫十旬期。夏日逾秋序，新花续故枝。楚云轻掩冉，蜀锦碎参差。卧对山窗下，犹堪比凤池。”明代杨慎赞颂紫薇有《百日红》诗：“李径桃溪与杏丛，春来二十四番风。朝开暮落浑堪惜，何似雕阑百日红。”南宋王十朋《紫薇》：“盛夏绿遮眼，此花红满堂。自渐终日对，不是紫薇郎。”古人的紫薇诗，也是中国花卉文化中的闪光瑰宝。

花锦遍野百日红

晶莹绣球栏外艳

幽姿冷艳精巧花篮

红霞覆树色彩缤纷

37. 东方之奇葩——红花紫荆

红花紫荆是1908年在香港本土被发现的，中文称“洋紫荆”，经几十年代代相传，已成为香港人人皆知著名花木之一。因花大、红色或紫红色，叶形奇特，酷似羊蹄，又称它为红花羊蹄甲；又因花瓣5枚，中间瓣较大，其余4片两侧对称排列，形如兰花（洋兰），其香味近似兰花清香，又叫香港兰花和香港樱花。为苏木科羊蹄甲属常绿乔木。红花紫荆是香港特别行政区，广东省珠海、湛江、惠州，福建三明等市的市花，俗称“紫荆花”。

红花紫荆，原产于中国香港海边，为一杂交种。羊蹄甲属植物有11种，世界热带、亚热带地区广为栽培。在我国，分布于香港、广东、广西、福建和云南等地。为优良园林绿化树种，常栽植于道路两旁和庭园。常见栽培种及变种有：羊蹄甲、官粉羊蹄甲、白花羊蹄甲。

红花紫荆喜光，喜温暖至高温湿润气候，适应性强，耐半阴，耐寒，耐干旱和瘠薄，抗大气污染，耐烟尘。对土质要求不高，但在土层深厚沃润、排水良好的砂质壤土上生长迅速。不抗风，遇台风侵袭时，树干往往倾斜或被折断，故宜植于阳光充足和避风处。萌生力强，耐修剪。

红花紫荆的特点是：①花形美丽而有香味，开花时花多而密，十分艳丽可人。②花期长，从11月份开始直到翌年4月份，长达半年之久。③十分适应香港及华南地区的气候环境，成活容易，生长较快，终年常绿繁茂。④根系发达，适应性强，可粗放管理，移栽易成活。⑤萌生力强，多分枝，耐修剪。⑥抗大气污染，滞尘能力强，是城乡环境保护、净化空气的优良花木。洋紫荆通常不结实，主要采用扦插、芽接和圈枝等方法繁殖。

红花紫荆虽不像南国乔木诸如白兰花那样高大挺拔，却有着开阔的树冠，其上缀满青翠绿叶，片片奇特似羊蹄，美丽端庄；低垂的枝条，仿佛在招手热烈欢迎来自五湖四海的宾客。一眼望去，树姿婆娑，连树带枝宛若碧霞，极富热带特色。

在入秋时节，不少鲜花开始败落了，而它却满树繁花累累，生机盎然。花盛开时，宛如千万只紫色的蝴蝶，在翠绿的枝头飞舞，十分美丽。它的花大似兰，略芳香，紫红色大小不同的五片花瓣间，点缀着白色脉状彩纹，五星花蕊中有几点黄，格外悦目。相间一起的洋紫荆姊妹花瓣，在蔚蓝天空衬托下，各放异彩。缤纷的花朵相互辉映，更是烂漫娇妍。一派南国风光，美丽之极。它不像北方豆科落叶树种紫荆，于暮春先开花后长叶，叶端不开裂，花密而小，生于老枝干上。这是两种不同的紫荆。洋紫荆花从深秋怒放，直至翌年春分才渐次凋谢。缤纷的落英铺成满地花絮，恰似“微风吹万舞，好雨尽千妆”，蔚为壮观。

红花紫荆美丽端庄，色香俱佳，为热带、亚热带优良的园林观赏绿化树种。是中国近代栽培名花之一，孤植、丛植及列植均能构成优美的景观。它常被用作行道树和公园与庭院等绿化、观赏树；亦可以培育成盆花或盆景。

红花紫荆全身各部位都可入药，其皮的药用价值最高。现代医学实验研究，紫荆皮对化脓性球菌和肠道致病菌有较强的抑制作用；对多种病毒，如京科68—1病毒有抑制作用，对孤儿病毒（ECHO.）能延缓细胞病变，还可抑制葡萄球菌的生长。花、果活血通淋，清热凉血，用于风湿和筋骨痛，祛风解毒，咳嗽，孕妇心痛。花梗为外科疮疡要药。心材棕色，坚硬耐久，可供器具和细木工用材。树皮含单宁，可作工业原料；花芽可食；叶可作饲料。

紫荆自古就是骨肉相亲的代名词，现代用以代表国家的统一，民族的团结。洋紫荆是1908年在香港被发现的。当年一位法国神甫在香港岛铜锣湾的海边发现第一棵，并剪枝把它扦插移植到薄扶林一带的修道院，成树后开出美丽的花朵。当时世界各地并没有发现与它相同的植物。1912年，当地植物学家判定此树为羊蹄甲属的新种，并以研究热带植物的前任港督亨利·卜力克爵士名字命名。之后，美丽可人的洋紫荆，不仅在香港大量繁衍种植，并作为东方之珠的特产，传遍了我国广东等华南各地，为繁荣华夏花卉文化，增添了艳丽奇葩。

香港人历来对洋紫荆怀有深厚感情，结下了不解之缘。1966年洋紫荆被选为香港市花，1968年9月25日发行的一套“香港市花和盾徽”邮票，面值65分的第一枚图案就是洋紫荆；1994年5月1日中国银行发行新港币，其中面值1000港元的正面就印有洋紫荆图案。

《中华人民共和国香港特别行政区基本法》第一章第十条规定："香港特别行政区的区旗是五星花蕊的紫荆花红旗，香港特别行政区的区徽中间是五星花蕊的紫荆花。"1997年7月1日，当东方明珠香港回归祖国怀抱时，庄严、典雅、简洁与华丽的五星花蕊的紫荆花红旗，随着中华人民共和国国旗——五星红旗，冉冉升起，紫荆花的形象，出现在五洲四海的蓝天丽日下和大雅之堂。在全世界人民心目中得到史无前例的升华。它标志着回归后的香港日益繁荣富强。香港的明天更加辉煌灿烂。当香港回归之时，有几万人聚集在紫荆花广场凝视区旗升起，时任行政长官董建华先生及霍英东等知名人士说，自从香港回归的紫荆花区旗升起的那一刻，才算是真正地做了一回中国人。与此同时，行政特区有关方面作出了"今后凡大中型绿化工程必须配植洋紫荆"的决定，否则不许施工。还打算建设多处紫荆径和紫荆园，举办香港紫荆节。

也许，这正是应验了古代故事中所蕴涵的"和合"的道理。团结稳定，才能够发展繁荣。唐代大诗人杜甫曾写下一首感慨万千的诗："风吹紫荆树，色于春庭暮。花落辞故枝，风回返无处。"诗中比喻骨肉分离，怀念其兄弟。这诗非常有名，后人只要写到它，都会想到"骨肉情深"。唐代韦应物《见紫荆花》诗中写道："杂英粉已积，含芳独暮春。还如故园树，忽忆故园人。"诗人说他一个人漂流在外，见到紫荆花开，就想到自己家里的亲人。所以，紫荆花在中国古代，也是代表着故国之思的。就是说，不论是南方洋紫荆，还是北方紫荆，只要是生长在华夏大地，它就蕴涵着积淀深厚的中国花文化，它们都有着共同的寓意，一个是指的骨肉相亲，另外一个是对故乡的思念。

满树朝辉

行道彩霞

群蝶欢舞

舞姿翩翩

38. 飞霞溢彩——三角梅

三角梅为紫茉莉科、叶子花属常绿攀缘披散灌木，藤本茎多刺。又称“毛叶子花”、“宝荆”，古称“九重葛”，亦称“南美紫茉莉”，北方多称“叶子花”、“三角花”，广州称“勒杜鹃”，香港则译成“宝巾花”。由于它在新枝顶端通常是三朵簇生在三片苞片之中，花朵外围的苞片丽紫妖红，形似三角形，故又名“三角梅”。它是海南省海口，广东省深圳、惠州、江门、珠海，福建省厦门、三明、惠安，广西壮族自治区梧州和台湾省屏东等市的市花。

三角梅原产南美巴西。1799年法国植物学家弗贝克斯跟随著名航海家——船长蒲坚维尔进行远航考察时，在巴西岸上首次发现了它，为了纪念这位航海家的功勋，遂用他的名字作为叶子花的命名，中文译为“宝巾”。1872年，由马偕博士从英国引入中国台湾省栽培。现广植于世界热带、亚热带各地，中国广东、广西、台湾、云南和福建等地均有栽培。

三角梅性喜高温湿润和强光照的环境，耐热，不耐寒。生长适温为20摄氏度～24摄氏度，冬季越冬室温不应低于7摄氏度。它对土壤要求不严，耐碱，耐瘠薄，抗旱、不耐涝，忌积水，以腐殖土、培养土和粗砂混合的砂质壤土为宜。对大气污染抗性较强，抗风。生长强健，萌芽力强，耐修剪，易移植。

三角梅有以下十个特点：①开花多而花期长；②品种多，花色丰富而艳丽；③枝条刚柔相宜，很耐修剪，便于造型；④树长寿，育花长盛不衰；⑤适应能力强，在恶劣条件下能生长；⑥对土壤要求不严，但更喜碱性土；⑦对肥料不苛求，但能耐受重肥；⑧在强光高温条件下，花多而艳丽；⑨抗病虫害，抗风雨，抗大气污染，花有脉络，韧性好，也是插花的好材料；⑩扦插、嫁接繁殖容易，地栽、盆栽均宜。

叶子花是舶来花卉，各种别名都与它的经历及其如纸如娟的苞片质地、三角状的非叶非花形态相关。盛开时，繁花似锦，艳丽夺目，那姹紫嫣红的苞片，展现娇美姿容，犹如孔雀开屏，充满南国情调，给人以热情洋溢、泼辣豪迈和奔放热烈的感受，博得人们厚爱。

它那弯弯曲曲具有锐刺的茎蔓，奇形怪状，千姿百态，犹如蛟龙腾云驾雾，无拘无束地向天空，向大地，向四周奔放，生机蓬勃，为着争空间，争自由，争生存，像熊熊的烈火，光彩夺目；或直往围墙楼屋上爬，深恐优雅容姿被埋没；或争先恐后地越过护栏，凌空垂下，像吊兰一串串悬挂下来，美丽之极。每当人们经过它的身旁，回头张望驻足时，千万要留意，别让枝上的细刺划伤脸庞。它正因为有了这坚韧锋利的刺，生命才不断地繁衍传播，并得以安全；“它会使爱花的人修剪花枝时特别小心爱抚，它也使狂暴和慌忙地抢花、偷花的人指破血流，轻易不敢下手。”

它身段不高也不矮，枝叶不繁也不疏。它那缀满深绿肥厚叶片的植株，亭亭玉立，恰似素装的少女，青春风采，给城市增添一道亮丽的风景；每逢新春佳节，它绿叶衬托着鲜红色叶片，仿佛孔雀开屏，格外璀璨夺目；只要吸收阳光雨露，给它点关爱，它就不畏凄风苦雨，不拘地势高低，不择土地贫瘠，不吝气力地奉献青春，为美好人间铺红展绿。著名诗人、散文家舒婷在厦门鼓浪屿写了一篇《日光岩下的三角梅》中这样赞叹：是喧闹的飞瀑／披挂寂寞的石壁／最有限的营养／却献出了最丰富的自己／是华贵的亭伞／为野荒遮蔽风雨／越是生冷的地方／越显得放浪、美丽／不拘墙头、路旁／无论草坡、石隙／只要阳光常年有／春夏秋冬／都是你的花期／呵，抬头是你／低头是你／闭上眼睛还是你／即使身在异乡他水／只要想起／日光岩下的三角梅／眼光便柔和如梦／心，不知是悲是喜。

三角梅的花有单瓣与重瓣之分。它的“花”，其实是由三片变了颜色的叶状苞片所构成，而真正的花是在这三片苞片顶端的长圆托形的小花。每朵小花既没有牡丹那样雍容华贵，也没有荷花那样亭亭玉立，然而它能四季连绵不断地、一簇接着一簇地绽放。盛开之际，几十、上百朵花簇拥在一起，簇簇红紫，团团粉白，斑斑金黄灿烂，自然大方，宛如熊熊的火球，光耀四方；有诗云：“独傲红颜长不逝，春风来去总怀情。”它花色丰富多彩，有白色、茄色、紫色、砖红、橙红、大红、白色重瓣、怡红重瓣与怡锦重瓣，还有一种一株分别开红、白两种颜色花朵，朵朵像红色小宫灯，小巧玲珑，令人赏心悦目，惆怅的心情随即烟消云散，其乐融融，让人感悟到“一花独放不是春，万紫千红春满园”的生活哲理。

叶子花品性坚韧，适应性强，栽培简易，姿色俱佳而别致，既适合地植，也可盆栽制作树桩盆景，既可与庭园、阳台配植，作绿篱和围墙，也可装饰花架、花柱、花廊和拱门，还可随意剪塑成各种动物、人物或其他物体形象，装点城市，绿化环境，美化生活。阳台绿化全部用三角梅点缀，也格外艳丽，极富有诗情画意。北方盆栽，置于门廊、庭院和厅堂入口处，十分醒目。非洲中部的赞比亚人民将叶子花作为国花，十分钟爱，在首都卢萨卡处处可见花坛、花篱和棚架上开满了鲜艳的红、黄、紫、白各色花朵。它也是位于南太平洋巴布新几内亚独立国的国花，这里人们将叶子花用作门廊及建筑立面的主要装饰花木。在叶子花的故乡巴西，妇女常用叶子花插在头上作装饰，别具一格。欧美用叶子花作切花。叶子花可入药，有散瘀消肿的功效。

叶子花是坚韧不拔，顽强奋进的象征。19世纪30年代，叶子花就落户于东海之滨的厦门岛。当时，只有寥寥的几十株，经过园丁门的辛勤养护，它已与乡土花毫无差异。迄今，各种花色的叶子花遍生大街小巷、庭院屋旁、阳台上和围墙边，使之几乎终年飞红溢翠，繁花似锦，艳丽夺目。它衬托得高楼大厦更加雄伟壮观，繁闹街景更加热烈欢腾，真是花美情愈深。

厦门四季如春，有着叶子花得天独厚的生长环境。四月，三角梅开遍了鹭岛。无论是淳朴的乡村田野，恬静的农家小院；还是繁华的都市街头，或是诗情画意的湖畔、海滨，三角梅竞相开放，把鹭岛装点得姹紫嫣红，分外妖娆。人民种它、养它、赏它的花由来已久，对它情有独钟。厦门植物园，经多年收集，已保存叶子花品种50余个，品种之多位居全国前列。常见的有白苞重瓣三角梅，皱叶深红三角梅、橙红色三角梅、鸳鸯三角梅、紫红重瓣三角梅、艳紫斑叶三角梅、茄色三角梅、双色三角梅、怡景三角梅等，它们枝繁叶茂，色彩鲜艳，藤牵蔓引，摇曳多姿。上万株叶子花为主题的科普休闲“市花园”，已在有“联合国人居奖”的海湾型城市——厦门建起，成为厦门特区一道亮丽的景观。近年，厦门市园林局为了让市花在鹭岛处处鲜花绽放，成为美丽的园林绿化城市，特向市民赠送几十万盆三角梅，并举办了有关三角梅的评选、摄影、征文活动。三角梅那持续不断的繁华、永不衰败的热情、强健不屈的性格、旺盛非常的生命力，以及热烈浓艳的色彩，正是厦门人的写照和厦门经济特区蓬勃向上、腾飞兴旺的表象，及特区人对生活品质的美好追求。所以厦门人深情咏颂：“绛衣翠羽露盈盈，淡染胭脂朵朵轻。独傲红颜长不逝，春风来去总怀情。”1986年10月23日，厦门市人代会第二十三次会议，确定叶子花为市花。

飞霞溢彩

花海红潮

虹桥恋情

万紫千红

鸳鸯樱花

江滨奇观

黄山红松

巧夺天工

玫瑰色艳

开门大红

数控快繁育苗

簇花俏丽

39. 南国金凤花——凤凰木

凤凰木，别名凤凰花、凤凰树、红花楹、火树、火焰、金凤花，为豆科凤凰木属落叶大乔木。是福建省厦门，四川省攀枝花两市的市树，台湾省台南，广东省汕头两市的市花。是美化城市环境的著名风景树种。原产马达加斯加及热带非洲，散生于常绿阔叶林中，为热带地区特有树种，亦广为栽培。该属3种，产于热带亚洲、非洲，中国引入1种，仅凤凰木属种。在辽阔的中国大地，它是舶来货，栖息地只有台湾、福建、广东、海南、广西、云南等省区南部一些城市有栽培。中国引种栽培凤凰木，始于19世纪末，只有近百年历史。中国明代《潮阳县志》里已有记载。清乾隆年间《揭阳县续志》的记载十分详细："金凤叶细如槐，花开枝头，作金黄色，娇艳夺目，可用钗头妆饰。"厦门地区于20世纪30年代引种栽培，生长尤为旺盛、快速，大街小巷处处可见它的倩影。

凤凰木栽培品种及变种有黄花凤凰木、金花凤凰木，为典型热带强阳性树种。喜光，喜高温多湿气候，不耐寒，耐干旱和瘠薄，对低温、霜冻反应敏感，冬季温度不低于8摄氏度。栽培地全日照或半日照均能适应，通常在春初落叶，春末夏初发芽，具有生长快，根系发达，枝叶浓密，抗风、抗病虫害、抗大气污染，耐烟性差。在排水良好，土质肥沃，富含有机质的微酸性沙质壤土生长旺盛。移植易活。忌种于盐碱地或长期积水的洼地。一般于春夏采用播种繁殖。为使凤凰木生长更艳丽，抗逆性强，厦门市福建省水产研究所在中国第22颗返回式科学与实验卫星上进行了水产太空育种实验，同时也搭载厦门市市树凤凰木种子，成功返回后，太空种子正在研究单位培育，有望提高市树知名度，增添旅游亮点。

凤凰木是“舶来宾客”，落户在中国南疆，只有近百年历史，却成了华夏乡土著名风景树种。它树形硕壮，树干弯曲，风姿绰约，任台风暴雨肆虐，俨然不动，顶天立地，英姿勃发，无比坚韧刚强，不愧是南国独具特色的珍品。当春光明媚，百花争艳，它却宛不知春，悄然隐退，不与百花争俏。直至“绿肥红瘦”之际，那片奇特似羽毛的新叶才竞相展露，翠绿而柔嫩，缀满枝头荫满地，显现一派生机，给人以初夏清新潇洒、热情洋溢之感。夏日蓓蕾陆续绽满，玲珑精巧，引人注目，在那“绿树浓荫夏日长”的季节里，艳丽五瓣花朵宛如瑞祥梅开五福，瓣中有一瓣白色具红边，瓣上有斑点，宛如天上云锦，美丽之极，俏丽可爱。满枝梢繁花似锦，富丽堂皇，娇艳如火，热情豪放在蓝天之下，犹如“火齐满枝烧夜月”。盛夏，艳丽如火如荼的花朵在浓绿光泽规则排列的羽叶衬托下，组成了非常和谐相映成趣的情调，形成了一道赏心悦目的美景，展示出一派南国风光。阳光普照，流光溢彩，远远望去，一棵棵花树像一把把散金的大红伞，“金泽会蕊滴朝阳”给南国炎夏大地，平添了一幅靓丽的风景线，“远望云峰火当空”给人以热烈的激情。“叶如凤凰之羽，花似丹凰之冠”，称之为“凤凰木”，是最恰如其分不过了。当暑气袭人之际，微风摇曳的青翠，注入一潭诱人的清凉，人们在浓荫树下休憩，来上一小杯茶，浅斟细啜，回味无穷，是难得的享受。

凤凰木非常特别，有着显赫季相变化。树龄和人的寿命差不多。它一年花开两度，一度正值花开最艳之时，正是毕业学子挥手道别之际，喻示着人生特殊阶段的开始。一度是新生满怀喜悦步入学堂，开始新的学习生活，展望着未来，充满了激情与渴望。

秋实之际，串串饱满坚实形如大弯刀的果实，挺立于枝头上，玲珑晶莹剔透，宛似古代武士刀，微风轻拂，晃晃悠悠，蔚为壮观，令人赏心悦目，它寓示着丰收的喜悦，给人们带来热烈欢快的情趣，同时也给枯黄浓重的暮秋增添了无限生机。

寒冬来临之时，叶片逐渐转黄，随风慢慢飘落大地，这为南国的人们带来一种四季季相分明的感觉，还能给冬季大地透出一片灿烂阳光。冬末初春，光秃的干身和枝桠仍傲然挺立，伸展在蓝蓝的天宇中，展现出顽强的生命力，让人备觉它的峻伟与气势。

凤凰木是集优美树形、树姿、花色于一身的极品观赏树木，是马达加斯加的国花、国树。适合于道路、村落、公园、花园小区河流两岸和风景区作行道树、绿荫树与园景树，宜单植、列植，群植亦可。若配植于湖畔水边，枝叶倾向水面，与倒影相衬，更觉婀娜多姿，独具南国特色，树干粗壮，颇有“男性”气魄的南洋楹搭配相对较柔像“女性”的凤凰木，会相得益影，景观效果更好；与常绿树种如火焰花、扁桃等相配种植，能给城市的绿化增添一道亮丽的风景；用于风景林建设，极目远眺，则一片火红，灿烂夺目，极为壮观。此外，根瘤丰富，还是改土的优良树种。

凤凰木的花和种子皆有毒性，不可误食，可提取抗生素，并有驱虫效果；树皮是解热剂；茎皮的萃取物对家畜有催吐作用和中枢神经的抑制作用。其木材致密，质轻而有弹性，耐腐、耐湿，有特殊黄白花纹，为良好桩木，可维持百年之久，可供做车轮、桥梁、家具、板料、火柴杆、造纸原料等。凤凰木提取树脂能溶解于水，作工业原料。

凤凰木迎着冬季寒风与霜雪而来，当许多伙伴已落叶纷纷，它却不向严寒屈服，仍然傲骨铮铮，无所畏惧，勇往直前；而艳丽花朵盛开于离情依依的6月，又有别离的含义。

清代吴其睿《植物名图考》中记载过凤凰木之名的由来，诠释它最初传入中国，可能先引到澳门凤凰山上栽植，故称凤凰木。在广东深圳市龙岗区大鹏镇有株凤凰木，高达30米，冠幅25平方米，树龄100多年，仍挺拔屹立，绿影婆娑，花开瑰艳。

有这样一个美丽的传说："白鹭辛勤地挖泉水，到大陆收集花草种子，使厦门岛上鸟语花香，蜂飞蝶舞，美丽又热闹。厦门的变化引起东海蛇王和蛇妖的眼馋和骚扰，白鹭与之搏斗，勇斗蛇王，赶走蛇妖。在白鹭洒过鲜血的那片土地上，长出了一棵棵挺拔的大树。树的枝叶像白鹭的翅膀一样；树上的花，像白鹭的鲜血一样红。这种大树，人们把它称作'凤凰木'，而厦门岛从此也被称为鹭岛。"

厦门、攀枝花两市，于20世纪80年代中期先后经市人代会议通过确定凤凰木为市树。这是文化的概括，显示了中西文化交流，海纳百川的特色。当夏日开花荫凉满城，红花绿叶，灿烂夺目，亦象征两市如火如荼的建设场面，体现了城市人民红火热烈、充满活力的精神风貌和腾飞景象。诗人谢迎在《凤凰树》诗篇中赞颂"凤凰树朴实修长的身躯/花季里满脸红晕/期待了一千零一夜/依然只能在你身边默默走树/虽然你依然满脸通红/虽然我那风中的手伸了又伸/却总也没有接触到/你那痴痴洒落的花瓣/师长津津有味地选读着/我那最后一篇作文/可不管怎么读，也读不出/字里行间那棵凤凰树的贤淑与美丽/凤凰树依然站在珠城的校园/凤凰树下久久的期待/化作了我对凤凰树/永远的怀念！"

金泽会蕊滴朝阳

独傲红颜

学府恋情

把把散金大弯刀

江滨云锦火当空

40. 沙漠英雄花——仙人掌

仙人掌茎节扁平，好像仙人的手掌，故名仙人掌。又叫仙人扁、神仙掌、观音掌、月月掌、龙舌、火焰、火掌、仙桃、玉芙蓉等。为仙人掌科仙人掌属多年生常绿肉质灌木状草本植物。从广义上说，仙人掌包括仙人掌科的所有多浆种类植物；狭义的仙人掌指该属中呈扁平掌状的一种，即俗称神仙掌、老鸦舌者。

仙人掌原产美洲、非洲热带地区。全世界约2000多个不同品种，墨西哥所产占一半以上，其中有200多种为特有的，素有“仙人掌王国”的美誉，并称它为“沙漠英雄花”，尊它为国花。中国分布于海南、云南、广东、广西、福建、四川、贵州等地。华夏大地原无此类植物，由于人类长期活动和鸟类、海水的传播，在西南部和华南也逐渐出现了一些野生和半野生的品种。海南岛西部海边上，生有不少高大的野生仙人掌，重重叠叠，仿佛森林，盛开的花朵与海滩相映成趣，别有一番自然风光。

仙人掌科植物中，根据其外形分为：麒麟木类、团扇仙人掌类、节段形仙人掌类、叶形森林性仙人类、叶形疣状仙人掌类及疣粒仙人掌、球形仙人掌、悬垂形仙人掌、柱形仙人掌类等九大类。常见的品种有：仙人掌、仙人球、仙人鞭、仙人棒、仙人山。仙人掌类植物生命力强，适应性广，性强健，喜日照充足、温暖的环境，冬季不耐低温，耐干旱，耐贫瘠，畏积涝，易繁殖，根系发达，好莳养，在排水良好的砂质壤土中生长旺盛。生长慢，再生能力强，寿命长，可达500年以上。繁殖有扦插、嫁接、分株与播种法，以扦插为主。冬插不宜，春插最好，百插百活。从母株生长良好茎上切1～2节，置于半阴通风处晾5～7天，待切口干燥，皮层略向内收缩，插入沙土中，一周后才可浇水，一般20天即生根。

仙人掌因长期生长在沙漠之中，为适应生存环境，最大限度减少水分蒸发，茎变异成肥厚多浆、多肉，有球状、掌状、鞭状、柱状等，体表还附着一层蜡状物质，宛如天然保护膜，青翠欲滴，又坚毅刚强，好像一个“天然储水器”。据测定，10米高的仙人掌能储水1吨。叶退化为刺状、毛状。刺数目多少不一，有长短、软硬、宽窄、有钩无钩之分；有的单纯呈直射。刺的颜色有红、黄、黑、褐。有的刺刚硬如针，有的刺如羽毛般柔软，有的则变成毛，较硬的毛有刚毛、刺毛、星状毛，较软的毛呈羊毛状或绢丝状等。毛色以白和黄为多，褐色次之，红色稀少。刺和毛不仅捍卫肥厚多汁的茎，防止口渴的动物把它当成免费的饮料，并可减少水分的蒸发，还可令刺带静电后从空气中吸收水分，使之在艰苦生存环境下，能照样成活，茁壮生长，且刺与毛的颜色多种变化，它既是观赏的一大亮点，也是仙人掌品种分类的依据。它的根由一些带刺的嫩芽构成，在土中扎得深广，以利于最大限度地吸收水分和养料。科学家发现，仙人掌肉质基上的气孔在白天关闭，夜间打开，所以它在夜间会吸收二氧化碳，释放氧气，因此能增加空气中负离子的含量，净化空气，还具有减少电磁辐射带来的伤害，对空气中的细菌也有良好的抑制作用，从而增加新鲜空气。另外，仙人掌肉质茎中的黏液对水有良好的净化作用，可就地取用仙人掌作为天然水的净化剂。有人曾做过试验，将一棵仙人掌放在室内，一直少浇水，过了6年仍然长得很好，只是重量由原来的37.5千克，下降到26.54千克。对它那顽强的生命力，有人曾赋诗称赞道：“断肢尚有新生力，渴土无妨再造家。不计主人愁与乐，如时开放紫英花。”

仙人掌种类繁多，形态千变万化，奇特古怪：有圆的，如球如柑，如小鼓、大鼓；有扁的，如掌如笏；有长的，如鞭如杖；有的像灌木丛般丛生一起，有的孤峰突起，有的峰峦重叠，有的“身材”高大，在墨西哥的加利福尼亚有一棵巨柱仙人掌，竟高达21米，有7～8层楼房高，重达10多吨，贮水以吨记，把它锯断弄倒，需要两辆大卡车才能把它运走；有的个子矮小，只有1～2厘米高，貌不惊人，只有儿童们玩的弹珠大小，却具有非常艳丽的鲜红色花瓣；有的“身形”滚圆，直径长达2～3米，重达几吨的仙人巨球，旅行者饥渴时可劈开一部分，挖出柔软多汁的茎肉，解饥渴，所以，仙人掌又被誉为“沙漠中的甘泉”，有的寿命极长，高达500岁以上，称为“仙人掌之爷”。

每年五、六月间，是仙人掌盛花期，一棵成年树状的株体，能绽放上百朵鲜花，犹如一颗颗金星，多姿多彩，素洁者皎似雪莲，艳丽者灿若云霞，令人啧啧称奇，十分壮观。厦门同安区祥平街道胡奋堆老先生家里养的一株已有17年，球茎62厘米，高约20厘米，2007年7月3日竟开出120多朵花，满盆浅黄色，娇嫩可爱。仙人掌的姐妹们开花习性差异很大，有的白天午前开，晚上闭合；有的晚上开，黎明前闭合，而它家族中的昙花却只在晚上开几小时，若要欣赏它那美丽的花姿，可要彻夜不眠才能一睹花开的过程。仙人掌类的花朵有的像漏斗，有的如喇叭，有的如牡丹，有的像月季，有的似钟状，有的却是高脚碟形、梨形，千姿百态，花虽无芳香，但其色，形非常美丽。有的花朵小者1～4厘米，娇巧而明艳；大者20厘米，艳丽绝顶。花色万紫千红，有纯白、粉白、乳白、大红、赤红、桃红、橙红、粉红、紫红、紫、黄、淡黄、黄绿、橘色到古铜色，且花瓣上还有特殊的金属色泽闪亮，为绿色的茎部增添了几分明艳色彩，因而更格外艳丽动人，备受人们喜爱。所结的鲜红色果实，因品种而大小不一，有的小如葡萄干，有的大如梨。有的汁多味美，富含营养，十分可口，但必须了解其可食用的品种，否则有些仙人掌有毒，会致人死亡。

仙人掌类植物在气候温和寒冷地区，均可盆栽观赏，将不同种的仙人掌种在一起，组成一个活的山石盆景，以仙人山为主体，配以各式仙人掌、仙人球，犹如沙漠中的绿洲，把大自然的风光浓缩在咫尺盆景之中，以小见大，使其更加妙趣横生，更颇有欣赏的效果。或以仙人山为瑰石，配以凤尾竹，显得潇洒精致。放于居室或放置博古架中，就是一件活的艺术品；案头放置仙人山或厅堂摆设金琥仙人球，配以古朴的高级瓷盆，显得儒雅高贵，还可消除有害物质，增加氧气。在南方的福建、广东等地一些农家爱用它作篱笆，围起一个个玲珑的小庭院；或种在住宅围墙顶上，制造不易逾越的障碍；或种植于田园四周，防止人畜践踏。

仙人掌新鲜嫩茎去刺后，可加工成各种美味佳肴，凉拌，汁多味甘，清爽适口，味道不亚于生拌莴苣。仙人掌果实是墨西哥一种特有水果，叫作“刺梨”或“仙人掌梨”，清脆香甜，是消暑解热佳品。仙人掌经发酵加工可制饮料，又是炼糖、酿酒、制蜜饯、果酱和清凉剂的原料。分布在中国四川大渡河一带可食用的仙人掌有仙桃（刺梨）及分布在南方各省霸王花（量天尺、三角柱）和引进的墨西哥的米邦塔仙人掌。药效成分分析，每100克可食仙人掌中含维生素A 220微克，维生素C 16毫克，蛋白质1.6克，铁2.7毫克，可产生25～30千卡的热量。据中国医学科学院药用植物所报告：食用仙人掌不仅营养价值高，且可促进新陈代谢，助消化，补充人体所需的纤维素，能抑制胆固醇和脂肪吸收，减缓对葡萄糖的摄取，防治动脉硬化、糖尿病、高血脂、肥胖症。最近几年，植物学家还成功地从巨型仙人掌中，提取到一种生物碱，具有抗菌消炎和抗癌作用，特别对肺癌有显著作用。仙人掌种子富含蛋白质和脂肪，加工磨细可食或榨油。在墨西哥有几个印第安人的部落将仙人掌作为粮食，每年食用4个月之久。仙人掌的纤维质，还可织粗布和编织工艺品。干枯仙人掌也可作燃料，或代替木材盖茅屋。其刺是制梳子、牙签、鱼钩和针的材料。

仙人掌全株入药，在中国作为药用首次记载于清代赵学敏所著的《本草纲目拾遗》中：仙人掌味淡性寒，功能行气活血，清热解毒，消肿止痛，健脾止泻，安神利尿，可内服外用治疗多种疾病。现代研究认为，仙人掌花含鼠李素、槲皮素，有清热润肺，安神定志功效，治疗肺结核，支气管炎，颈淋巴结核，心慌不宁等病症。茎叶含三萜、苹果酸、琥珀酸，有行气活血，清热解毒。将新鲜仙人掌去刺捣烂，可敷治腮腺炎、乳腺炎和疖疮痛肿；捣汁外搽，可治火烫创伤，煎服可治胃痛。果实含蛋白质、糖等成分，能补脾健胃。《本草求原》记载："止吐血，煎肉食。"明代黄佐《仙人掌赋并序》："仙人掌者，奇草也，煨食可补诸虚，久服轻身延年。"

素有"仙人掌之国"称誉的墨西哥，生于高原上千姿百态的仙人掌，无论环境多么恶劣，土壤多么贫瘠，天气多么干旱，它总是生机勃勃，凌空直上，展现了顽强的生命力，在翡翠状的掌状茎上开出鲜艳、美丽的花朵，这正是坚强、勇敢、不屈、无畏的墨西哥人民的象征，也是热心、热情、坚强、坚韧、有刺的爱之花语。据说公元14世纪时，墨西哥安纳呼阿克峡谷的一个叫阿斯狄克的游牧部族，离开故土向南迁移，去寻找安居的富饶土地，他们部落族神指示祭司说，在旅途中如果见到一只老鹰叼着一条蛇站在仙人掌上，就可定居下来，那是一个吉祥的地方。阿斯狄克人按照部落族神的指示，历尽千辛万苦，终于在铁希戈戈湖中一个小岛屿上空，看到了一只巨大的老鹰叼着一条蛇在空中盘旋，当山鹰落到一丛开满黄花的仙人掌上后，再也不离开。于是这群人便在这里定居下来，兴建了特诺奇蒂特兰城，这就是今天墨西哥首都墨西哥城的前身。如今，墨西哥的国旗、国徽和货币上的图案，就是根据这个故事绘制的：一只矫健的雄鹰，叼着一条蛇，兀立在茁壮的仙人掌上，象征国家的富饶和美丽。每年6月中旬都要在墨西哥附近的米尔帕阿尔塔地区举办仙人掌节。节日期间，政府所在地张灯结彩，四周搭起餐馆，展售各种仙人掌食品与制品，让世界各地人民前来目睹仙人掌的风姿，领会其顽强的生命力和与大自然恶劣环境作斗争的精神。

中国云南、海南等地生长着大量野生仙人掌，并伴着一个美丽的传说：很久以前，琼海边有座高山上长有一种能治百病的仙草，有位仙人日夜守护着。很多人上去采摘，均以失败而归。有位青年在寻找仙草途中，遇到老虎袭击一位长者，他挺身而出与老虎搏斗，虽身受重伤却救了老人，守护仙草的仙人为青年舍己救人的精神所感动。借用仙草医好了他的创伤，并破例赠送仙草给他。年轻人带着仙草下山后，救活了众多病人，且仙草叶摘下了又再生，永摘不完。这奇闻被皇帝知道了，下诏令限十天把仙草献进宫。青年拒不同意，正在危难之时，赠仙草给他的仙人指点说："你把仙草送去吧，皇帝没有福气，他死期已到，只是你也没有回来的希望了。”青年人明白后道：“只要能除掉害民的暴君，解除百姓的痛苦，我死也甘心。”青年把仙草送进皇宫后，皇帝迫不及待地伸手去摘，突然，仙草变得如手掌大，上面长满了刺，刺得皇帝满手流血。皇帝叫人摘叶煎汤服用，汤一下肚，痛得他满地打滚，大叫一声一命呜呼了。青年人也被凌迟处死，仙草被抛出宫外。时隔不久，仙草竟奇迹般地活了下来，叶子变得像手掌那么大，上面布满了刺。人们为纪念仙人和青年人，称呼它为“仙人掌”。

仙人掌形似手掌，以其株形奇异而引人注目。其茎扁肉厚，四季青翠，生命力极旺盛，成为热带沙漠的主要植物景观。其花呈黄色，色姿怪奇，鲜艳秀美，与千姿百态的叶状茎相映成趣。其果罕见奇特，美味又保健。由于仙人掌能在夜间吸收二氧化碳，而成为美化环境、净化空气、有益健康的奇异观赏植物。中国清代文学家李调元有诗赞道：“应是巨灵仙，遗得拓山手。捧出太华莲，长献西王母。”诗人生动地描绘了仙人掌气势超群的特性和坚强不屈的神韵。近代著名神经生理学家张香桐教授也赋词盛赞仙人掌：“侬本来自荒漠里，浑不惯锦绣丛，别居画楼东。烈日严寒历尽，漫天风沙无情，行若无事，篱下自峥嵘。”词中表现了仙人掌不怕严寒，敢斗风沙的峥嵘气势，给人启示颇深。还有一位养花专业户有感于别名“月下皇后”——量天尽（仙人掌的一种）的娇媚多姿，作诗咏道：“龙虎花园齐争斗，麒麟狮子吞日球。丹凤展翅凌空舞，燕子卯时占鳌头。”寥寥数语，将仙人掌的奇特外形描摹得出神入化，令人叫绝。

仙人掌王国

大观园中的绿洲

41. 世界花后——郁金香

郁金香，别名郁香、洋荷花、旱荷花、红蓝花、草麝香、紫述香。为百合科郁金香属多年生草本植物。郁金香的属名“Tulipa”，源出于波斯语，系“帽子”和“伊斯兰头巾”（指花的形状）的意思。这是因为郁金香最早被栽培是在土耳其，而直译成汉语为“缠头巾”或“头巾花”。约19世纪初传到日本，取了个吉祥的汉名。它花大，色艳，花色奇特，为荷兰、阿富汗、伊朗、土耳其等国的国花。

郁金香原产地中海沿岸、中亚细亚、土耳其和中国新疆、青藏高原。现世界各地都有栽培。最早的栽培历史，未见系统的文字记载。据说奥地利驻土耳其大使发现栽培的郁金香，将球根带回到维也纳王宫时就已经拥有诸多栽培品种。很快受到欧洲其他国家园艺家赞赏，17世纪中叶在比利时，荷兰、英国出现了郁金香热。19世纪传入中国上海，20世纪初，四川、南京、庐山等地先后引进应用。全世界郁金香同属植物原生约150种，中国有20余种，主要分布于新疆，园艺品种繁多，约1万多个，且新品种层出不穷，主要除原生种郁金香外，还有香郁金香、格里郁金香、克比郁金香和考夫曼郁金香等，其中以黑色郁金香为当今万花丛中的稀世之宝。1981年在荷兰举行的世界品种登记会郁金香分会上，将其分为15个大类型，其中包括早花类2个，中花类3个，晚花类9个，其他类1个。

郁金香多以分鳞茎繁殖为主，育种时采用种子播种法。其喜阳光充足，通风良好的环境。冬季喜温暖湿润，夏季宜凉爽干燥、向阳或半阳，忌酷暑，怕水涝。要求富含腐殖质疏松肥沃、排水良好的微酸性沙质壤土，忌低湿碱土和黏重土及连作。耐寒性强，冬季球根可耐零下35摄氏度的低温，生长期最佳适温15～18摄氏度，花芽分化适温17～23摄氏度，花前3周为茎叶生长旺期。根系损伤后不能再生，鳞茎寿命仅1年。鳞茎当年开花并分生新茎及子球后逐渐干枯死亡。平均每个鳞茎可分生1～3.5个新生球。一般栽培共有4种用途：切花、庭园园艺、盆栽（包括山石栽培）、培育良种。

冬初寒意未尽，朔风凛冽之际，郁金香开始舒展着娇躯，它的茎上披着白粉，挺拔傲立，镶嵌着碧绿似剑娇嫩欲滴的翠叶，迎风摇曳，俏丽端庄，姿态俊逸，楚楚动人，洋溢着阵阵暖意，给人们送来春的信息，带来一抹久违的春之温暖和美好。它那高出于茎叶的花茎，亭亭玉立，从秀丽素雅的叶丛中抽出，顶托着只开着一朵美艳之花，瞬间使天地充满了温馨惬意，令人陶醉，它花大型，端正直立地向上开放，有的形如杯状、碗状、卵状、碟状，有的似球形，有的像百合花形或重瓣如芍药花，有的形似鹦鹉形，千姿百态，摄人心魄。而花色更是万紫千红，有红、橙、黄、紫、褐、黑、白、橘色至古铜等单色或复色，也有在底色上夹杂各色斑纹及条纹或为背腹两色，美艳绝伦；花瓣上有的是全缘或带缺刻，有的有锯齿、皱边，更增添了几分明艳色彩，备受人们喜爱。有人赞它：“七色郁金香夏日，斜雨润花冠。 窈窕藏高雅，姿容俏晓寒。夏日郁金香，花冠斜雨润，高雅亦窈窕。”最早称郁金香为“土耳其缠头”的波斯人，写了很多诗赞美它，其中最著名的是诗人加菲佐的诗：“赞美郁金香处女般的纯洁、美丽、连轻轻摇曳的柏树枝与玫瑰都无法比拟。“法国国王路易十八在他花园里种了众多郁金香，生病不能起床还坐在轮椅上在花园欣赏心爱的郁金香。而德国王室的威廉当时就搜集了216种郁金香，并委托宫廷一位医生从中精选若干，编绘精美画册，经数十年才绘制出世界上第一部郁金香专著，现珍藏于柏林大众图书馆。在当时，在各国还盛行用国王、名人及城市的名字给郁金香品种命名，足以看出人们对于郁金香的痴迷。

郁金香是早春花卉中的佼佼者，被誉为“花卉王国中的皇后”。它品种繁多，花色艳丽多彩，开花整齐，在园林中多按不同色彩配植成各种图案布置花境、花坛，或成片用于草坪、树林、水边，形成整体色块景观，是春季花卉布置的极好品种，也可以将早、中、晚类型品种搭配种植能够取得延长花期的观赏效果。矮性品种还可盆栽，放在阳台、窗前，或置于室内案头、几架、办公桌上陈设欣赏，增添欢快和热烈的气氛。也是很好鲜切花材料，用于花束、花篮、瓶插花等主体花饰，其形、其色可谓百看不厌。1988年，西安以5万株郁金香举办了中国国内首届花展，迎来了中外游客数十万人次，盛况空前。自20世纪90年代以来，中国许多大城市，如西安、杭州、南京、广州、深圳等地，每年均以几十万甚至上百万株郁金香举办“花展”来装点城市，为中华民族最隆重的节日——春节，增添了无限春意。在北京的天坛、颐和园、中山公园、北海等“十大公园”里，人们不仅能够看到各种各样的郁金香，还可以了解到相关知识，欣赏到这一世界名花的内在魅力。

郁金香的芳香成分和花的颜色有祛臭味，除心腹间郁闷恶气的作用，装饰于家居能净化空气，令人心舒神爽。其鳞茎含有大量淀粉，可供食用，做成佳肴，鲜香可口，柔软不腻，风味特殊。鳞茎和根有很高药用价值，其性平味苦，无毒，有镇静作用，可治疗脏燥。

郁金香花朵色彩丰润，姿态美丽端庄，花茎刚劲挺拔，被欧美一些国家视为美好、庄严、华贵和成功的象征，或胜利和凯旋的象征，传统的花语有：美丽、名誉、慈祥、爱的宣告、美丽的眼睛、失恋。在土耳其，很久以前，女士们在晚会上都穿着与郁金香颜色相衬的服装，并在耳鬓上插朵心爱的郁金香。在法国路易十四、十七时代，晚会上女士们的胸前有枝郁金香装扮是最美的标志，还赋予高贵与美丽的含义。在英国民间的故事中，称它为“小精灵的摇篮”，有着美好善良的寓意。在俄国的传说中，郁金香的花蕾里则藏着世人的幸福。在荷兰成了人们心中的公主：传说，古时一位公主同时被三位勇士爱上了，他们各自带着皇冠、宝剑及黄金来向公主求婚。这位善良的公主不忍心伤害任何一位，不知如何选择，心急之下化成一朵鲜花，这朵花拥有一个像皇冠一样的花冠，有像宝剑一样的叶子，还有像黄金一样的球根，这朵花就是郁金香，它同时接受了三位勇士的爱。郁金香从此成了爱的化身。

相传，在17世纪，一名叫科尔勒的植物爱好者，醉心于郁金香新品种的培育工作。因让两种近亲郁金香结缘，而以莫须有的罪名，不幸入狱。在他罹难之前，女友从他手中接过一些球茎，加以精心莳养，最后竟神奇般地培育出了白色郁金香。1673年5月15日，荷兰最高统帅举行隆重仪式，表彰科尔勒，用爱和智慧培育出名花。从此每年5月15日，就成为荷兰人举国欢庆的“郁金香”节了。在荷兰，近40年来，每当春季郁金香盛开之时，世界各地成千上万的旅游者，便络绎不绝前来参观，称这里为世界上“最美的花园”，而荷兰的春天是“世界上最美丽的春天”。在其首都阿姆斯特丹市西北的利门历史球茎花卉园及利兹市郊的丘肯赫史植物园等地，从每年5月第二个星期日开始都要举行世界上最大最美丽的郁金香花展。罗马尼亚皮特什蒂市，每年一度的“郁金香交响乐”花展，使该城被称为“郁金香之城”。每年5月25日，全市人民把一盆盆以郁金香为主体的鲜花，堆砌拼摆组成各种造型奇特、形似雕塑的美妙图案，犹如仙境。在英国的希波耳顿，这个不足2万人的小城镇上，到处都种植着郁金香，每年要举行郁金香花会节，节日期间，全城淹没在鲜花歌舞和欢乐中，几十万名游客前来欣赏，不仅欣赏到应展的最好郁金香品种，还观赏到从美少女中选出的“郁金香皇后”乘坐在郁金香花扎成的大型彩车上，向成千上万游客抛洒大把大把鲜艳的郁金香花，场面异常壮观。

19世纪，法国著名作家大仲马所著的传奇小说《黑郁金香》中赞美郁金香“艳丽得叫人睁不开眼睛，完美得让人透不过气来”。1986年2月，当荷兰花卉研究所宣布，园艺家赫夫曼经过20多年的研究，培育出全黑的郁金香时，顿时掀起了更大的郁金香热潮。据说有人曾不惜用一头优等奶牛的代价，换取一个黑郁金香种球。甚至有人不择手段去垄断黑郁金香。这与16世纪30年代前后的历史上闻名的郁金香狂热如出一撤。当时一些人倾家荡产也在所不惜，竟有用几枚种球换取女儿嫁妆和购买一幢住宅的趣闻。在阿姆斯特丹博物馆里，现在还珍藏着一块碑，它是一幢房子的奠基石，上面碑文记载：1634年，这幢房子和另一幢石头建筑是用三枚郁金香球根换来的。足见当时郁金香的珍贵。

郁金香是荷兰与世界人民交往的友好使者。第二次世界大战，希特勒的铁蹄践踏荷兰国土，女王朱丽安娜到加拿大避难。战后她返回祖国，为了感激加拿大人的患难相助，荷兰政府将14万头郁金香球茎送给加拿大人民。1977年5月，荷兰贝娅特丽克丝女王访问中国时，也将荷兰人民最珍贵的郁金香赠送给中国人民，它带来了荷兰人民炽热的友好情谊，也带来了风靡世界的“郁金香热”的文化。如今，它每年春天盛开在北京中山公园里，已成为中荷两国人民友谊的象征。

郁金香在中国象征吉祥美好。电影《冰山上的来客》中的歌“花儿为什么这样红”及电影《天山上的红花》中的红花就是指郁金香。在情人节时，热恋中的或已婚的青年男女，送上一束红色郁金香，传递着爱情的热烈，或献上明艳的黄色郁金香，仿佛冬日午后的一缕温暖的阳光，宁静、惬意而安然，就如同历经岁月后的那份成熟。在结婚纪念日，互赠郁金香，能勾起浪漫、幸福的回忆。在中国台湾等地，它是喜结连理时男士向女友表达爱情之花，多选用花朵大、瓣美、叶长的红色郁金香向自己的恋人表达绵绵温馨的爱意。逢公司、企业、商场开业赠送红色郁金香花篮表示祝贺，寓意吉祥、兴旺。在欧美的一些豪华宴会上，为表示对嘉宾的尊重，人们往往要插上几枝红色的郁金香花。

在西方国家，恋人们常用郁金香的不同颜色来传递信息。通常红色郁金香是爱的表白，紫色表示忠贞不渝的爱，黄色表示天赐的恋情，白色表示失意。而德国人却认为郁金香是无情之花，忌用它作为馈赠品。

郁金香之美已留在了中西方人们的心目中。这朵没有国界区分、没有地域差别的世界名花，将盛开得更灿烂芬芳。

郁金香片植景观

比比谁艳丽

旭日元升

金花挺秀

明珠报祥

天赐玉霞

世界花后（水养）

春晖竞荣

42. 妩媚多姿——樱花

樱花，别名毛樱花、山樱花、福岛樱、青肤樱、冬海棠、荆桃、山樱桃等。为蔷薇科李属落叶乔木，少数为常绿或灌木。主产于温带的中国华南、长江流域、华北、东北，野生于山沟、溪旁的杂丛中，日本、朝鲜等地也有。中国是樱花主要原产地之一，全世界有50多个野生樱花原生种，中国约占38个之多。早在秦汉时期，樱花栽培已应用于宫苑之中，唐朝时已普遍出现在私家庭园。“樱花”一词，最早见于唐代李商隐的诗句：“何处哀筝随急管，樱花永巷垂杨岸。”之后诗人多次提及，如元朝郭翼有“柳色青堪把，樱花雪未干”诗句，明代于若瀛有“三月雨声细，樱花疑杏花”等诗句。樱花是中国栽培最早的花木之一，园艺栽培大约有3000多年的历史，是中国传统名花之一。据《樱大鉴》记载，日本樱花最早是从中国的喜马拉雅山脉引种过去的。原来的喜马拉雅山生长的乔山樱、绯寒樱等樱花树现仍在日本生长，以“染井吉野”樱花为主体的日本樱花，已有1000多年的历史，300多个品种，占世界800多个品种的40%以上，有“樱花之国”的美称，并推崇樱花为国花。19世纪后期传入欧美各国，是世界上享有盛誉的早春花木。

樱花喜光和夏季高温，喜空气湿润环境，适应性较广，耐旱，有一定的耐寒力。喜深厚肥沃、排水良好微酸性和中性沙质土壤，碱性土、黏重土均不适宜。根系较浅，不耐盐碱、水湿，对烟尘、有害气体及海潮风的抵抗力弱，枝干和根部受伤后易腐烂干枯。移栽易成活，寿命较长。可用播种和扦插繁殖，栽培品种多用嫁接法繁殖。嫁接以山樱花的实生苗或樱桃作砧木，也可用桃、李苗作砧木。栽培管理较简易。常见变种和品种有：重瓣白樱花、重瓣红樱花、红白樱花、垂枝樱花、瑰丽樱花、山樱花、毛樱花、日本晚樱花等。

早春时节，樱花树姿挺拔，叶绿、荫浓，当料峭的春风吹开桃、梅、杏、李时，樱花也在其中争春吐艳。初绽的花蕾在阳光的照耀下，透着粉粉的光晕，像婴儿的笑脸，鲜嫩而纯洁。南北朝著名诗人赞吟樱花："野棠开未落，山樱欲发然。"点出了樱花与海棠媲美及樱花的花期节候特征。初放的花瓣，既有梅之幽香，又有桃之艳丽，且蕴藏着青春特有的晶莹和剔透。北宋湖州太守文同赞道："嫩叶藏新绿，花繁露浅红。"对樱花娇容美态作了形象的描述。盛开的樱花团团簇簇，妖妖娆娆，令人赞美不绝。

樱花之美在于它盛开时的热烈，缤纷艳丽，瑰丽壮观。鲁迅先生在《藤野先生》一文写道："上野的樱花烂漫的时节，望去却也像绯红的轻云。"这句话勾画了樱花素雅淡洁的形象，也写出了它"妖媚"、"脱俗"的特点。在中国，阳春三月樱花齐放，景色也十分动人。樱花之美还在于花团锦簇，都是一起开，开得准时，一起落，谢得也快，往往一夜间，繁花满树，如云似霞。而在六七天后，一阵风吹来，花瓣像雪一样飘下来，又像是漫天飞舞的蝴蝶，遍地落英，好景不在。对比日本有"樱花七日"的谚语。中国近代诗人郑尔雅题咏："昨天雪如花，明日花如雪。山樱如美人，红颜易销歇。"樱花开时热烈，落时缤纷，很干脆，短暂的绚烂之后，便随即结束生命的"壮烈"。它给人们极大的启示，人生是短暂的，应更加去珍惜，让生命在最旺盛的时刻迸发出最亮丽的火花，创造出尽可能大的人生价值。

自中国樱花传入日本后，数百年中，得到了广泛重视，选育了许多优良品种，其名和花一样颇有意思。如品种叫"一叶"的樱花，其花心伸出一支绿色叶状雌蕊，花谢后，发育成一片叶子，非常可人。"普贤象"樱花，初绽花粉红色，花朵密集低垂，如含羞的少女，更奇的是花心竟生有两个绿色的雌蕊，酷似佛门普贤所乘大象的鼻子，故而得名。"八重红枝垂"，顾名思义为红色重瓣的垂枝樱，其艳丽的花朵一串串挂在拱形枝上，惹人怜爱。又如"御衣黄"樱花，以其色彩特别而著名，绿色的花瓣上带有浅黄色的斑纹，是不可多得的珍稀品种。"东京樱"先花后叶，花繁似锦，落寞随风飘荡，如天女散花，美不胜收。如此众多的樱花品种，盛开时，远处眺望，似桃色的彩云，如织锦，近看如玉石珠玑，晶莹剔透，粉嫩可人。周恩来总理当年在日本留学时，也很喜爱樱花，在他写的17首诗中有5首写到樱花，其中一首《春日偶成》："樱花红陌上，柳叶绿池边。燕子声声里，相思又一年。"另一首《雨后岚山》诗："山中雨过云愈暗，渐近黄昏；万绿中拥出一丛樱，淡红娇嫩，惹得人心醉。"这两首诗对樱花的绚丽色彩进行了形象的描绘，同时委婉地表达了作者的故国之思。

樱花花形美丽，树姿洒脱开展，盛开时如玉树琼花，堆云叠雪，甚是壮观，是优良的园林观赏植物；在园林中，宜孤植于草地，形成“万绿丛中一点红”的景观；或3～5株丛植于绿地中，形成团花似锦的场面，最宜成片群植，配植时背景衬托常绿树，则红绿相映，对比鲜明，更能发挥樱花的观赏效果；或植于有缓坡而低处有湖池水体的地点，如水滨、溪流之畔、湖边，以造就“花海”、“落花流水”这富于诗情画意的境界。夏季樱花树枝叶繁茂，绿荫如盖，作为次干车行道或人行道上的行道树也十分美丽得体，在日本有樱花路、樱花坡等以花为主的著名景点。樱花还是一种良好的切花，花枝插瓶观赏，可保持近半月之久，也可盆栽。

樱花不仅有观赏价值，还可食用、药用。樱花可制风味独特的佳肴，果实可生食或制罐头，叶在日本是很受欢迎的食品包装材料；叶和核仁可入药；树皮煎汁可解食鱼中毒，煅成炭，可解酒；木材可供家具、漆器、图版、雕刻等工艺用材。

樱花姿容华丽、色泽如火、灿烂耀眼，花香四溢，深受日本人民喜爱，他们与樱花有着一种剪不断的情结。在日本古语中，用“樱时”来表示春天。樱花热烈、纯洁、高尚，严冬过后是它先把春天的气息带给日本人民，日本政府把每年3月15日到4月15日定为“樱花节”。在樱花盛开之际，欢天喜地的日本人装扮一新，全家出动，外出赏樱，女人们穿上端庄文雅的和服，小孩子花枝招展，连宠物也穿红着绿，与亲朋好友一起，携酒带肴，在樱花树摆出樱花宴席，晚上在花下搭起帐篷，边赏樱，边吟诗高歌，开怀畅饮，一连几天不归。有诗人说：“京城官庶九千九，九千百入樱流。”在日本“除却樱花不算春”的赏花队伍中，曾出现过中国现代著名学者、诗人郭沫若的身影。他的《樱花》诗清新动人：“我们在日本真真是多得惊人，会使举国若狂前来花下酩酊。千树万树使得漫山遍野如云，迎风一片齐开，随风万点飘零。”日本人之所以爱樱花如醉如狂，缘于日本人认为樱花象征武士道精神，象征勤劳、勇敢、智慧和生命的美丽，正符合他们的民族气质。另外，单个的樱花美轮美奂，群体的樱花气势磅礴，这也正切合日本人民的审美心理。

樱花和日本的富士山一样，成为日本国的象征，日本人民走到哪里种到哪，并常以此为礼物赠给友邦或友人。如1912年送给美国1870株樱花树，20世纪50年代时又曾向缅甸、菲律宾、印度、西班牙、巴墨西哥、加拿大等国家赠送樱花。早在清朝末年，日本樱花便已传入中国。现在各地广为栽培的樱花，最初也多是由日本传入。旧中国时的杭州、青岛的租借地和上海租界地内都栽有日本的樱花，日俄战争（1904年）后，日本人在中国大连、旅顺、沈阳等地都种上日本樱花。1929年南京中山陵建成后，日本赠送一批樱花植于梅花山北坡。1972年中日恢复邦交以来，日本政府和民间亦多次以樱花作为礼物赠给中国。如1972年，日本首相田中角荣赠送给中国1000株大山樱，北京栽900株，还有100株植于周恩来总理生活和战斗过的地方——南京梅园的新村纪念馆。第二年5月，周总理从樱花树上摘下了3片叶子，做成书签，请中日友好协会访日代表团带给田中首相。1975年3月，仙台市长岛野武先生率领仙台市劳动青年日中友好协会访问团到达南京，日本朋友看到南京市一些街道两旁绚丽芬芳的樱花，不禁高兴地说："我们看到盛开的樱花，受到南京人民的热情接待，就像回到自己的故乡一样。"樱花作为日本人民的友好使者，已经盛开在世界的许多地方，而且也已经成为中日两国友好的使者。日本友人为了纪念周恩来总理对樱花的情谊，在日本岚山用万年不变的鞍马石建了诗碑。邓颖超、赵朴初参加了揭幕仪式，赵朴初即席赋诗一首："苍松夹岸几株樱，绕石流泉澈底清。景物未随人世改，诗心长共海潮生。蒙蒙时雨三生石，霭霭停云万古情。从此岚山留胜迹，兄弟相见更相亲。"

绽放的樱花犹如一张张充满和谐与友爱的笑脸。春天因为有了樱花而灿烂艳丽，生活因为有了阳光与微笑而甜美。

玉树琼花

缤纷婋美

彩云织锦

43. 母爱之花——康乃馨

康乃馨从希腊语翻译而来，意指“天赐的极好的花”或“神圣之花”。因其有赏心的香气，类似中国石竹花的基本香味，故名香石竹、麝香石竹。莎士比亚的作品中称为“冠冕”。法国人称之为“小眼睛”，为石竹科石竹属多年生半灌木半草状草本花卉。

康乃馨株高30～80厘米，茎直立，多分枝，被蜡状白粉，基部半木质化。叶对生，线状披针形。花单生或数朵簇枝端，聚伞状排列；花瓣扁形，花萼长筒状，花冠石竹形，花期5～7月；花色有粉红、大红、紫红、黄、白以及多种间色，镶边或带斑点等复色，具浓香。花期长，每年开花的时间达到200多天。

康乃馨原产欧洲南部、地中海北岸、法国到希腊一带，印度也有分布。如今在非洲西北山区发现一些野生型香石竹原种开深桃红色花。早在16世纪波斯（今伊朗）陶器及瓦片上常绘有重瓣石竹类花朵，花瓣上有异色条纹或斑痕，即后来香竹分类的依据。在欧洲已有2000多年的栽培历史，历来为西方名花。早期盛行栽植于露地作为花坛，由于康乃馨花期长，色彩丰富，莳养期长逐渐用于室内插花，形成了专业的切花栽培，迄今已成为世界五大切花植物之一。

康乃馨染色体2n=2x=30，4x=60，6x=90。石竹属植物约300种，分为3类、4型、11系。早在17世纪，英国就记载有800多品种。现在世界各地广泛栽培，主要产区在意大利、西班牙、荷兰、波兰、以色列、哥伦比亚、美国、日本等。大约明清时传入中国，目前各地均有栽培，在市场上一般分为大轮品系、中小品系，为花卉市场上极为大宗且受欢迎的切花，当今的康乃馨以大花、重瓣、纯色，且花梗挺直为上品，被誉为“母爱之花”。是欧洲摩纳哥、西班牙、捷克、美洲洪都拉斯，非洲摩洛哥等国的国花。

康乃馨性喜空气流通、干燥、阳光充足的环境，忌高温，多湿的环境。要求排水良好、腐殖质丰富、保肥性能好、呈微碱的黏土土壤，最适宜的土壤pH值为6.0～6.5，忌连作。喜冬季温和夏季凉爽的环境，耐寒性弱，最适宜的生长温度为20摄氏度左右。一般来说，冬、春季节白天宜保持15～18摄氏度，晚间宜保持10～12摄氏度；夏、秋季白天宜保持18～21摄氏度，晚间宜保持12～15摄氏度。康乃馨可用扦插、播种、组织培养等方法进行繁殖。一般常规繁殖以扦插为主。播种多用于人工杂交育种。切花用的一般以组织培养的方法去除病毒后获得脱毒苗作为母本，然后用扦插法繁殖。

康乃馨是献给母亲的花。花语是：慈祥、温馨、喜悦、荣耀、健康、长寿。据说它为母爱之花，始于美国的一位女教师，她喜欢种花，住宅四周四季鲜花怒放，春意盎然。在众多花卉中，她最喜欢康乃馨。女教师于1906年5月9日去世后，她的女儿安娜十分悲痛。在逝世一周年纪念日时，她对亲友说，她的母亲最喜爱康乃馨，她希望大家都用白色康乃馨鲜花佩戴在襟上，借以纪念她的一生。同时她还向公众呼吁，定立一个颂扬母爱的节日，建议这天，人们佩戴康乃馨向母亲致敬,母亲尚健在者,佩戴红色康乃馨；若母亲已过世的,则佩戴白色，以表示内心的怀思。在她不懈的努力和民众的大力支持下，1914年5月，美国总统威尔森签署通过国会决议，将每年5月的第二个星期天定为“母亲节”。著名美国作家马克·吐温写信给安娜，称赞她的这个伟大创举必将在人类历史上产生深远的影响。1934年5月，美国发行了世界首枚母亲节邮票，主图选用19世纪英国著名画家惠斯勒所绘的一幅母亲像，一位慈祥的母亲双手放在膝上，喜悦地凝视着面前花瓶中一束娇艳美丽的康乃馨。随着邮票的传播，在不同肤色的人民心中，都把康乃馨与母亲联系在一起，其他各国人民很快就认同了这一节日，形成了敬爱母亲的风尚，全世界相继约有40多个国家以法律形式设立了“母亲节”；没有明文宣布设立“母亲节”的国家和地区，也自觉或不自觉地接受了这一节日，康乃馨也跨越了地域和时空的界限，成为世界公认的“母爱花”。此举是对子女热爱母亲行为的褒奖，也是对全体母亲抚育子女成长功劳的肯定，对提高妇女地位，弘扬孝顺父母的传统美德起了极其重要的推动作用。

中国的邮票上曾两度出现康乃馨的形象，1982年5月29日发行的中华人民共和国名誉主席宋庆龄同志逝世一周年纪念邮票，全套2枚，均以康乃馨环饰在宋庆龄像周围为图，以表现宋庆龄是一位伟大的母亲。2001年2月26日，国家邮政局发行了康乃馨普通邮资明信片一套一枚，邮资图是一朵娇艳欲滴的红色康乃馨。

西方国家有许多关于康乃馨的优美传说。相传古希腊有一位美丽的少女以编织花冠为生，她用灵巧的双手编织出样式奇丽的花环，不计其数，博得许多文人和艺术家们的赞美。却遭到同行的嫉妒而被杀害。太阳神阿波罗怜惜少女，将她变成了美丽芬芳的康乃馨。因此，在希腊，人们称它为花冠、王冠，推崇其神圣的地位。在法国，则传说康乃馨是女神戴安娜害怕被一位英俊潇洒的牧羊童诱惑，而将他的眼睛挖出来丢到地上变成的，所以法国人将康乃馨称为“小眼睛”。

还有则故事发生在中国上海：据传，1900年英国人罗埃斯在上海南京路外滩开了个“大英花店”，主要销售康乃馨，属独家经营。可是到了1920年，他发现中国人开的花店也卖康乃馨，便勃然大怒，告上法庭。开庭那天，罗埃斯傲气十足地说，中国没有康乃馨，是他从国外买来的，应享有专利，中国人卖的康乃馨肯定是从他那里偷来的，要求惩办中国花店。中国律师问他：“你卖的康乃馨是摘下的花朵，还是有叶有芽的花枝？”罗埃斯说：“全是卖的花枝。”中国律师说：“你卖了花枝，收了钱，买方有权利将买的花枝扦插繁殖，怎能说是偷窃？”罗埃斯无言以对。法庭宣判，大英花店败诉。

其实，中国也有自己的“母爱之花”，这就是萱草花，古人说：“萱草忘忧。”唐代诗人孟郊在创作《游子吟》中，曾提及母亲堂前的萱草花。从此，国人就用萱草花来代表慈母之爱。中国1982年5月20日发行的药用植物第二组6枚套特种邮票的第一枚，即为“萱草”，图案是两株萱草上盛开着三朵或红或黄的喇叭状鲜花。

据园艺专家考证，从19世纪初叶以来在欧洲所涌现的众多康乃馨良种，曾经利用中国石竹的原种进行杂交而获得，这表明中国石竹与国外的康乃馨早已有过不可分割的亲缘关系。中国秦岭地区生长的一种名叫“洛阳花”、“中国石竹”的与康乃馨同科同属，是一种著名的观赏花卉。

康乃馨体态玲珑，端庄大方，其茎高盈尺，形似竹，姿态优美，显露出一种非凡的风韵；它花朵艳丽明亮，香气芳香清幽，花形独特，天生丽质，让人目迷心醉；鲜艳美丽的花朵开在纤细青翠的花茎上，怒放温柔的小花似天真烂漫的小孩，又像纯洁无瑕的少女，有着女性敦厚的美德，默默付出，不求回报，微风过处，轻轻摇曳，仿佛谦逊地在向你致意；花瓣如绢，镶边叠褶，灿若云霞，且稠而不易凋落，伴着叶片秀长而不屈卷，给人一种心旷神怡的惬意。五月的康乃馨，虽没有玫瑰的娇艳，也没有百合的浓郁，却有着自己独特的气质；迷人的紫色，热烈的红色，清雅的白色，出众的粉色，众多的色彩绚丽而娇艳，象征着慈祥、温馨、真挚、无价的母爱；尤其是那层层花瓣，代表着母亲对子女绵绵不断的感情。如果说人们对母亲的赞颂是一曲永远没有结尾的乐章，康乃馨则是这乐章上跳动着色彩缤纷的悦耳音符。“谁言寸草心，报得三春晖？”人们把思念母亲、孝敬母亲的感情，寄托于康乃馨上，它也成为赠送母亲不可缺少的礼物。送花时既可单支，也可送数支组成的花束，或制作成造型优美别致的插花，不同颜色的康乃馨也代表着不同情感。它的颜色是母亲与儿女难舍的情缘：红色代表健康长寿；黄色代表感激之情；粉色代表永远年轻美丽；白色饱含对母亲的崇敬。母亲节时，人们常给母亲敬送康乃馨，以表示爱戴和不忘养育之恩。

欧洲人和美国人都对康乃馨情有独钟，将它作为圣诞节、情人节、复活节、母亲节及婚礼的主要用花。

康乃馨就是母亲，不出众，不炫耀，不完美，却永远飘着淡香味儿，飘进你的心里。当我们迷醉于爱情，享受着友谊，奔波于生计的时候，别忘了捧一束鲜花，送一声祝福，献给世界上最疼爱自己的人——母亲。

康乃馨茎叶清香，花大形美，花色娇艳，姿态幽雅，品种繁多，插花观赏期长而深受人们青睐，是当代世界各国重要的鲜切花之一，也是礼仪花卉中应用最广泛的花材之一。艺术插花、花束、装饰花篮、新娘捧花及桌饰、花环等，迎送贵宾馈赠高雅礼品都离不开它，也是制作发型花饰、帽花饰、肩花饰、腕花饰、胸花饰等人体花饰常用花材。切花瓶插寿命长，可制作各种文字图案或造型。1997年在上海举办的中国花卉博览会的会徽就是用康乃馨制作的。它还可露地栽培，丰富庭院景观，布置花坛；也可盆栽，供室内布置观赏，扩大了康乃馨花艺应用范围。它还能入药，其性寒味苦，有清热、解毒、利尿、活血、通经之功，主要用于治疗尿道炎、膀胱炎、肾炎、高血压、月经不调、水肿、疮疖痈肿等症。

向母亲崇敬（花艺）

良母楷模

母亲节感怀慈晖

母爱之花

44. 花中宰相——芍药

“芍药犹绰约也，美好貌。”此草花容绰约有药用，故名芍药。古人将牡丹和芍药并称为姐妹花，一尊为“花王”，一推为“花相”。二者一为木本，一为草本，故芍药又称草芍药。因花大色艳，妩媚多姿，又称“娇容”、“余客”；古人以它赠送别离之人，以示惜别之情，亦名“将离”、“离草”；花开于春末，为春天最后一杯美酒，称“婪尾酒”；因是草本，没坚硬的茎杆，又称“没骨花”；又因为它春天抽出草质茎，夏天茎枯黄而休眠，故还有“没骨木”之称；还名“殿春”、“杨花”、“金带围”等。为毛茛科芍药属多年生宿根草本植物。为江苏省扬州市的市花。

芍药主根肉质、粗壮。茎由根部簇生，直立或扭曲。叶互生，二回三出羽状复叶。春末夏初开花，花单生于茎的顶端或近顶端叶腋处；花蕾桃形，花朵有千瓣（重瓣）、多瓣、单瓣、楼子、冠子、平顶、丝头等类型；花色有紫红、粉红、朱红、黄色、白色、紫色等；芳香浓郁。果实为蓇葖果，呈纺锤形，种子黑色，圆形。

芍药是中国传统名花之一，过去曾为中国的六大名花之一（六大名花有牡丹、芍药、梅花、兰花、月季、菊花）。原产华北、华中各地，生于山坡草地。秦岭、大别山、北京西郊百花山上等地，迄今都有野生种。栽培历史悠久，已有3900余年。作为观赏植物栽培，最早见于晋代（公元265～420年）崔豹的《古今注》中，已有重瓣品种。隋代已有园艺栽培，经唐代至宋代栽培日盛，品种增多，还出现多种《芍药谱》，当时芍药已有百余种。到明清时，山东的曹州（今菏泽）、安徽的亳州芍药又盛。

芍药全属35种，中国有14种，200多个品种。现除华南部分地区天气炎热不宜生长外遍及全国各地，以北京丰台、山东菏泽、安徽亳州所产的芍药最为有名。芍药于15世纪中期传至日本，后传到欧美，逐渐在欧美庭园中广泛栽培，备受世界各国人民欢迎。目前世界形成各具特色的芍药品种群，大体有三个品种群：中国芍药品种种群，有近千年历史，品种演化程度高，花型丰富；欧洲芍药品种群，又可分为两个亚群，一为荷兰品种亚群，二为细叶芍药亚群；杂种芍药品种群，为多种品种群杂交的品种。一般园艺品种以观赏价值为主，药用品种选根系生长情况和药效为主。朝鲜、日本及俄罗斯地区也有分布。

芍药耐严寒，耐干旱，适应性强，中国北方地区均可露地越冬。夏季喜冷凉气候。喜疏松肥沃、土层深厚、排水良好的壤土和充足光照，喜湿润但忌涝，肉质根不耐水湿，低洼盐碱地不宜栽培。春季迅速抽芽生长开花，花后终老不再生长。秋后地上茎丛枯死，地下每支茎基部生出1～3个新芽，来春萌发。繁殖赏用分株、播种插等法，以分株繁殖简便易行，被广泛采用，种子繁殖仅用于培育新品种。

芍药和牡丹自古并称为“花中二绝”。古籍《埤雅》载：“今群芳中牡丹品评第一，芍药第二，故世谓牡丹为花王，芍药为花相。”其实芍药“媚欺桃李色，香夺绮罗风”，比香气，芍药胜过牡丹；论花形，芍药大而美，一点也不比牡丹逊色；说颜色，芍药除无黑色、绿色外，其余色泽均非常鲜艳，丝毫不比牡丹差。可见在花、形、色、姿上可以说不分上下，因此芍药和牡丹难分伯仲，是一对姊妹花。而在开花时节上，芍药接牡丹而开，其清香流芳，笑靥迎人，花形变化多端，与牡丹同样具有很高的观赏价值。在养生保健方面两姊妹均为一味药用价值很高的传统中药。

宋朝时扬州的芍药为天下之冠，有“扬州芍药甲天下”之说。刘颁《芍药谱·序》说：“天下名花，洛阳牡丹，广陵（即扬州）芍药，为相牟埒。”《本草》载：“芍药……处处有之，扬州为上。”元代杨允孚诗：“扬州帘卷春风里，曾惜名花第一娇。”宋代王十朋诗：“千叶扬州种，春深霸众芳，无言比君子，窈窕有温香。”扬州芍药据说有30多种，名字都很好听：宝妆成、叠香英、冠群芳、醉娇红、点绛唇、玉逍遥、试梅妆、御衣黄、金带围等等。芍药则以金黄为贵，黄芍药里最有名气的又是“金缠腰”。北宋庆历年间，殿学士韩魏公在后园中发现一芍药分四岐，每岐各出一花，花瓣上下都为殷红色，中间却间以金黄蕊。当时扬州并无此品种，原来这是异种“金缠腰”。韩学士特置酒，邀请四方宾客来赏花，以应四花之瑞。不知真是花开吉瑞，还是他慧眼识人，来的宾客后来都先后官居宰相。

芍药春天扶疏长荣，柔叶翠绿是万紫千红百花园的压台好花。每当春末夏初，红英将尽，芍药各色姹紫嫣红，含苞欲放的花朵却与葱绿欲滴的茂叶交相辉映，构成一幅艳丽多姿的画面，既独占初夏群芳，又显示淡泊豁达的风度，要是夜雨轻洒，清晨会见它烁然盛开，怒放在灿烂的晨曦，犹如披着薄纱翩翩下凡的妩媚的仙女，又像“团倚东风”的美人，有着“无限娇春处”，使人流连忘返。它繁花似锦，幽雅高洁，潇洒华丽的花形，有的如冠，有的如碗，有的如盘，有的如绣球，有的如马鞍；有的花朵有千瓣，多轮花瓣层层里外排列，似莲座；有的花中心堆起耸立的花瓣，状如楼阁；有的指状如发鬓的花瓣；有的花瓣齐平；有的大叶中心耸立一簇。丝状的花瓣，艳丽绝顶，色彩斑斓，清香流溢，点缀在绿叶丛中，把即将寂寞的花园装扮得生机无限，苏轼赋诗：“多谢花工怜寂寞，尚留芍药殿春风。”

芍药栽培历史悠久，品种繁多，花色丰富多彩，花容异彩纷呈，香气馥郁芬芳，早已成为御苑、寺院、名园中的“贵宾”。中国古典园林布置，常以芍药成片种植于假山石畔来点缀景色，花开时十分壮观。既可单独成景，亦可与牡丹为伍布置成专类园，暮春时节，牡丹花罢，芍药随之盛开。或以芍药为主，配以景天、石竹、福禄考、美女樱、萱草、荷兰菊等花草，使园内四季有花或常绿。若沿着小径，路旁作带形栽植，配以浓绿背景衬托，并混植各类花木，充满生机。还可在林绿或草坪中作自然式丛植或群植。如与月季混植于花境之中，可延长花境的整体开花时间。也可与天竺葵、腊梅、桂花等配植，使组成的四季景色更有风韵。即使庭院弹丸之地，也可叠砖垒石，栽上几棵芍药，别有一番情趣。芍药除地栽外，还可盆栽放置阳台、室内、大厅、会场等场合观赏，其花形妩媚，秀韵娇姿。芍药花梗长，可作切花的材料，花开之日，采撷数朵插于瓶内水养，芳香四溢，使满室增辉。芍药对空气中的氟化氢极其敏感，一受到侵害，即在叶片上出现斑点，可作监测氟化氢的指示植物。

芍药除作为名贵的观赏花卉外，芍药根还是著名的中药材，被称为女科之花。南北朝杰出的医药家陶弘景开始把它分为白芍、赤芍两种。赤芍为野生品种，入药以原药生用，其功用于凉血逐瘀；白芍为栽培品种，经刮皮水煮、切片、晒干而成，功效长于补血养阴。其中尤以浙江产的芍药品质最佳，称为“杭白芍”，其药性微寒，苦、平、无毒，可入肝脾，有柔肝止痛，镇痉、通经、解毒之功效，李时珍《本草纲目》：“以期白术补脾，同人参补气，以酒炒补阴，同甘草止腹痛，同黄连止泻痢，同姜、枣温经散湿。”作用十分广泛。花和根可食，用作菜肴美味可口，还有一定的保健作用。种子榨油供制肥皂和掺和油漆作涂料用；根和叶富含鞣质，可提制栲胶，也可用作土农药，灭杀大豆蚜虫和防治小麦秆锈病等。

芍药花在中国古往今来是人们传递友谊和爱情之花。《诗经·郑风·溱洧》中有“维士与女，伊其相谑，赠之以芍药”。这里描述古代男女青年，相互爱慕，一起嬉戏，在离别时以芍药互赠，作为结情之约，或表示惜别之情。足见芍药之艳美，令人珍爱和留恋。

中国有许多关于芍药的传说。人称牡丹和芍药是“姊妹花”。相传洛阳有个花匠只种牡丹和芍药。在院子里分开栽种，左边是叶大、茎木质的牡丹，右边是叶较小草本的芍药。它俩长得比别家高出一筹。每年春天，芍药接牡丹而开，招来很多赏花的人，总爱一一评论。牡丹是性情温柔的姑娘，芍药个性火辣，常跟姐姐牡丹闹别扭，说模样长得俊俏，那是天生的，有的想俊还俊不成哩！再说，世上的人和物，那个不爱拣好听的听？偏偏就姐姐古怪，人家赞扬干嘛不好意思呢？这年春天，花匠家的牡丹花又怒放了，自然又来了众多赏花人。它像女大“十八变”一样，越长越俊俏了。人们望着那“姚黄”、“魏紫”、“二乔”、“赵粉”，个个赞叹不已。牡丹花听着赞扬声，脸蛋红彤彤的，一副羞答答样子，赶紧往绿叶里躲藏，被绿叶裹着，这一来，绿叶伴红花，容颜更加娇艳可爱。而芍药这时才含苞待放，没人赞扬它，还流露出“芍药不如牡丹”的意思。这下把芍药气坏了。哼！我哪一点不比牡丹强？等着瞧吧！20天后再见高低。之后，牡丹花凋谢了，芍药花开了。赏花人说，花朵开得确实好看，真像是牡丹的孪生姐妹。可是它却生怕人们看不见她美丽的容颜，脖子一个劲儿地往高处伸长，这一伸，花朵竟高出绿叶许多，尽管貌美，没有绿叶的衬托，却大为逊色了。芍药花长在绿叶之上，再也无法复原了。

有则华佗与芍药的典故：相传三国名医华佗的房前屋后，种满了花木药草，各种花草入药前必经他亲自品尝，弄清药性后，才给病人用。有人送棵芍药给华佗，在他尝遍了叶、茎、花后，觉得此花平常没药性，便不用它治病。有天深夜，华佗看书时，忽听有女子啼哭声，只见窗外月色下有位美貌女子，出门一瞧，不见人影，只见女子站立处，长着那棵芍药。华佗一惊：难道它就是刚才那个女子！摇头笑笑说：“你全身无奇特之处，怎能让你入药！？”转身刚回屋，又听见啼哭声，出门看，还是那棵芍药。一连反复几次，都是如此，觉得奇怪，喊醒熟睡的妻子，对她说了原由。妻子望着窗外的花木药草说：“这里的一草一木，到你的手里都成为良药，救活了无数病人的性命，独有这株芍药被你冷落一旁，想来你没有查清它的用处，只尝了它的地上部分，根却没尝过，它自然感到委屈了。”华佗听了不耐烦，倒头睡去了。事隔数日暮途穷，他妻子月经来潮，血涌如注，小腹绞痛，于是瞒着丈夫，挖起芍药根煎水喝了，不过半日，竟然痊愈，于是她把此事告诉了丈夫。华佗不仅感谢自己的妻子，还从实践中得知芍药的确是一味止血的良药。

芍药身兼色、香、韵三美，从古至今都深受人们喜爱。宋代郑樵《通老略》记载：

"芍药著于三代之际，风雅所流咏也。"即夏、商、周三代的芍药已成为文人墨客常歌咏的花卉。历代诗人为之倾倒，留下了无数歌颂芍药的诗篇。宋代文豪苏东坡曾写过一首赞美诗："一声啼鸠书东楼，魏紫姚黄扫地空。多谢化工怜寂寞，尚留芍药殿春风。"另一首《题赵昌芍药中》再次赞美芍药："倚竹佳人翠袖长，天寒犹著薄罗裳。扬州近日红千叶，自是风流时世妆。"诗中寥寥几笔将芍药的风姿、神韵刻画得惟妙惟肖。宋代诗人陈从古《蝶恋花》道："日借轻黄珠缀露，困倚东风，无限娇春处。看尽夭红浑谩语，淡妆扁称泥金缕。不共铅黄争胜负，殿后开时，故欲寻春去。去似朝霞无定所，那堪更著催花雨。"诗中描绘芍药的妩媚多姿，雍容华贵，借它来发泄诗人怀才不遇，惨遭邪恶势力迫害的愤懑。宋代金人姚孝锡《咏芍药》："绿萼披风瘦，红苞浥露肥。只愁春梦断，化作彩云飞。"唐代韩愈称赞芍药："浩态狂香昔未逢，红灯烁烁绿盘笼。觉来独对情惊恐，身在仙宫第几重。"孟郊《看花》一诗称："家家有芍药，不妨至温柔。温柔一同女，红笑笑不休。月娥双双下，楚艳枝枝浮。幸逢仙人立，绰约清宵游。"宋代杨万里赞芍药："红红白白定谁先，袅袅娉娉各自妍。最是倚栏娇分外，却缘经雨意醒然。晚春早夏浑无伴，暖艳暗香正可怜。好为花王作花相，不应只遣侍甘泉。"

在神州大地的百花园中，芍药不愧是一朵奇葩，虽没能跻身于"中国十大名花"之列，但在群芳面前它也毫不逊色，尤其是能在春季百花凋零之时盛开，延续着春天万紫千红的美丽景观，其精神更是难能可贵。

含苞欲放

笑靥迎人

醉娇红

玉逍遥

45. 微花孤秀——萱草花

萱草，古时称谖草，谖，忘也，英文名为day lily，意为“一日百合”。萱草花为黄色，花苞针状，并能食用，又名黄花菜、金针菜；传说食用其花昏人如醉，可以忘忧，故名忘忧草、忘郁、疗愁；传说妇女佩戴萱草花，生男孩，又名宜男；由“宜男”伸延，萱草象征母亲，而称“母萱”；另外还有鹿葱、鹿剑、川草花、丹棘等别名。萱草为百合科萱草属多年生宿根草本植物。

萱草原产我国秦岭以南的亚热带地区，日本、欧洲南部也有分布。萱草花远在3000年前就已知名，《诗经·卫风》有“焉得谖草？言树之背。”谖草就是指萱草，中国各地多有栽培。萱草属植物约15种，其中11种原产中国。500多年前中国萱草传入欧洲，经杂交育种后，世界园艺育成多倍体品种，花色、花型、株高变化甚多，世界萱草协会命名的品种已达4万个，中国培育筛选推广的品种已有近千种，是百合科花卉品种最多的一类。常见萱草为单瓣品种，花色橘红，挺拔俊秀，花开一天，同属常被人们运用的还有黄花菜、小黄花菜、北黄花菜等。千叶萱草又称重瓣萱草，花色橘红，芳香袭人，为优良观赏花卉，常见变种和品种还有长筒萱草、紫纹萱草、玫瑰红萱草等。萱草花新鲜时为观赏花卉，含有多种生物碱，有微毒，不能直接食用。花蕾熏制后为干品黄花菜，是有名的山珍之一。

萱草适应性强，生长强健，对环境要求不严，不论何种土壤均可栽培，但以深厚肥沃、排水良好土壤为佳。喜阳，但也耐阴；喜肥，也耐贫瘠；性耐寒，北方可露地栽培；耐干旱。每朵花一般开放1～2日；丛植时此萎彼开，可连续开放数十天。多为庭院栽培，既是观赏花卉，又为经济作物，也可作盆栽芳香植物，用途十分广泛。以分株繁殖为主，也可播种。

萱草在植物王国众多的花花草草中，虽不是出自名门，也难言名贵，但也有小家碧玉的美丽且早在中国第一部诗集《诗经》中，就有了关于它的记载。瞧它那端庄俊俏的身姿，每当春风送暖之际，丛丛新绿的嫩芽亭亭而立，沐浴在绚丽的阳光下，蒸蒸日上，显示着青春的活力。翡翠碧绿的叶片，狭长四垂。舒展的绿叶，春夏不改颜色，光彩照人，即使瑟瑟的秋风吹来，依然还是绿叶葱茏，纤尘不染。炎炎的夏日，骄阳似火，粗壮挺拔的花葶，从叶丛中抽出，上端那串串黄鹄（即天鹅）的嘴似的，金色、黄色的花蕾似爆竹争相悬于花葶上，依次朝开暮落，宛如少女身上散发出的淡淡的温馨气息，“叶濯宿露翠，花迎朝日黄”，“那状如漏斗的花冠，或开展如盘，或直立如杯，或正者如凤舞，倒者若卷锦，娇嫩清香，婀娜动人，或管状花冠裂作六瓣，使劲地反向卷扬，挺出花蕊，像一位骄傲的公主，远看恍如映着蓝天的丹霞；近观又似临照绿水的芙蓉。花叶相照，焕发出一种外柔内刚，端庄秀雅的风采，让人感到和蔼亲切，赏心悦目。正如宋代苏东坡赞咏：“萱草虽微花，孤秀能自拔。亭亭乱中，一一芳心插。”近年育成的大花种，色彩更艳丽，有的品种一花蒂上开40多朵花，单花径达19厘米，极为壮观。

萱草春季萌发早，适应性强，栽培简便，是庭院及园林中理想的观花观叶花卉。庭院中于背风向阳光处种植数丛，可怡情忘忧；或群植于台阶旁、篱边、墙角隙地，或于山石两旁点植数丛，与紫薇、石榴、夹竹桃互相映衬，可增夏日庭园之美。园林中多作花境，花径栽培，常栽植于花坛中心、路边、坡地、疏林或岩石园中丛植、行植、片植，开花时一片金黄或橘红色，十分壮观。唐代李咸赋诗：“积雨莎庭小，微风藓砌幽。莫言开太晚，犹胜菊花秋。”农田村中常零星种植于沟边、地边和田坎上，一次栽种，可多年收益。亦可作切花用于瓶插，可配置成花盘或花篮欣赏，别具风韵。若配上黄花马蹄莲、黛粉叶、丝石竹，装饰窗台、客厅，给人以舒展自如，翠绿清秀之感。明代袁宏道赋诗：“朝看一瓶花，暮看一瓶花，花枝虽浅淡，幸可托贫家；一枝两枝正，三枝四枝斜，宜直不宜曲，斗清不斗奢；仿佛杨枝水，入碗酪奴茶，以此颜萱斋，一倍添妍华。”诗人把萱草瓶插描绘得十分富有妙趣。萱草对氟气十分敏感，当空气受到氟污染时，萱草叶子尖端变为褐色，可作为对氟污染环境进行监测。叶含油量达24.7%，是工业用油的很好原料。萱草在现代化学染料出现之前，还是一种常用的染料。

《本草求真》载：“萱草味甘而气微凉，能去湿利水，除热通淋，止渴消烦，开胸宽隔，令人心平气和，没有忧虑。”萱草入药，主要为根，鲜根水煎服，有利尿、消炎、消肿、解热、止痛作用。日本研究人员发现有较好的健脑作用，能调节神经功能，改善记忆力，称为健脑菜，对肥胖症、高血压、动脉硬化、高血清胆固醇等都有疗效。明代著名大药学家李时珍认为萱草有“驻颜”功效，并载入《本草纲目》中。据一位英国御医透露，黛安娜王妃生前是用萱草来驻颜美容的，她每天用从萱草中提炼出来的浆液来美容化妆，皮肤显得光泽细腻，富有弹性，效果十分理想。

黄花萱草又名金针菜、黄花菜，是中国的“山珍”之一，与冬笋、香菇、木耳齐名，自古誉为四大山珍。其营养极为丰富，含有蛋白质、脂肪、糖、钙、磷、铁、胡萝卜素及其多种维生素和氨基酸，为儿童老人和孕妇的良好食品。《随息居饮食谱》：“萱花，干而为菹，荤素皆宜，与病无忌。”《广群芳谱》：“萱有三种，单瓣者可食，千瓣者食之杀人，惟色如蜜者，香清叶嫩，可作高斋清供，又可作蔬菜，不可不多种也。”《群芳谱》：“春食苗，夏食花。”黄花菜一般不单食，常与肉、鸡、鸭、豆腐、木耳等共烹，其味鲜美，食之清香、爽滑、嫩糯、甘甜。

萱草是中国慈母之花。“萱堂”指母亲之居室，故又转喻为“母亲”；萱草食之能使人欢乐，故又寓言“欢乐”。它的花语是：隐藏的爱、忘忧、疗愁。

华夏大地栽种萱草历史悠久，民间有不少关于萱草的传说。《花镜》记载：“妇人怀娠，若佩此花，多生男儿。”据传，古时一小村庄，住着一对年轻夫妇及两个女儿。男主人王颉，虽饱读诗书，但几考无缘，只好与妻子如瑄在家服侍年迈的父母。一家人男耕女织，日子虽不富裕，仍能勤俭度日。有一年大雨连日，河岸决口，住宅被大水冲塌，一家六口，只好背井离乡，逃难求生。历尽艰辛来到一小山村，住在一座破庙里。不料，二老突然病倒，危难之际，村中一位富裕的孤寡老人王进福收留了他们一家。从此，两家合为一家，并以兄嫂相称，王颉夫妇称进福为爸，并包揽了家里、地里的工作，三位老人享尽了晚年的快乐，如瑄也忘记每日的辛苦，晚归时头饰几朵萱花，开始大家同声赞美，后来习惯了，就不以为然。一日夜间似睡非睡之际，有一鹤发童颜老者怀抱男婴推入其怀，次日谈及此事，全家人人皆知，同入一梦。后来如瑄十月怀胎生一男婴，阖家欢喜。三位老人均九十有余而终。王颉夫妇按椿萱之大礼送入坟地，每年按时祭奠，子女孝顺也九十余而终。佩戴萱草祈求生育男孩的风俗，历来不仅于民间，同时也盛行于皇宫。唐玄宗时，兴庆宫中栽种了多种萱草，有人作诗讥讽说：“清萱到处碧鬖鬖，兴庆宫前色倍含；借问皇家何种此？太平天子要宜男。”

相传孔子周游列国时，一天正好路过陈国，国君设宴招待，席上有一道美菜，上面放了三根类似黄花的东西，孔子与两位弟子各吃一根，其味鲜美异常，孔子高兴得敲筷子连声称道：“美哉！美哉！”当子路问孔子黄色的东西为何物时，孔子信口说道：“金条。”所以金针菜又有“金条”之称。据传秦末农民起义领袖陈胜起义前，家庭贫寒，身患恶疾，常常缺衣少食。其邻居黄母常蒸些金针菜送给陈胜吃。陈胜每次都狼吞虎咽，吃得精光，不久身体也好了。陈胜起义为王后，特请黄母做客，餐餐盛宴。黄母又蒸了些金针菜请陈胜吃，陈胜却难以下咽。黄母说："饥饿时，萱草如山珍海味，吃腻了鱼肉后吃点萱草，也可通肠解腻呀！"陈胜听出了黄母的批评之意，十分惭愧，慌忙跪地而拜。

一种普通的花草同时具有"忘忧"和"宜男"两种令人称叹的神奇功能，备受人历代文人雅士的关注和喜爱。吟咏的诗词歌赋层出不穷。

南朝梁国的简文帝《宜男草》："可爱宜男草，垂采映倡家。何时如此叶，结根复含花。"唐代白居易《萱草》："杜康能散闷，萱草解忘忧。借问萱草蓬杜，何如白见刘。"唐代温庭筠《菩萨蛮》："雨晴夜合玲珑日，万枝香袅红丝拂。闲梦忆金堂，满庭萱草长。绣垂帘篦簌，眉黛远山绿。春水渡溪桥，凭栏魂欲消。"唐代韦应物《对萱草》："何人树萱草，对此郡斋幽。本定忘忧扬，今夕重生忧。丛疏露始滴，芳余蝶尚留。 还思杜陵圃，离披风雨秋。"唐代李咸用《萱草》："芳草比君子，诗人情有由。只应怜雅态，未必解忘忧。 积雨莎庭小，微风藓砌幽。 莫言开太晚，犹胜菊花秋。"晋代夏侯湛著《忘忧草赋》赞萱草："体柔性刚，蕙洁兰芳，结纤根以立本兮兮，嘘灵渥于青云，顺阴阳以滋茂兮，笑含章之有文，远而望之，烛若丹霞照青天，近而观之，晔若英蓉鉴绿泉，萋萋翠叶，灼灼朱华，炜若珠玉之树，焕如景宿之罗。"宋代朱熹《萱草》诗："春条拥深翠，夏花明夕阴。 北堂罕悴物，独尔淡冲襟。"唐代孟郊《游子诗》云："萱草生堂阶，游子行天涯。 慈母倚堂门，不见萱草花。"董必武同志早年有一首《忘忧草》来劝慰夫人何连芝勿为家事多忧："贻我含笑花，报似忘忧草。莫忧儿女事，带笑偕吾老。"

萱草是中国古代集"母亲花"、"宜男草"及"忘忧草"于一体的文化缩影，既代表了当时社会历史文化的积累与沉淀，又体现了华夏民族中真挚含蓄的母子情感，给人们生命以温情的呵护，令人无形中倍感作为炎黄子孙的自豪与骄傲。

晔若英容

怡情忘忧

凤舞卷锦

花迎朝日

46. 似锦如霞——蔷薇花

蔷薇花，连春接夏开，枝蔓细长柔韧，依墙攀缘而生，故名蔷薇；其茎多刺，又生于山野之间，又呼之“刺玫”或“山棘”；因花开太繁，分株栽时，在花根下挖得一只石鸡，五色灿烂，遂叫“玉鸡苗”；果实因簇生如营星，而得名“营实”；又与玫瑰、月季被称为“蔷薇园三杰”或“蔷薇三姐妹”；还有野蔷薇、多花蔷薇、买笑花之称。为蔷薇科蔷薇属多年生攀缘性灌木或藤本。

蔷薇原产中国华北及长江流域，生于海拔500～2300米的山地灌木或沟谷林缘，或溪边、路旁。在喜马拉雅山脉东部仍有成片的野生蔷薇。中国甘肃、新疆、辽宁、山东等省曾发掘到这类植物的化石标本，表明在1000多万年前，蔷薇已在华夏大地滋生繁衍，是传统观赏名花。其栽培历史悠久，早在梁武帝时代（502～547年）。宋朝的宫廷中就已盛行栽植蔷薇观赏。宋朝品种渐多，至明朝栽培更盛。全世界蔷薇属植物约150种，中国有60种，是世界蔷薇植物的分布中心。大约18世纪末到19世纪初，中国蔷薇引种至欧洲，园艺家们把中国蔷薇与欧洲蔷薇进行了杂交，已鉴定的栽培蔷薇约有15000多个品种，并创造出许多优秀品种，包括粉团蔷薇、荷花蔷薇、七姐妹、黄蔷薇及红枝蔷薇、光叶蔷薇、香水蔷薇、白玉棠等品种。朝鲜、日本也有分布。现中国及世界各地都有栽培。

蔷薇性耐寒、耐旱，喜阳但也略耐阴；适宜生长在背风向阳、通风、排水良好的中性沙壤土中；好肥但耐贫瘠，忌水渍。适应性广，生长强健，萌蘖力强，耐修剪，抗污染，寿命长。播种、扦插、压条、分株法繁殖，极易成活。

法国一位叫布尔德斯的老人，其家世代好园艺。他的花园中有一株蔷薇的花茎上，同一部位开一朵花，已有100多年了，实属罕见。蔷薇通常是有刺的小灌木，长得一丛丛的，可在美国的亚利桑那州有一棵蔷薇，长成大树，树干直径1.41米，高2.75米，它的枝条遮盖着501.3平方米的地面，用了68根柱子和几千尺的铁管作为支架，在这棵树下可以坐150人乘凉，是世界上最大的蔷薇。

蔷薇的花语是：倾慕、求爱、热恋、纯洁的爱。它与玫瑰、月季在花的外形上相似，在欧美国家将三者混为一谈，英文名都叫“rose”，翻译成中文就是“玫瑰花”，俗称“玫瑰三秀”，但蔷薇的特点是其茎的枝条比玫瑰柔软，刺较稀疏，大而尖或有钩，枝条蔓延生长，能攀墙而上，或沿花架上展，也可铺地自蔓而平卧生长。李时珍《本草纲目》中描绘到：“蔷薇，野生林堑间。春抽嫩蕻，小儿掐去皮刺食之；既长则成丛似蔓，而茎硬多刺，小叶尖薄有细齿；四、五月开花，四出，黄心，有白色、粉红二者；结子成簇，生青熟红，其核有白毛，如金樱子核，八月采之。根采无时。人家栽玩者，茎粗叶大，延长数丈。花亦厚大，有白、黄、红、紫数色。花最大者名佛见笑，小者名木香，皆香艳可人。”

蔷薇，在每年如诗的四月，其疏条纤枝，横斜披展，或攀墙而上，或沿架满展，或结条成屏，或铺地自蔓，都枝繁叶茂，婉丽有致，雨中晴日均动人心弦。“绿树浓荫夏日长，楼台倒影入池塘。”它那柔长的枝端缀满了茸茸的娇媚的花朵，花团锦簇，宛如天边的红霞，似瑶池的仙缬，将整个春天装扮得绚丽多姿，蔷薇花在阳光下，灿烂地绽放着，花瓣美妙地舒卷着，花蕊轻盈地颤动，暗香浮动，显出一派生机勃勃的景象，与枝叶葳蕤地交织，像一幅刺绣的锦缎，精巧而华丽，令人心旷神怡，轻风拂过，铺天盖地的花朵如波似浪，绚丽多姿，异香氤氲。“水晶帘动微风起，满架蔷薇一院香。”深秋，红果累累，鲜艳夺目，向人们显示着丰收的喜悦。霜降雪花落之时，叶凋花落，刺犹在，也依然亭亭玉立，展露着“谁言造物无编处，独遣春光住此中”的独特魅力。江南农村借它根根锋利、坚韧的刺，筑起篱笆，阻挡鸡犬之类的进入。这种锦屏在山村水乡随处可见，有人为它作铭：“蔷薇蔷薇，花花灼灼，其刺戟戟，既悦吾目，又护吾院，是乃忠友。”

蔷薇性强健，适应性强，南方插条便活，花期长，由仲春开始直至初秋，花艳芳香，花繁叶茂，红果累累，鲜艳夺目，是美好庭院的垂直绿化材料，多作花柱、花门、花谷、花架、花篱，以及基础种植。种植蔷薇宜于檐前，俾拂檐生姿；宜于墙畔，得依墙弄影；宜于架上，可托架争荣；宜于廊间，使接廊呈艳。也可点缀斜坡、池畔披岸、装饰建筑物墙面，其围墙、院墙旁，引蔷薇攀附，美化墙垣。如在庭院池边陡坡点缀1～2株繁枝倒悬，盛花时宛如花团照水，别有风趣。还可盆栽、切花瓶插，布置居室，有“兴旺喜庆、热烈祥和”的寓意。

野蔷薇花入药，中医称“白残花”，有消暑、解渴、止血之效，用于疟疾、伤暑、食欲不振、外伤出血等症；根能活血通络、收敛，可治关节炎、小便失禁及白带、月经不调等症。果，中药称为“营实”，有利尿、通经之效，对水肿、脚气等有一定疗效。花可提取芳香油、香精，是制造香水及其他化妆品的原料。

蔷薇在中国是喜庆、吉祥之花，是代表爱情的花。502～556年《贾氏说林》记载一段蔷薇的故事。汉武帝与其宠妃丽娟在园中赏花，适逢蔷薇花含苞待放，态若含笑。帝曰：“此花绝胜佳笑也。”丽娟戏曰：“笑可买乎？”帝曰：“可”。丽娟捧黄金百斤，作为买笑钱，以尽黄帝一日之欢。从此蔷薇有了“买笑花”这一屈辱的别称。

也许受丽娟百金买笑的感染，梁元帝亦偏爱蔷薇花，他家竹林堂竟有10间蔷薇花屋，青枝绿叶交映，阵阵花香袭人。元帝且作诗描写宫廷倡女采摘蔷薇花情景：“倡女倦春闺，迎风戏玉除。近丛香影密，隔树望钗疏。横枝斜绾袖，嫩叶下牵裙。莫疑插鬓少，分人尚有余。”

世界一些著名文明古国把蔷薇作为真、善、美的象征，常被用来代表纯洁而坚贞的爱情，代表崇高的爱国热忱，代表真诚的信念，代表吉祥和喜庆。蔷薇的名字来源于古希腊，意思是高尚的艺术。蔷薇是希腊神话中爱和美的女神——阿佛洛狄忒的圣花。古埃及女王克里奥巴特拉在迎接罗马大将军马克·安东尼时，在地上铺满了蔷薇花瓣。4000年前亚洲古钱币上就有蔷薇花的图案。公元前600年左右，一位希腊女诗人萨福，因为觉得蔷薇在花丛中显示出了庄严的女性美，所以给予它“花中皇后”的美称。1272年英国女王爱德华一世把蔷薇花图案铸在王室的徽章上，从此蔷薇成为英国王室的标志。15世纪，蔷薇成了英国的国花。

美国将玫瑰定为国花，但却对玫瑰、月季和蔷薇没有明确的界定，三种花都同样受到钟爱，被认为是爱情、和平、友谊和献身精神的象征，尤其是红色蔷薇与玫瑰一样被当做母亲节、情人节用花。在欧洲，红蔷薇寓意倾慕、求爱。在法国，红色蔷薇表示我疯狂地爱上了你；白色蔷薇表示爱情悄悄地萌发。

罗马尼亚人民特别宠爱白蔷薇，把它作为自己民族热情、纯洁、真挚、高贵、朴素和丰收的象征，并奉为自己的国花。那里的乡村，每年都要举行隆重的“收获节”，祭祀谷物女神。届时，美丽的姑娘们便戴着白蔷薇花扎制成的花环，载歌载舞，尽情欢庆。

在基督教的赞美诗中，蔷薇是圣母玛利亚的别名，有人做过统计，《圣经》中至少有8处提到了蔷薇。古罗马时代，贵族每逢举行盛大宴会，主人要为来宾戴上蔷薇花冠，用蔷薇招待客人洗手，请客人品尝“蔷薇花布丁”、“蔷薇花美酒”等佳肴。后来甚至演化到如痴如醉、“挥花如土”的奢侈程度。罗马君王尼禄，每举行一次宫廷盛宴，都要消耗上千公斤的蔷薇花。按照他的旨意，庆典一开始，宫女们便要绵绵不绝地向来宾身上抛洒蔷薇花瓣，直到宴会结束。所以，那个时候，蔷薇一度成为了纵欲和奢靡生活的同义词。

在中国至今流传着一段关于蔷薇露的佳话：唐朝散文家、诗人韩愈和柳宗元友情深厚，经常诗文唱和，每当柳宗元接到韩愈的诗文时，必先用蔷薇露濯手，熏玉蕤香，然后展读，以表示对韩公的尊敬。在柳宗元眼中，它可是圣洁之物。据《花镜》记载：蔷薇露原产爪哇国（今印度尼西亚），以一滴置盆汤内，沐面盥手，芳香隽永，可以竟日受用。

蔷薇在中国备受钟爱，历代诗人写了不少脍炙人口的诗篇。张祜《蔷薇花》：“晓风抹尽燕支颗，夜雨催成蜀锦机。 当昼开时正明媚，故乡疑是买臣归。”朱庆馀《题蔷薇花》：“四面垂条密，浮阴入夏清。绿攒伤手刺，红堕断肠英。粉著蜂须腻，光凝蝶翅明。雨中看亦好，况复值初晴。”杜牧《蔷薇花》：“朵朵精神叶叶柔，雨晴香拂醉人头。石家锦障依然在，闲倚狂风夜不收。”陆畅《蔷薇花》：“锦窠花朵灯丛醉，翠叶眉稠裛露垂。 莫引美人来架下，恐惊红片落燕支。”李群玉《临水蔷薇》：“堪爱复堪伤，无情不久长。浪摇千脸笑，风舞一丛芳。似濯文君锦，如窥汉女妆。所思云雨外，何处寄馨香。”孟郊《邀人赏蔷薇》：“蜀色庶可比，楚丛亦应无。醉红不自力，狂艳如索扶。丽蕊惜未扫，宛枝长更纡。何人是花侯，诗老强相呼。”另一首《和蔷薇花歌》：“仙机札札织凤凰，花开七十有二行。天霞落地攒红光。风枝袅袅时一飏，飞散葩馥绕空玉。忽惊锦浪洗新色，又似宫娃逞妆饰。终当一使移花根，还比蒲桃天上植。”皮日休《重题蔷薇》：“浓似猩猩初染素，轻如燕燕欲凌空。可怜细丽难胜日，照得深红作浅红。”王毂《红蔷薇歌》：“红霞烂泼猩猩血，阿母瑶池晒仙缬。晚日春风夺眼明，蜀机锦彩浑疑黦。公子亭台香触人，白花懡㦬无精神。苎罗西子见应妒，风光占断年年新。”唐代吴融《蔷薇》诗：“万卉春风度，繁花夏景长。馆娃人尽醉，西子始新妆。”唐代贾岛《题兴化寺园亭》诗：“破却千家作一池，不栽桃李种蔷薇。蔷薇花落秋风起，荆棘满亭君始知。”唐人蒿骈的《山亭夏日》颇有情趣：“绿树浓荫夏日长，楼台倒影入池塘，水晶帘动微风起，满架蔷薇一院香。”明代顾磷《蔷薇洞》：“百丈蔷薇枝，缭绕成洞房。蜜叶翠帷重，秾花红锦张。对著玉局棋，遣此朱夏长。香云落衣袂，一月留余香。”读了这些品蔷薇诗，会感到蔷薇枝繁叶茂，青以缭绕，花朵姹紫嫣红，铺天盖地，清馥、芳香诱人的盛况栩栩如生地展现在眼前，给人以如临其境之感。

花团照人

步步高升

丛芳含笑

绚丽多姿

燕燕凌空

满墙锦秀

如波似浪

似锦如霞

幽幽暗香

态若含笑

47. 婉娩娉婷——蜀葵花

蜀葵多产于四川，花大似葵菜，因而得名；此花在端午时节开始开花，故又名端午花、端午锦；其叶片大，趋光性，倾向太阳，遮住了根部，又名卫足葵；此花株高3米左右，从中部至顶端每腋依次开放不绝，多为红色，又名“一文红”；亦名熟季花、蜀其花、棋盘花、什样锦、栽秧花、擀杖花、水芙蓉、镲钹花、吴葵、戎葵、饼子花、麻杆花等。为锦葵科蜀葵属多年生宿根草本植物，常作两年生寄生花草栽培。

蜀葵茎高达3米，直立，少分枝，全株被柔毛。叶大近圆形，叶柄长，中空，叶缘5～7浅裂，边缘具齿，表面粗糙，单叶互生。托叶为2～3枚，离生。腋单生或聚成顶生总状花序。花大，花色有红、黄、紫、褐、白等色。单瓣、半重至重瓣，雄蕊多数，花丝联合成筒状包围花柱，花柱线形突出于雄蕊之上。花期5～6月。蒴果纵裂。

蜀葵原产亚洲各地，四川最早发现，在中国分布很广，华东、华中、华北均有，新疆尚有野生分布。为中国传统花卉。早在初汉《尔雅》中就有记载：“蜀葵，似葵，花似木槿花。”并提及六朝以后，各地栽培很盛。明代《广群芳谱》、清代《花镜》均对蜀葵有较详细的记述，可见其历史悠久。1572年输入欧洲，现世界各地广泛栽培。中国栽培的主要名贵品种有千叶、五心、重台、剪绒、锯口等。据《西墅杂记》记载，明代成化甲午年间，日本使者来到中国，见栏前蜀葵花不识，问之才明白，遂题诗云：“花如木槿花相似，叶比芙蓉叶一般。五尺栏杆遮不尽，尚留一半与人看。”对蜀葵形态特征作了形象的比喻。古时，先人认为在端阳节食用黄豆芽、黄鱼、黄鳝、黄瓜和饮用雄黄酒祛病强身外，还在家中的瓶中插蜀葵、石榴、蒲蓬等物，用以驱魔避邪。

蜀葵适应性强，喜冷凉气候。耐寒性较强，耐半阴，在华北及宁夏地区可露地越冬。喜阳光，能耐烈日酷暑，耐干旱，不耐积水。因株高，叶大花大，抗风力差。对土壤要求不严，地栽不择肥瘠，但喜在土层深厚、肥沃湿润、排水性能良好的土壤中生长。能自播繁殖，耐粗放管理，在生长期适当追肥，适当浇水即可。繁殖用播种、分株和扦插均可。单瓣品种结实，多用播种法，复瓣品种不结实或种子发育不良，多用扦插和分株法。蜀葵对硫化氢、二氧化硫、氟化氢等有害气体抗性强，可净化空气，具有抗污染作用，是良好的绿化植物。

蜀葵的花语是：平安、单纯、真诚的爱。它是代表祝福母亲的花卉之一，在母亲生日时送上一盆蜀葵寓意感怀慈晖，祝母亲健康长寿。蜀葵的生命力强而富有朝气，探视病人赠送一束色彩柔和的蜀葵，表示关怀和祝愿早日康复。蜀葵花由下向上成串开放，祝贺乔迁新居，寓意平安吉祥，日子越过越兴旺。端午节时用蜀葵装饰房屋或相互赠送，寓意节节高，生活兴旺。

关天蜀葵花有则优美的传说：相传，汉武帝的宠妃李夫人，其兄长李延年曾为他写一首极其动人的歌，即“北方有佳人，绝世而独立，一顾倾人城，再顾倾人国，倾城与倾国，佳人难再得。”由于李夫人早逝，短暂而又绚丽的生命，宛如秋葵一般，所以人们就以她为七月蜀葵的花神了。

栽培蜀葵可以造型，古书中曾有六合葵的记载。《杜阳杂编》：处士伊祁元为君主种六合葵于殿前，色红，叶类似戎葵。开始生六茎，其上合为一株，开24朵花。花如桃花，而一朵千叶，一叶六影，其果实如相思子。其实蜀葵茎直立而高，很少分枝，形态与木芙蓉相似，六茎其上合为一株，非经园艺家之手，断难有此异事。《杜阳杂编》似乎忽视了这点。

据传：唐代诗人白居易、元稹和许远曾，曾用一种纸叫葵笺。传说此种纸色绿而光滑，入墨光彩，可惜现今无人有此雅兴制作这种纸了。

历代文人对蜀葵评价极高，留下了不少诗词佳作。唐代岑参《蜀葵花歌》：“昨日一花开，今日一花开。今日花好，昨日花已老。人生不得长少年，莫惜床头沽酒钱。请君有钱向酒家，君不见蜀葵花？”此诗写出了花开一日即残的习性，也比喻人生短暂，少壮不努力，老大徒伤悲。明代宰相李东阳《蜀葵》：“羞学红妆媚晚霞，只将忠赤报天家。纵使雨黑天阴夜，不是南枝不放花。”此诗借蜀葵花对当时的邪恶进行讽刺，对光明进行追求，表达诗人托物言志的情怀。明代蔡忠《墨葵》：“密叶护繁英，花开夏已深。莫言颜色异，还是向阳心。”吕兆麒《蜀葵》：“昔向燕台见，今来蜀道逢。熏风一相引，艳色几回家。翠干抽筠直，朱华剪彩重。倾阳曾有愿，莫认木芙蓉。”唐代陈陶《蜀葵咏》：“绿衣宛地红倡倡，熏风似舞诸女郎。南邻荡子妇无赖，锦机春夜成文章。”梁代王筠作赋赞蜀葵：“迈众芳而秀出，冠杂卉而当闹，既扶疏而云蔓，亦灼烁而星微。”唐代徐寅《蜀葵》：“剑门南面树，移向会仙亭。锦水饶花艳，岷山带叶青。文君惭婉娩，神女让娉婷。烂漫红兼紫，飘香入绣扃。”宋代杨巽斋《蜀葵》：“红日青黄弄浅深，旌分幢列自成阴。但疑承露矜殊色，谁识倾阳无二心。”在诗人眼中，著名的美女卓文君和神女与蜀葵相比，也要稍逊几分，虽得天独厚色彩绮丽，但无矜持自傲之心，只一心对太阳忠心耿耿无二心。五代张翊《花经》列蜀葵为“九品一命”，可见对蜀葵的重视，但人们对它的重视却远远不够，唐代诗人陈标曾有诗感叹：“眼前无奈蜀葵何，浅紫深红数日窠。能共牡丹争几许，得人轻处只缘多。”诗人认为，蜀葵完全可以和牡丹争奇斗艳，它之所以不被人重视，是因为遍地皆是，数量太多。多而贱，少而奇。

蜀葵株姿高大挺拔，俨如一座小雁塔，美丽壮观，使人有新鲜振奋之感，茎干如竹子一样秀丽挺直，一丛一丛的，青翠欲滴。叶大苍翠，生气盎然。当夏日的和风一吹，琼花朵朵自茎下部到顶上循序渐放，此开彼谢，从端午节前后陆陆续续到国庆节后，花期长达近半年之久，逾艳众葩，冠冕群英。绿叶红花，在熏风中摇摆着，看上去犹如众多美貌的女郎翩翩起舞。虽一朵花只鲜艳一天，花冠到傍晚就萎缩。然而它有节节开花和倾心向阳的特性，总要开放出绚丽花朵，红色宛如火焰，光彩艳丽；紫红色泽淡雅，轻盈美丽；白色似霜如雪，白中带微红；金黄色如金，娇媚婉丽，表现出承露矜殊色，倾阳无二心，虔心追求光明的气节。正如一首民歌唱道：“昨日节下一花开，今日节上一花开，今日花开色正好，昨日花已结子老，人生不得长少年，莫失时光永向前。”这是说蜀葵花开节节高，寓有步步升高之意。

蜀葵植株高大，花色丰富，习性强健，在建筑绿化中占有重要地位，尤其在居民住宅等建筑群中，种植蜀葵，不仅成本低，见效快，又能缓和建筑物生硬的轮廓线条，美化了视觉效果，给人们的生活带来愉悦。常于建筑物前列植或丛植。

蜀葵为近代园林应用普遍的古老花卉，是很好的园林背景材料，可作为花坛、花境背景的好材料。成片栽植林缘、草地和路边成林，开花时，或者一片鲜红，或者五彩缤纷，华丽壮观；或丛植篱边、墙下，能成为花的屏障，也适宜在草坪、假山成丛种植作篱；或作庭院边缘，美化绿化和遮挡材料，对于少花的夏季，鲜艳斑斓的蜀葵给绿地增加了许多生气。也可矮化盆栽观赏或作切花供瓶插或作花篮、花束。蜀葵对多种有害气体抗性较强，能净化环境。

蜀葵的嫩苗、嫩叶和花可食，味道鲜美，但其性寒、滑，不可长期食用。蜀葵的花瓣中含有花青素色素，易溶解于热水和酒精，可作饮料及点心的着色剂；茎皮富含优质纤维，可作绳索、造纸原料；叶可用来染制纸笺，称为"葵笺"；种子可榨油。

蜀葵性寒味甘，全株可入药。花有和血润燥、解毒散结、利二便之功，主治妇女赤白带下、脐腹冷痛等疾。根有清热凉血、利尿排脓之功，用于治疗血崩吐血、白带增多、肠痈等症。籽有利尿通淋之功，用于水肿、大小便不畅及催生。蜀葵苗可疗小便出血及小儿口疮。全株捣烂或煎水外用，能治痈肿疮疡、烧伤、烫伤。

蜀果联辉

繁英向阳心

倾城佳人

红妆媚晚霞

48. 五更欠声啼——鸡冠花

鸡冠花，顾名思义其花似雄鸡头上殷红的顶冠，故而得名。印度梵语俗称“波罗奢花”。又名鸡公花、红鸡冠、鸡角枪、鸡冠海棠、后庭花、凤尾花、鸡髻花、洗手花、玉树等。为苋科青葙属一年生草本植物，似花非花的大花葶，实际上并不是一朵花，而是一个大的肉质花序，花序上部呈羽状而光彩夺目，中、下部由许多干膜状小花集在一起组成；有红、黄、紫、白及红黄复色等。

按其花色可分为：①红鸡冠：花如火焰，色泽艳丽；②白鸡冠：色白如霜，白中带淡黄；③橙鸡冠：橙红色如金；④五彩鸡冠：红黄杂色，或红白相间。

按其花序可分为：①扫帚鸡冠：形如扫帚上大下小呈倒立扫帚；②扇面鸡冠：形如扇面；③璎珞鸡冠：如冠戴璎珞，深绛色鲜花。

其他还有：①鸳鸯鸡冠：花序上黄、紫各半的花色；②百鸟朝凤：中央有一个特大大花序而周围有许多小花序；③寿星鸡冠：花序肥大，茎矮（只有30厘米左右），花色鲜红或杂色如星；④青葙：花序尖头，颇似鸡冠，花色淡红，其籽野生入药即为青葙子。

鸡冠花原产印度，世界各地广泛栽培。大约在隋唐时传入中国，到宋代已广泛栽培，被誉为名花、神圣之花，在华夏大地已有上千年的栽培历史，现已遍及南北各地，进入千家万户。

鸡冠花性喜干热气候，喜阳光充足、疏松肥沃、排水良好的沙质壤土，喜肥，不耐瘠薄，在瘠薄土壤中生长，花序变小。不耐寒，怕霜冻，遇霜即枯死。怕潮湿，忌积水。自播力强，生性不娇，有土便生，有水有肥则生长旺盛。用种子繁殖。

鸡冠花的花语是永生、爱美、痴情。因公鸡好斗，鸡冠乃公鸡之冕，故国人寓意“好斗”、“好战”；英国表示为“纨绔子弟”；吉普赛人寓意为“矫饰将使你受害”；欧美寓意“钟情”、“爱情”。

中国民间有则传说：很久以前，有一只蜈蚣精变成的美女来到世间迷惑年轻男子，然后致人死地，喝人的脑髓。有一次，一个叫双喜的小伙子，让她给迷住了，她进了双喜家，被大公鸡看出“美女”的本来面貌，就跑出去再也没有回来，过了几天，“美女”把双喜骗进山中洞口里，正要吃掉双喜时，被大公鸡狠命地啄，蜈蚣精被啄死后，就地一滚现了原形。公鸡也因过度劳累而死。双喜将它埋于山坡上。后来在埋公鸡的地方长出一棵植物，开出的花跟鸡冠一模一样，人们就叫它“鸡冠花”。后人若被蜈蚣咬伤，只要取其花、茎、叶捣烂敷于患处，就能立马解毒消肿止痛。

据《花史》载：明朝大学士解缙出口成章，文思敏捷，才气横溢，一度深得永乐皇帝垂爱。有一天，永乐帝命他赋鸡冠花诗，因鸡冠花多为红色，解缙脱口吟之：“鸡冠本是胭脂染”，话音刚落，皇帝忽然从袖中取出一枚白色鸡冠花来，说花明明是白色，怎么变红？解缙不假思索，立时接吟：“今日为何成淡妆？只为五更贪报晓，至今戴却满斗霜。”诗出惊座，一时传为佳话，皇帝听罢这首诗更加佩服解缙的文才。

民间还流传鸡冠花故事：南朝陈国的皇帝陈叔宝的宫苑中，有株天上玉鸡星所化的白鸡冠花杂生于后庭众花丛中。一天，陈叔宝到后庭闲步，见一丛白鸡冠花在天籁中飞舞的姿态，十分动人，遂创作了《玉树后庭花》乐曲，日夜在宫廷中演唱。不久隋兵入侵，他被俘虏到洛阳，后庭的白鸡冠花也被隋兵戳了一刀，血染玉冠“独立秋庭血未干”，白鸡冠于是变成了红鸡冠。

鸡冠花因花色艳丽、花姿绰约、开花期长、容易繁殖和生长而深受人们喜爱，更有一种繁英竞妍、豁达洒脱、催人奋进的内涵博得文人的赞赏，许多诗人都留下了脍炙人口的诗篇。唐代罗邺《鸡冠花》诗中称赞道：“一枝浓艳对秋光，露滴风摇倚砌旁。晓景乍看何处似？谢家新染紫罗裳。”宋代王今赋咏《白鸡冠花》佳作：“如飞如舞对瑶台，一项春云若剪裁。谁为移根蓂荚畔，玉鸡知应太平来。”宋代杨万里《宿化斜桥见鸡冠花》：“出墙那得丈高鸡？只露红冠隔锦衣。却是吴儿工料事，会稽真个不能啼。”宋代赵企《咏鸡冠花》：“秋光及物眼犹迷，着叶婆娑拟碧鸡。精彩十分佯欲动，五更只欠一声啼。”元代姚文奂《题画鸡冠花》：“何处一声天下白，霜华晚拂绛云冠。五陵斗罢归来后，独立秋亭血未干。”以上两首古诗将鸡冠花描写得活灵活现，把它比作栩栩如生的雄鸡，写得非常生动有趣。宋代洪适《鸡冠》：“芥毛金爪勇难干，肯作霜花对乍寒。若说乘轩有痴鹤，司晨如此合峨冠。”诗中将鸡冠花的神韵刻画得形象而逼真。清代洪亮吉《鸡冠》："尔亦知时者，忘言得久安。未应怜铩羽，空白揭高冠。秋实宁同味，幽花不并看。刘琨思起舞，侧耳听无端。"清代张劭《鸡冠花》："霜后花晴发好姿，枝枝独立媚秋墀。斗风有胄红缨乱，啼月无声翠羽垂。"明代沈周诗赞鸡冠花："高冠红突兀，独立似晨鸡。"将它描绘得独具英姿，栩栩如生。近代的国画大师齐白石老人在画上题过一首鸡冠花诗："老眼朦胧看作鸡，通身毛羽叶高低。客窗一夜如年久，听到天明汝不啼。"

鸡冠花古时已被视为神圣之花，在中元节（旧俗阴历七月十五日为中元节，即地官之生日）前后用它祭祀祖先，以表达对亡人的缅怀并成习俗。宋代袁铜著《枫窗小牍》中记载："鸡冠花，汴中谓之洗手花，中元前儿童唱卖，以供祖先。"旧时的北京城也有在中秋节用鸡冠拜月的习俗，并流传着一首"鸡冠花，满院开，爷爷喝酒，奶奶筛……"的儿歌，深得人们的喜爱。

鸡冠花峨峨直立，形神惟肖，秀丽多姿。其高矮不一，高大者1米有余，矮型的高约10厘米上下。枝叶婆娑，叶形丰富，有卵形、卵状披针形；叶色除绿的外，还有叶绿脉红、叶脉全红或黄绿相间者。多彩的叶片，装扮着花冠，更显得富丽秀美。那花冠似雄鸡头上殷红的顶冠，气势轩昂，远远望去，高低错落，疏密相间，好像一群金鸡在那里追逐玩耍。晨曦初露，它们昂然而立，像是引吭欲啼的样子，俨然是报晓的光明使者。而缀满露珠的冠上，在朝阳映照下，珠光闪烁，宛如滴滴鲜血浸渍花冠，又好像姑娘的云鬟梳妆时用红绸包裹，美丽可人。鸡冠花的花型更是多变，有的肉质肥厚，展开如鸡冠，有的呈穗形，或聚拢如流苏，或松散似上大下小倒立扫帚，或形如纸折扇面；还有的主枝顶端花朵硕大，分枝小于花围四周，犹如百鸟朝凤。其色彩丰富纷繁，除常见红色外，还有深紫、玫红、橙红、橙黄、金黄、纯白、红黄相杂、二乔复色等色。色泽鲜艳的花色为夏秋的景园构成一副"万紫千红"的缤纷世界。

鸡冠花虽不能与富贵的牡丹相比，也无从与菊花品格并提，却深植于平民百姓家，还被福建省南平市与百合并列选定为市花。

鸡冠花花序硕大，花色鲜艳，色彩缤纷，花期特长，几乎映红整个夏秋两季，是装点庭院的理想花卉。可庭院地栽，布置花坛。若在庭院中栽上几株，使绿叶中吐红，五彩缤纷，特别是植于篱边，轻风拂来，叶摇花动，犹如鸡群探头篱外，富有静中有动的美感。一般矮中型可用于花坛及盆栽；高型宜作花境及切花材料；花序开阔的头球鸡冠和花序回环卷曲的绒球鸡冠，都十分诱人，适用于公共场所花带、花坛、花境及花槽装点。特别通过杂交培植，鸡冠花颜色更为斑斓，如百鸟朝凤、寿星鸡冠等，又多数为矮种，抗逆性强，花色素被膜质保护，凋谢后永不退红，不但花色可爱，且情韵更深，是庭院、公园、花坛、花境中优良品种，盆栽入室，尤显吉祥喜庆气氛。鸡冠花能吸收大量放射性铀元素，同时还对氟化氢、二氧化硫、氯气等有一定的抗性，对保护环境、净化空气起促进作用，是一种污染环境中理想的大众观赏花卉，亦是工厂良好的绿化植物。

鸡冠花的花、叶、茎和种子均可入药。性味甘、凉，具有凉血、止血、止带、止痢之功效。种子有消炎、收敛、明目、降压、强身壮体作用。花可治失眠、月经不调、赤白带下、痔疮出血、功能性子宫出血等症。茎和叶治热咳、肠胃炎、菌痢、外用治痒疹。药理试验证明：鸡冠花煎剂对人阴道毛滴虫有良好的作用，虫体与药液接触5～10分钟后即趋消失。10%鸡冠花注射液，对输卵管、卵巢、子宫体及宫颈等妇科炎症有效。鸡冠花还能增加心肌对缺氧的耐受力，可使心室率减慢，血压降低。因此，可降低心肌耗氧量，改善心肌耗氧与供氧间的平衡失调而使绞痛缓解。

鸡冠花的花朵肉质肥厚，味道鲜美，含有蛋白质和人体所需的微量元素，是人们餐桌上的一道美味。南京名肴“花玉鸡”则是用鸡冠花的花瓣与母鸡一起炖而成，营养丰富，色香味俱佳。朱元璋第五子朱棣在明初所著《救荒本草》中说：“鸡冠花采叶炸熟水浸淘净，油盐调食。”可见它还是救荒济生之食物。鸡冠花籽很细小，状若芝麻，味似榛子，用平底锅炒爆食之，香味可口，情趣迥然。据测定，它含蛋白质竟高达73%，远远高于大豆、小麦、牛奶和玉米的蛋白质含量，还含有脂肪、叶酸、维生素和21种对人体有益的氨基酸，被称为“生命能源植物”。如果用鸡冠花籽同小麦混合制成面粉，其蛋白质含量竟可达百分之一百。意大利著名学者冯斯洛坦针对儿童缺乏氨基酸而致盲的现状，十分肯定地说：“只要每天食用100克鸡冠花瓣，就足以阻止这一灾难的降临。”这个信息使许多营养学家深感意外，纷纷设立科研课题，对鸡冠花籽进行药理研究，以发明治疗眼疾的新药，制造对抗衰老的健康食品。

鸡冠花在热带地区，花瓣每年可收获12次，每公顷土地每次采收的花瓣可达30吨，即每年每公顷可收花瓣360吨。如此高产的经济作物是不多见的。国外已经从事将鸡冠花作为高产经济作物的研究，这无疑具有十分重要的战略意义。

五更欠声啼（粉红色头状鸡冠）

华盖秀端

含苞待放

花坛镶圆绒鸡冠花边景观

燃烧不息 （羽状鸡冠）

49. 天下第一藤——紫藤花

紫藤，花多紫色又为藤本植物，故名。别名藤萝、朱藤、藤花、绞藤、葛藤、黄环、招豆藤、紫金藤等。为蝶形花科紫藤属大型落叶木质藤本攀缘灌木。高10余米，茎干粗壮，很强盘屈缠绕能力，枝叶繁茂，可构成大面积的阴凉场所，叶互生，为奇数羽状复叶，雌雄同株，花淡紫色，许多小花密集于总状花序上。春夏之交，花成串累累下垂，串长可达30厘米，犹如串串葡萄悬挂在枝叶间，琳琅满目，美不胜收，并吐出了阵阵芳香，花期4～5月。果为扁荚果，长刀形，内含种子数粒，9月果熟。

紫藤原产中国南北各地，北自辽宁、内蒙古、黄河流域、长江流域，南达广东，东起江苏、浙江沿海，西至四川、甘肃等省区。散生于海拔1200米以下低山丘陵地带的向阳坡、林缘、溪边、旷地或灌丛中。已有2000余年的栽培史，现神州大地都有种植，许多山林中有野生紫藤，江苏省宜兴梅园等地有成片的紫藤林。中国古藤资源极为丰富，各地名胜古迹中，常见到百年以上古藤。有“长寿藤”、“天下第一藤”的美誉。自古以来，是中国园林造园艺术的传统优良藤本树种，也是世界知名的观赏植物。经园艺育种学家种间杂交，陆续培育出花期长、花数多、花序长而大、花香浓郁的重瓣花及适应性更广的观赏品种。诸如紫、白两种颜色的“一岁藤”；花白色，有浓香的“麝香藤”；花初开时紫红色，后变为白色的“野白玉藤”；花青莲色的“三尺藤”；花重瓣，堇紫色的“重瓣紫藤”等品种。国外有两个著名的变种：一是日本夏藤，盛夏开白色或淡黄色花，有淡淡幽香；另一种是美国藤，初春开碧紫色花，芳香馥郁。

紫藤为暖温带和温带的藤本植物，对气候的适应性很强，喜光、耐寒、耐旱，也耐阴，但需要强光照射和露水滋润才能生长良好。北方以种植背风向阳处为好。对土壤要求不严，适合栽种湿润、肥沃、疏松、透气、土层深厚、排水良好的轻质壤土或沙质壤土。也有一定耐瘠薄和水浸能力，在微碱性土中也可生长良好。速生，萌蘖性、萌芽性均强，耐修剪；深根型，主根发达，侧根少，不耐移植，对病虫害抗性强，寿命长，对多种有害气体如二氧化硫、氯气和氟化氢及重金属铬具有抗性。紫藤系直根性，移植时需带土球；枝蔓生长迅速，需要年年整形修剪；攀附缠绕的棚架选用牢固耐久的材料制成。以播种、扦插、分根、嫁接、压条等法繁殖。

紫藤的花语为：沉迷的爱。欧美则寓意“欢迎”。淡紫的花色，盛开之时，烂漫如云似霞，民间附会为紫气东来，家运亨通，于是紫藤便承载了祥瑞之气，应算作植物中的吉祥物，博得了不少名人的钟爱，并以培植它成为一种雅好，所植的成了流芳千古的“名藤”。前国家名誉主席宋庆龄生前喜爱花卉树木，方申巷宋庆龄故居存留她手植两株紫藤。新中国成立前夕，她应毛泽东、周恩来之请，从上海来到北京，住在方申巷原司徒雷登官邸，这紫藤一直陪伴她到1963年。现在茂盛的藤蔓像一幅巨大的帷帘，遮盖墙垣，显示了一种不可遏止的生命力。

江苏省江阴市中山公园大门口的“忠邦亭”四周，环绕着7株古老紫藤，其枝茎苍劲有力，犹如7条劲龙虬曲盘绕于棚架之间。相传为北宋皇祐五年（1053年）瑞安君孙谏所植，至今已近千年，虽屡遭战乱兵祸，历尽沧桑，却依然生机盎然，每当春末夏初，那满树的紫藤花，一簇、一串、一丛，有的掩映在绿叶之中，有的悬挂在棚架之下，幽香四溢，吸引了无数蜂蝶在其间翩翩起舞。

上海市闵行区马桥镇南中部沙港东岸紫藤镇上，有古紫藤高3米，粗52厘米，东西蔓长20米，遮荫150多平方米。据《中华人民共和国地名词典》记载：镇上紫藤系明正（德）嘉（靖）年代，文人董宜所植，距今已有470多年历史，仍然躯干粗壮苍劲，岁岁开花。相传清朝乾隆皇帝下江南时，曾游于此，并在藤上系马，藤下小憩。清代文学家袁子才于乾隆八至十年在江苏沭阳县任知县时种下的紫藤，现在仍然叶翠欲滴，花似飞蝶。

广东增城小楼镇小楼村的何仙姑庙遗址旁，生长一株形态奇特的古藤，已逾千年，基围168厘米，长150米，覆盖450平方米，藤身苍老，皮龟裂如蛇鳞，巨藤宛如蛟龙出海，山下翻腾；入地处如巨蟒窜出，形成一个“8”字形的圈门，然后昂首腾空，攀缘于6棵大树上（2榕、3樟和1蒲桃），其中有3株已被古藤绞杀。因其形态奇特，当地人称“盘龙古藤”，为增城“四宝之一”。夏日开花，花萼红色，花冠白色。盛花时，如白雪覆盖，且芳香飘逸，有“龙藤香雪”之美誉，赏花者络绎不绝。

国外不少国家引种中国紫藤后视作园林中珍贵的观赏植物，如英国丘园有一棵1816年从中国引入的紫藤，20年后长成54.8米长，覆盖面积达1800平方米，至今长盛不衰，被认为是世界观赏植物的奇迹。美国加利福尼亚州的马德雷山脉1892年引种了一棵中国紫藤，枝丫长152米，可以覆盖半公顷地，树重达230吨，每年开花150万朵，被认为是世界上最大的一株紫藤。

自古以来，许多文人雅士写下了无数脍炙人口的诗篇。《花经》称赞紫藤："缘木而上，条蔓纤结，与树连理，瞻彼屈曲蜿蜒之优，有若蛟龙出没于波涛间；仲春著花，披垂摇曳宛若璎珞。"唐代诗人李白的《紫藤树》："紫藤挂云木，花蔓宜阳春。密叶隐歌鸟，香风留美人。"唐代李德裕《忆新藤》诗："遥闻碧潭上，春晚紫藤开。水似晨霞照，林疑彩凤来。清香疑岛屿，繁艳映莓苔。金谷如相并，应将锦帐回。"明代王世贞《紫藤花歌》："蒙茸一架自成林，窈窕繁葩灼暮阴。 南国红蕉将比貌，西陵松柏结同心。 裁霞缀绮光相乱，剪雨萦烟态转深。紫雪半庭长不扫，闲抛簪组对清吟。"这些诗生动刻画出了紫藤优美的姿态和迷人的风采。清代爱国名将林则徐《又题花卉》："垂垂璎珞影交加，翠幄银幡护紫霞。难得国香成伴侣，素心晨夕与天涯。"将它与兰花放在一起描写，让紫藤与享有"国香"之称的兰花朝夕相伴，使艳丽的紫藤花也熏染一点兰花高洁纯正的气质，真可谓是藤兰相伴，藤艳兰芳，相得益彰，相映成趣，内容丰富，寓意深刻，令人回味无穷。江西民谣："入山看见藤藤树，出山又见树藤藤。树死藤生藤到死，藤死树生死也藤。"现代作家老舍也赋诗道："四座风香春几许，庭前十丈紫藤花。"马致远《秋思》："枯藤老树昏鸦，小桥流水人家，古道西风瘦马。夕阳西下，断肠人在天涯。"紫藤花繁而密，春季大串紫色花序婉垂藤上，极其悦目，加以藤蔓屈曲蜿蜒，老藤盘曲扭绕，宛若龙蛇翻腾，及璎珞缤纷的高雅姿态，自古是中国花鸟画难得的题材。著名画家石涛、吴昌硕、齐白石等更是留下了相当数量以紫藤为题材的不朽墨宝。

紫藤的株形刚劲古朴，枝干粗大盘曲有致，苍劲有力，势若龙蟠，或卧地翻滚，或攀高树，或依棚架，或附墙垣，或缘奇石，扶摇直上，势谷凌空，遒劲的藤蔓，可伸展数十米之高，真是"紫藤挂云木"。它叶色葱郁柔和，满目生意盎然，当暮春之际，正是紫藤吐艳之时，先叶后花。在绿叶的掩映下，花朵悄然地绽放，穗大而美，花大而香。花儿夜夜含苞，朝朝新放，一串串淡紫色花儿，如葡萄悬垂而下，紫英缤纷，"遥忆紫藤垂，繁英照潭黛。"清风拂过，迎风摇曳，鲜艳夺目，风姿绰约，远处望之似群蝶追逐嬉戏，又飞又舞，又宛如天半紫霞，十分壮美。紫藤散发出阵阵的清香，坐卧花下，如饮佳酿，无酒自醺，沁人心脾。紫藤花期长久，当盛夏浓荫蔽日时，工作之余小憩于棚下乘凉，赏花闻香，何等心旷神怡。中秋时节，扁圆形的果实悬挂枝间，犹如金铃结彩，气象万千，

“蒙茸一架自成林”的景象，饶有一番情趣。冬季叶退去，如老树虬枝，盘曲多姿，似蛟龙翻腾，也像雕刻的艺术精品，古雅幽美，风格独特。

紫藤生长迅速，枝叶繁茂，花大而美，芳香宜人，是优良的棚架材料。既可设大型棚架，使其攀附生长，也可倚墙栽植，使枝干横卧墙头，花叶半掩墙面，起到净化空气和美化环境的作用。也可作花架、绿廊、绿亭、篱墙，种植于公园、庭园、街道等，起到装饰效果，可形成满架浓叶、繁花浩荡、架下凉爽、清风徐徐的美妙幽静感觉。植于池畔、水滨、院墙、会客室、起坐间、食堂附近、大门出入口、走道两旁等，让其沿树、墙繁生，极其幽美。栽于庭院，紫藤生机勃勃，花开繁盛之时，花影缭乱，十分绚丽。庭园中若将紫藤和银藤混植，花开时节，紫白相映，更加显出紫藤花的俊秀美丽。也常将紫藤攀缘在枯死的古树上，藤蔓攲斜，叶丛娑娑，花序累累，能使古树“枯木逢春”，焕发出生机。西式建筑，可筑台栽植，更加优美。若与白色西式建筑配置，可形成绿、蓝、白的多姿多彩的境界。紫藤也宜作树桩盆景，其可塑性很高，经剪扎造型，老树虬枝，更显古趣。

紫藤花可食，其食用价值很高，且有着悠久历史。紫藤花含有多种花粉素和营养元素，常吃能润肤增白。传说当年杨贵妃为了保持身材娇美，悬赏征求奇异食品，御厨们就给她选择了桂花和紫藤花。在河南、山东、河北一带，人们常采紫藤花蒸食，清香味美。中外闻名的北京“紫萝饼”和一些地方的“紫藤糕”、“紫藤粥”及“炸紫藤鱼”等，都是加入紫藤花做成的。

紫藤鲜花含芳香油0.6%～0.95%，可提浸膏，用作调香原料。茎皮纤维洁白而有光泽，可制人造棉，又是麻纺的优良原料，可织物，绑扎。紫藤条强韧，可编结器物，其枝条中注入氯化铜溶液，会出现珍珠似的光泽，可用来编造成高级工艺品，别有风致。

紫藤的花、茎皮、种子均可入药。花无毒，有解毒、止吐、止泻之功效。茎皮有杀虫、止痛、祛风通络之效。根主治痛风、风湿性关节炎、筋骨疼痛等症。种子可治筋骨疼，亦有防腐的作用。叶和种子有毒，应在医生的指导下使用。

紫藤一身是宝。千姿百态而又气势磅礴，绿叶成海而又繁花似锦，是美味佳肴而又良药治病，吸收废气而又美化环境。古今中外，多少人为之赞叹，为之咏歌，为之倾倒。

紫藤屈曲似蜿蜒

垂垂璎珞影交加

藤蔓欹斜祈祥瑞

劲龙虬曲盘棚架

好大帷帘如云霞

龙藤香雪盖墙垣

50. 芳香妍丽——含笑花

含笑开花时花瓣不完全张开，半开半合，像掩口而笑，故得此名。其花香气如香蕉味，别名香蕉花。寒霄与含笑谐音，故得寒霄之名。又名含笑梅、酥瓜花、茶连木等。为木兰科含笑属常绿灌木或小乔木，高2～5米，枝叶繁茂，花生于叶腋，花瓣六枚，肉质，边缘有红晕或紫晕，有香蕉气味。花期2～5月和10～12月。聚合蓇葖果，顶端呈鸟喙状，外有白色疣点。

含笑原产中国广东、福建及广西东南部，广东北部及鼎湖山有野生分布。现长江流域广有栽培，北方也有，多盆栽，株形小，高不足1米。含笑花属植物起源古老，分布广泛，适应力强。全世界约有含笑品种90种，中国有48种。

含笑花喜温暖湿润气候和半阴环境。不耐寒，忌强光曝晒，怕旱、不耐瘠薄，忌涝，要求土层深厚肥沃的微酸性壤土，中性土也能适应。越冬温度最好能保持在5摄氏度以上。播种、压条、扦插、分蘖、嫁接繁殖均可，而多以无性繁殖。

“深情厚意含笑花，尽在嫣然一笑中”，“一点瓜香破醉眠，误他诗客枉流涎”，这是诗人对含笑的赞美。它是南国传统名花。宋代诗人李纲《含笑花赋有序》：“南方花木之美者，莫若含笑。绿叶素荣，其香郁然，是花也，万蒙恩而入幸，价重一时。”暮春，中国南疆处处可见它的倩影。“忽闻香风一阵，知是含笑开矣。”它笑脸一直绽放初夏之际，“响日嫣然，临风莞尔，实为南方花木之美者。”它一年花开二度，“秋末二笑再芬芳，紫花何如白花强。”它树姿雅致优美，婀娜多姿，枝叶团簇，四季葱茏，翠绿欲滴，清雅宜人，显示出一派南疆的情调，自然而别致。它花朵多而大，华艳可人，花苞温润如玉，星星点点、疏疏落落地分散在青枝翠叶腋间。一旦开花，花冠半开微吐，下垂者如掩面窃喜，翘首如抿嘴微笑，恰似窈窕淑女，亭亭玉立，低头沉思，“微笑不露齿，含羞半低头”，古人形容它花姿独具一格，如“默凝情而不语兮，独含笑于春”，又如“未鉴逢露齿，只恐欲倾城”。含笑花的色彩丰富，有紫色、紫红色、金黄色、黄色、淡黄色、白色、乳白色等，各种颜色艳丽异彩，楚楚动人，虽没有一品红夺目，也不如虞美人轻盈，但却“入夜玉肌香，柔情暗自流。”晨曦，含苞泣露；夜暮，盎然芬芳。花后还能结出艳丽的果实，穗状聚合蓇葖果，起初外皮为青色，成熟时转为深红色或淡红色，宛如串串红葡萄，晶莹剔透，煞是壮观，自古以来，深受人们喜爱，还被著名的侨乡——福建省泉州市选为市花。

在福建众多的树木奇观中，含笑花占有一席之地。在福建省建瓯县，在距建瓯万木自然保护区4000米处的房道镇埂尾村后，生长着几株福建含笑，系福建省特有的树种。该树长势奇特，远远望去，突兀地伫立在缓坡之上，酷似一柄撑开的巨大绿伞，走近一看，茂密的灌木丛中高耸三棵树，两棵并立，另一棵分开约4～5米；细看，那并立两棵却是一棵，距地2米高处分叉后向上伸展。由于材心呈紫色，表皮酷似杉树皮，又称“假紫心材”、“韧皮杉”。树干通直，材质好，属稀有珍贵用材。其花为兰花香型，亦称木莢白兰花，花期11～12月，花香清郁，沁人心脾，真是“一株在幽谷，满谷飘异香”。

含笑花四季葱茏，花香馥郁，为中国著名园林花卉。地栽、盆栽皆宜，配植庭院、建筑物周围、街坊绿地、草坪边缘和树丛林缘，可对植、丛植、片植。孤植、丛植花坛、花带于各类景观中均优美；于建筑物入口处对植两丛，则引人注目，或建筑物向南窗前散植，花开清雅芳香；也可配植于草坪边缘，组成多层混交群落，景观却优美可人。亦宜于工矿区绿化、美化。长江流域多露地种植，宜选背风及小气候良好的环境，冬季来临，要加强防寒措施。华北地区多盆栽观赏，冬季入温室防寒。含笑花为居室盆栽观赏的上品，它花期长达两个月，可置于光照良好的阳台、屋顶花园等处。含笑为北京地区著名的盆栽花卉，冬季在室内越冬，每逢花开，芳香四溢，令人陶醉。据说，飘散在空气中的花香对杀灭结核菌、肺炎球菌有很显著的效果。

含笑花不仅是绿化、美化园林、居室的名贵观赏花卉，而且具有很高的经济价值。它的花可泡茶，摘上几朵与茶叶同泡，其香气扑鼻，让人疲劳顿消。含笑花含芳香油，可窨茶，是中国制茶业的重要原料。所提取的芳香油、浸膏，其质甚优，被广泛用于食品工业，也是化妆品的主要原料和高级香精。

含笑花的根、叶及花均是重要药材，具有祛淤生新的功效。根、叶性平味涩，花性温味甘辛，均无毒。其根有消炎、解毒、利尿之功，主治小便不利、泌尿系统感染、疮疖痈肿等症。叶有消炎之功，主治肺炎、支气管炎、膀胱炎、肾炎等症。花为清凉剂，主治月经不调、百日咳、胸闷、口干等症。是中华中药宝库中一成员。

含笑花开而不放，似笑而不语，国人寓意“含蓄”、“暗示”。含笑花绿叶素荣，其香郁然，古人喻之为“美丽、纯贞的妇女”。爱侣间互赠含笑花，寓意爱情的纯洁和甜蜜。如将含笑花赠与少女，寓意美丽庄重。

含笑姿态万千，特别是“半开微吐”之态，“欲说还休”，令不少文人咏叹，如宋代诗人杨万里特别喜爱含笑，于杭州宅内庭院中栽种多株，闲来赏花赋诗多首，其中如《含笑花》七律：“菖蒲节序芰荷时，翠羽衣裳白玉肌；暗折花房须日暮，遥将香气报人知。半开微吐长怀宝，欲说还休竟俯眉；树脆枝柔惟叶健，不消更画只消诗。”有一天，诗人正在吟咏一首七绝：“大笑何如小笑香，紫花不似白花妆；不知自笑还相笑，笑杀人来断杀肠。”正自兴高意得之时，忽然有人来偷花，他接着吟道：“秋来二笑再芬芳，紫笑何如白笑强。只有此花偷不得，无人知处自然香。”这首七言绝句，清新隽永，流畅自然。

历代文人把含笑比作美丽、纯贞妇女。诗人杨万里赋诗赞颂含笑花，也正是这个意思：对美貌、纯贞、正派、庄重的人，是不容亵渎的。杨万里秉性刚直，遇事敢言。其家世清寒，自己做了官，却视金钱如粪土，当他期满江东任，有余钱万缗，弃于官库，足见他人品好，心灵美。他写含笑花不容亵渎，何尝不是写自己呢？

诗人杨万里高尚品格与文人雅士中个别败类成了鲜明对照。据说北宋淳化年间，进士丁谓颇有文才，又酷好养花，堪称风流雅士。但此人登科后逐渐蜕变成了趋炎附势的小人。后劣行败露，被贬至崖州（今海南省三亚市）。他到崖州时，正值春夏之交，含笑花开。见到含笑“花开不张口，含笑又低头”的样子，他顿时一阵心虚，冷汗直冒，以为半开半露的含笑在讥讽他过去的劣行，嘲笑他今天的受贬，便心虚地写诗探问道：“花名含笑笑何人？”400年后，元末明初诗人王佐宦游岭南。他到海南时，也适逢含笑花开，这一偶然的巧合自然触动了他的情，想起当年丁谓《咏含笑》诗句，便欣然题诗为之作答：“尧草原能指佞臣，逢花休问笑何人。君看青史千年笑，奚止山花笑一春。”此诗意思是说，就像尧时的神草能指出谁是佞臣一样，含笑花讥笑谁，你自然心知肚明，何必明知故问。像你这样臭名昭著的奸臣，在历史上千年万年都会被人唾骂，哪里只有山花讥笑一春呢！含笑花从不哗众取宠，其淳朴高雅的品格深受历代诗人的赏识，苏东坡说它是在笑秦始皇妄想取得长生不老的仙丹；曹雪芹说它是在笑物欲横流之徒最终被荒冢埋没。

《花经》将含笑花列为“二品八命”，给了它很高的地位，不少著名诗人写有赞美它的诗篇。宋朝邓润甫《含笑》：“自有嫣然态，风前欲笑人。涓涓朝泣露，盎盎夜生春。”此诗极形象地描绘了含笑的风韵。宋代许仲启《含笑花》：“献花佳人绝可怜，姿姿靥辅巧承颧。一枝不用千金买，雨洗风吹却粲然。”诗中盛赞含笑花笑得美，诗人为我们塑造了一个内外兼美的含笑花艺术形象。正如一首诗描写的：“花开不张口，含羞又低头。拟似玉人笑，深情暗自流。”宋代无名氏《含笑花》：“薄薄沈熏骨，英英玉炼颜。恼人风味别，斗账梦中间。”宋代王十朋《南香含笑》：“南国名花，何人无语长含笑。缘香囊小。不肯全开了。花笑何人，鹤相诗词好。须知道。一经品藻。又压前诗倒。”宋代杨万里《含笑花》：“薰风破晓碧莲苔，花意犹低白玉颜。一粲不曾容易发，清香何自遍人间。”福建民盟陈侣白《含笑花》：“半开半闭，半醉半醒。似怨流水，似恋东风。幸福过头是不幸，盛开后面是凋零。聪明的花儿只微笑，美在若有若无中。半热半冷，半雨半晴。仿佛有意，仿佛无情。春色三分春常在，春深后面春无踪。懂事的花儿只微笑，香在若有若无中。”现代钟梁的《含笑花》：“花开不张萼，含笑不低头。犹似玉人笑，深情暗自流。”各位诗人以不同的风格形容了含笑花具有妩媚动人的嫣然美态，既有含笑本身娇羞婀娜的“笑”，又有诗人对它赞赏笑意，非常有情。这些都是对含笑花绝妙的写照。

翘首含羞迎宾

翻墙掩面窃喜

含笑世间和谐

晨曦含苞泣露

星点翠绿欲滴

主要参考文献

[1] **陈俊愉，程绪柯主编**．中国花经 [M]．上海：上海文化出版社，1990．
[2] **李虹，王青主编**．都市花影 [M]．杭州：浙江大学出版社，2003．
[3] **秦燕主编**．中国城市市花 [M]．北京：华夏出版社，1989．
[4] **王莲英等主编**．中国名贵花卉鉴赏与栽培 [M]．合肥：安徽科学技术出版社，1997．
[5] **胡正山，陈立君主编**．花卉鉴赏辞典 [M]．长沙：湖南科学技术出版社，1994．
[6] **孙伯筠编著**．花卉鉴赏与花文化 [M]．北京：中国农业大学出版社，2006．
[7] **严莫烽，汤若霓编著**．花卉鉴赏纵横谈 [M]．长沙：湖南科学技术出版社，2007．
[8] **董汉良编著**．赏花与药用趣谈 [M]．北京：人民军医出版社，2006．
[9] **高山英，覃明贵编著**．花：观赏保健礼俗 [M]．北京：农村读物出版社，2002．
[10] **邬志星**．彩图家庭养花护花 [M]．上海：上海文化出版社，2007．
[11] **青竹主编**．礼仪花卉 [M]．北京：气象出版社，2001．
[12] **潘富俊**．红楼梦植物图鉴 [M]．上海：上海文化出版社，2005．
[13] **福建树木奇观编辑委员会**．福建树木奇观 [M]．福州：福建科学技术出版社，1997．
[14] **徐海宾编著**．赏花指南 [M]．北京：中国农业出版社，1996．
[15] **陈裕等编著**．中国市花培育与欣赏 [M]．北京：金盾出版社，2005．